A nova física. A biologia. A cosmologia.
A genética. As novas tecnologias.
O mundo quântico. A geologia e a geografia.
Textos rigorosos, mas acessíveis.
A divulgação científica de elevada qualidade.

1. Deus e a Nova Física – *Paul Davies*
2. Do Universo ao Homem – *Robert Clarke*
3. A Cebola Cósmica – *Frank Close*
4. A Aventura Prodigiosa do Nosso Cérebro – *Jean Pierre Gasc*
5. Compreender o Nosso Cérebro – *Jean-Michel Robert*
6. Outros Mundos – *Paul Davies*
7. O Tear Encantado – *Robert Jastrow*
8. O Sonho de Einstein – *Barry Parker*
9. O Relojoeiro Cego – *Richard Dawkins*
10. A Arquitectura do Universo – *Robert Jastrow*
11. Ecologia Humana – *Bernard Campbell*
12. Fronteiras da Consciência – *Ernst Poppel*
13. Piratas da Célula – *Andrew Scott*
14. Impacto Cósmico – *John K. Davies*
15. Gaia – Um Novo Olhar Sobre a Vida na Terra – *J. E. Lovelock*
16. O Espinho na Estrela do Mar – *Robert E. Desiwitz*
17. Microcosmos – *Lynn Margulis e Dorion Sagan*
18. O Nascimento do Tempo – *Ilya Prigogine*
19. O Efeito de Estufa – *Fred Pearce*
20. Radiobiologia e Radioprotecção – *Maurice Tubiana e Michel Berlin*
21. A Relatividade do Erro – *Isaac Asimov*
22. O Poder do Computador e a Razão Humana – *Joseph Weizenbaum*
23. As Origens do Sexo – *Lynn Margulis e Dorion Sagan*
24. As Origens do Nosso Universo – *Malcom S. Longair*
25. O Homem na Terra – *Pierre George*
26. Novos Enigmas do Universo – *Robert Clarke*
27. História das Ciências – *Pascal Acot*
28. A Dimensão do Universo – *Mary e John Gribbin*
29. À Boleia com Isaac Newton. O Automóvel e a Física, *Barry Parker*
30. O Longo Verão. Como o Clima Mudou a Civilização, *Brian Fagan*

O LONGO VERÃO
COMO O CLIMA MUDOU A CIVILIZAÇÃO

70

Rua Luciano Cordeiro, 123 - 1º Esq. – 1069-157 LISBOA
Telef. 21 319 02 40 – Fax 21 319 02 49
E-mail: edi.70@mail.telepac.pt
www.edicoes70.pt

TÍTULO: **O LONGO VERÃO.**
COMO O CLIMA MUDOU A CIVILIZAÇÃO

AUTOR: **BRIAN FAGAN**

CÓDIGO: **051-030**   PREÇO:

COLECÇÃO: **UNIVERSO DA CIÊNCIA**

Título original:
The Long Summer: how climate change civilization

© Brian Fagan, 2004

Publicado por Basic Books,
Membro do Perseus Book Group

Tradução: Jaime Araújo

Revisão: Luís Abel Ferreira

Capa de FBA

Ilustração da capa:
© Kazuyoshi Nomachi/Corbis/ VMI

Depósito Legal n.º 258889/07

Paginação • Impressão • acabamento:
GRÁFICA DE COIMBRA
para
EDIÇÕES 70, LDA.
Maio de 2007

ISBN: 978-972-44-1400-3

Direitos reservados para Portugal e Brasil por Edições 70

EDIÇÕES 70, Lda.
Rua Luciano Cordeiro, 123 – 1º Esqº - 1069-157 Lisboa / Portugal
Telefs.: 213190240 – Fax: 213190249
e-mail: geral@edicoes70.pt

www.edicoes70.pt

Esta obra está protegida pela lei. Não pode ser reproduzida,
no todo ou em parte, qualquer que seja o modo utilizado,
incluindo fotocópia e xerocópia, sem prévia autorização do Editor.
Qualquer transgressão à lei dos Direitos de Autor será passível
de procedimento judicial.

BRIAN FAGAN
O LONGO VERÃO
COMO O CLIMA MUDOU
A CIVILIZAÇÃO

70

Para a Anastasia
Com amor
Por favor – o nome do gato é Copernicus, não Duane!
E a arqueologia? Blá... Blá... Blá

Movem-se mares no mar fundo, alguns para o nascer, outros
para o pôr-do-sol;
As ondas do cimo anseiam o meio-dia, as de baixo a meia-noite:
São muitas as correntes fluindo na escura profundidade
E os rios subaquáticos correndo no oceano púrpura.

VYATCHESLAV IVANOV, *O Sonho de Melampus*, 1907

Prefácio

Assim falou, e arrebanhou as nuvens – as duas mãos
agarrando o tridente – agitando as ondas num caos,
chicoteando todos os vendavais de todas as direcções, envolvendo em nuvens
a terra e o mar de uma vez – e a noite abateu-se do céu –
Ventos do Leste e do Sul colidiram e os enfurecidos
Oeste e Norte surgiram dos céus, vomitando vagas turvas.

HOMERO, *Odisseia*, LIVRO V

Tive o meu primeiro contacto com o clima antigo através de uma cadeira de arqueologia do primeiro ano da faculdade, ministrada por um leitor venerável que já não trabalhava no assunto desde antes da I Guerra Mundial, e cujas ideias pouco tinham mudado desde então. Descrevia o trabalho de campo clássico dos geólogos austríacos Albrecht Penck e Eduard Brückner, cuja obra-prima de 1909 *Die Alpen im Eiszeitalter* identificava pelo menos quatro grandes episódios glaciários nos Alpes. Depois resumia graficamente a Grande Idade do Gelo, andando para trás e para diante na sala a fim de representar o avanço e o recuo das capas de gelo. «Gunz», anunciava ele enquanto se atirava para a frente, identificando a primeira das glaciações. Recuava, assinalando um período interglaciário quente. Os movimentos para frente e para trás continuavam, «Mindel», «Riss», e por fim «Wurm»: as quatro glaciações definiam uma Idade do Gelo monolítica, cenário de parte da história do homem. E depois da Idade do Gelo veio o aquecimento, uma altura em que a

O Longo Verão

Inglaterra, para sua eterna glória, se separou do continente com a subida do nível do mar, e em que as florestas se espalharam pela Europa. Para um arqueólogo neófito do final dos anos 50, a Idade do Gelo parecia um fenómeno longínquo, simples, de extremos climatéricos de longa duração. E quando ela terminou, os homens descobriram-se facilmente adaptados a um clima quase como o actual.

Era bom que a Idade do Gelo fosse tão simples! Hoje sabemos que os nossos antepassados conheceram pelo menos nove episódios glaciários longos durante os últimos 780 000 anos, separados por intervalos quentes muito mais curtos. Durante três quartos desse tempo o clima do mundo esteve em transição do frio para o quente e vice-versa. O nosso conhecimento desse balanço complexo provém de novas gerações de pesquisa utilizando núcleos de mar profundo perfurados nas profundezas das Caraíbas e do Pacífico, de núcleos perfurados na Antártida, na capa de gelo da Gronelândia, e nos glaciares de altitude elevada dos Andes. O núcleo de gelo de Vostok na Antártida conta a história dos últimos 420 000 anos – quatro episódios glaciários, intervalados por períodos quentes de menor duração, cada um deles separado dos outros por cerca de cem mil anos. Um núcleo de mar profundo excepcionalmente fino da Bacia do Carioco, no Sudeste das Caraíbas ao largo da Venezuela, mostra os quinze milénios desde a última Idade do Gelo como um vaivém denteado de alterações acentuadas, de períodos mais secos e quentes, em parte causados por movimentos para norte e sul da Zona de Convergência Intertropical no Equador. Apesar de todas essas mudanças velozes, o núcleo de Vostok demonstra que os últimos 15 000 anos, época de aquecimento global prolongado, foram os de clima mais estável entre os 420 000 anos mais recentes.

Se pronunciarmos as palavras «aquecimento global» estaremos a provocar uma controvérsia imediata sobre se nós, os seres humanos, contribuímos para a subida das temperaturas na Terra. Alguns defendem que o aquecimento actual faz parte do interminável ciclo natural de mudança climatérica global. Mas a maioria dos cientistas tem a certeza de que o aquecimento global antropogénico é uma realidade. Creio que os últimos 150 anos de aquecimento global, o mais extenso entre os períodos similares

Prefácio

durante o último milénio, se desenrolaram em parte devido à nossa intervenção. O desmatamento indiscriminado, a agricultura em escala industrial, e o uso de carvão, petróleo e outros combustíveis fósseis fizeram subir o nível de gases de estufa na atmosfera para máximos históricos e contribuíram para o aquecimento. Numa era tão quente que nos últimos 90 anos o nível do mar nas Ilhas Fiji subiu uma média de quinze centímetros anuais, e incêndios florestais consumiram acima de 500 000 hectares de floresta mexicana assolada pela seca em 1998, e mais ainda em 2002 na Austrália, as rotações climáticas dos últimos 15 000 anos parecem de facto remotas. Mas a revolução da climatologia no último quarto de século proporciona, pela primeira vez, um contexto histórico no qual compreender o aquecimento global sem precedentes de hoje, à medida que procuramos prever um futuro climático incerto.

Reconstituir as alterações climáticas do passado é uma tarefa difícil, porque só existem registos escritos fiáveis há alguns séculos, e mesmo esses apenas na Europa e na América do Norte. Os de outras partes do mundo mal remontam a um século. Embora se possa ter uma confiança limitada nas observações contemporâneas dos monges, dos párocos de província e até dos antigos escribas assírios, o nosso conhecimento das alterações climáticas dos últimos quinze milénios provém inteiramente do que se chama registos indirectos, reconstituídos a partir de anéis de árvores, grãos de pólen minúsculos de charcos e pântanos antigos, e núcleos profundos de glaciares, de leitos de lagos e de fundos oceânicos. Até há pouco tempo esses registos eram, na melhor das hipóteses, imprecisos, e de uso limitado para avaliar o impacte da mudança climática regular a longo prazo na vida humana. Há uma geração atrás, o climatologista trabalhava com um punhado de sequências de anéis de árvores, umas informações vagas em diagramas de pólen com o registo de mudanças na vegetação em lugares muito distantes entre si, e uma superabundância de observações de depósitos glaciares e saibros fluviais. Agora esse registo esparso tornou-se uma intrincada tapeçaria de alterações e acontecimentos climáticos em todas as escalas de tempo, tecida a partir de uma espantosa variedade de fontes. Pela primeira vez temos um registo climático da civilização, e podemos

O Longo Verão

tentar fazer uma avaliação do impacte dessas alterações climáticas na longa extensão da história humana.

Até que ponto estes acontecimentos moldaram *realmente* o curso da vida na Idade da Pedra, das primeiras sociedades agrícolas e das civilizações? Muitos arqueólogos suspeitam do papel da mudança climática na transformação das sociedades humanas, e com bons motivos. Durante gerações o determinismo ambiental, a ideia de que a mudança climática foi a causa primeira de evoluções fundamentais como a agricultura ou a civilização, foi um palavrão na academia. Certamente não se pode defender que o clima *conduziu* a história de uma maneira directa e causal ao ponto de impelir inovações fundamentais ou derrubar civilizações inteiras. Mas também não se pode argumentar, como tantos estudiosos fizeram, que a mudança climática é algo que pode ser ignorado. A dinâmica da agricultura de subsistência exige a nossa atenção. Desde os começos da lavoura há uns 12 000 anos, as pessoas viveram à mercê de ciclos de clima mais fresco e húmido, ou mais quente e seco. A sobrevivência dependia da produção das colheitas e de haver sementes bastantes para o ano seguinte. Até uma seca de curta duração ou uma série de tempestades fortes podiam significar a diferença entre a fome e a fartura. A suficiência ou insuficiência de alimentos, confinada a um único vale ou afectando toda uma região, era um motivador poderoso da acção humana, com consequências que podiam levar décadas ou mesmo séculos a desenvolver-se. No mundo actual, onde mais de 200 milhões de pessoas cultivam e criam gado em terras marginais, as mesmas verdades se aplicam. O clima é, e sempre foi, um catalisador poderoso na história humana, um seixo atirado a um tanque, cujas ondulações desencadearam toda o género de mudanças económicas, políticas e sociais.

Neste livro eu defendo que as relações humanas com o ambiente natural e a mudança climática a curto prazo sempre estiveram em fluxo. Ignorar o clima é negligenciar um dos panos de fundo dinâmicos da experiência humana. Os últimos 15 000 anos proporcionam muitos exemplos de mudança climática como um actor histórico fundamental: as grandes secas no sudoeste asiático que precipitaram experiências com o cultivo de gramíneas selvagens, a secagem progressiva do Sara que trouxe os criadores

Prefácio

de gado para o Vale do Nilo, com as suas ideias muito próprias de liderança, e a vaga de efeitos do Período Quente Medieval, que teve consequências muito diferentes na Europa e na América – para mencionar só alguns.

Também defendo que a humanidade se foi tornando mais vulnerável à mudança climática a longo e curto prazo, à medida que ficou cada vez mais difícil e caro para nós reagir a ela. Durante dezenas de milhares de anos as populações humanas eram diminutas, e todos viviam da caça e da colecta de alimentos vegetais. A sobrevivência dependia da mobilidade e do oportunismo, numa flexibilidade da existência quotidiana que permitia às pessoas aguentar os golpes climatéricos – mudando-se, separando famílias por novos territórios, ou regressando ao consumo de alimentos menos desejáveis. Por volta de 10000 a.C., quando a agricultura começou, ancorando aos seus campos aldeias permanentes, as opções permitidas pela mobilidade começaram a diminuir. Mais gente para alimentar, maior densidade populacional: os riscos eram maiores, especialmente quando as comunidades se expandiam aos limites das suas terras ou quando o gado excedia as pastagens. A única solução era a mudança, a qual era bastante fácil quando existia muita floresta inexplorada e solos férteis, e não havia vizinhos. Em paisagens mais povoadas, onde os habitantes já tinham cultivado o terreno onde antes cresciam plantas selvagens, a fome e a morte eram agora inevitáveis.

Os riscos aumentavam ainda mais quando os agricultores acabavam por depender de inundações ribeirinhas ou chuvas irregulares, e de sistemas de irrigação que traziam a água vivificadora à terra de outro modo não cultivável. A solução mesopotâmica era a cidade, localizada perto de canais de irrigação estratégicos que extraíam a água dos rios Tigre e Eufrates, mas mesmo essa resposta era desadequada perante acontecimentos extremos como o El Niño, ou alterações bruscas para sul da Zona de Convergência Intertropical. De início os habitantes dependiam de vizinhos e parentes; depois as autoridades reduziam as rações; e rapidamente as pessoas começavam a morrer, e a lei e a ordem soçobravam quando os habitantes das cidades se dispersavam para o interior à procura de comida. A Humanidade havia transposto um limiar de vulnerabilidade de um mundo onde os

O Longo Verão

custos de aguentar as alterações climáticas eram infinitamente maiores.

Com o crescimento da população, a urbanização e a expansão global da Revolução Industrial, essa vulnerabilidade só aumentou. No século XIX mais de vinte milhões de agricultores dos trópicos pereceram devido a problemas relacionados com a seca. Hoje, num mundo muito mais povoado e quente, o potencial para o desastre é inesgotável. Chuvas do El Niño que só deveriam ocorrer de cem em cem anos inundam os vales costeiros do Peru e em poucas horas arrasam áreas urbanas inteiras. Ciclones e furacões causam prejuízos de milhares de milhões de dólares quando dão à costa e varrem o Bangladesh e a Florida. Uma inundação recorde do rio Mississipi, acentuada pela urbanização e outras interferências ambientais ameaça requerer gigantescas obras de controlo de cheias. A lista de catástrofes pendentes é muito mais extensa do que na antiguidade.

O que aconteceu? O transporte moderno, a agricultura moderna, a indústria moderna não nos deram um amortecedor de segurança? Será que com mais gente e dinheiro do que nunca no mundo, as perdas por desastres naturais irão inevitavelmente produzir números sem precedente? Não: um olhar sobre a interacção do clima e história durante os últimos 15 000 anos desvenda um outro processo que funciona de forma mais ou menos contínua ao longo desse período. No nosso esforço de nos protegermos contra pressões climatéricas menores e mais frequentes, tornámo-nos logicamente mais vulneráveis a catástrofes mais raras mas maiores. Todo o curso da civilização (embora, claro, ele seja também muito mais do que isso) pode ser visto como um processo de investimento na escala da vulnerabilidade.

Visto sob esse prisma, o actual problema do aquecimento global não é nem prova da intenção do capitalismo tardio de cometer pecados industriais contra a Mãe Terra, nem uma alucinação imposta ao mundo por activistas anti-negócios. É simplesmente um reflexo da escala da nossa vulnerabilidade, a escala na qual devemos agora pensar e agir. Os tempos exigem de nós que aprendamos os caprichos do clima global, estudemos os seus humores, e conservemos os nossos céus relativamente livres de gases de estufa em excesso, com a mesma diligência e pelas

Prefácio

mesmas razões que os agricultores mesopotâmicos de há cinco milénios tiveram de aprender os humores do Eufrates e a manter os seus canais razoavelmente limpos de sedimentos. Se não o fizessem, os deuses enfureciam-se. Ou, para usar termos mais modernos, mais cedo ou mais tarde tinham azar e as suas valas sedimentadas davam colheitas falhadas, humilhação, ou ruína.

Na verdade, mais cedo ou mais tarde eles tinham azar à mesma, e eram obrigados a adaptar-se ainda outra vez. Este livro é a história dessas adaptações, cada uma feita sobre a outra, numa espiral de mudança climática e reacção humana que continua hoje.

Nota do Autor

Na escrita deste livro tomaram-se as seguintes decisões facultativas sobre convenções e usos.

Todas as medidas são apresentadas em unidades métricas, visto ser essa a convenção científica internacional.

Os nomes dos lugares seguem o uso mais comum. Sítios arqueológicos e lugares históricos são escritos conforme a sua grafia mais comum nas fontes consultadas para a redacção deste livro.

Todas as datas de radiocarbono foram calibradas utilizando as tabelas para 1998 na publicação *Radiocarbon*. De forma mais polémica, as datas anteriores a 9300 a.C. são calibradas usando anéis de crescimento dos corais de Barbados, por oposição aos anéis de árvore empregados em datações de carbono posteriores. Após longa discussão com colegas arqueólogos mais conhecedores, decidi que valia a pena adoptar estas calibrações – as quais, porém, têm como consequência empurrar as datas de algumas evoluções chave (como as origens da agricultura) um milhar de anos mais para o passado. As datas mais remotas aqui apresentadas não influenciam os argumentos centrais do livro. Deve sublinhar-se que as calibrações de antes de 7000 a.C. estão sujeitas a modificação futura segundo novas pesquisas, e são, na melhor das hipóteses, provisórias.

A nomenclatura a.C./d.C. é utilizada para datas posteriores a 15 000 anos atrás (A.P.). O «Presente» é internacionalmente aceite como a partir de 1950.

O LONGO VERÃO

1

O limiar da vulnerabilidade

> Quem conhece o Mississipi afirma prontamente – não em voz alta, mas para si mesmo – que dez mil Comissões para o Rio... não podem domar essa corrente sem lei, não podem refreá-lo, ou confiná-lo, não podem dizer-lhe «Vai para aqui» ou «Vai para ali»; e não podem fazê-lo obedecer... não podem barrar o seu curso com uma obstrução que ele não derrube, sobre a qual não dance, e da qual não ria.
>
> MARK TWAIN, *Life on the Mississipi*, 1879

Um vento de força 9 é um temporal forte, e faz o cordame de um barco à vela guinchar implacavelmente. Eu comprimi-me no abrigo da cabine, abraçando o assento do *cockpit* com as pernas, o cinto bem apertado. Fizemos alto na Baía da Biscaia com a vela principal fortemente rizada e uma minúscula bujarrona de tempestade, e assim nos mantivemos vinte e quatro horas, o nosso barquinho subindo e descendo sem esforço na ondulação montanhosa. A chuva forte, à mistura com escuma, atravessava horizontalmente o convés – o único componente sólido de um mundo cinzento onde o mar e o céu se tinham tornado um. Dadas as circunstâncias, a vida até era confortável. O vento sudoeste estava a afastar-nos da costa norte de Espanha. Tínhamos muito oceano para andar à deriva, e o mar bravio não era uma ameaça, íamos

O Longo Verão

para cima e para baixo como uma rolha. Só nos preocupávamos com os navios de passagem. Vogavam para sul, em direcção a Espanha, num fluxo firme, abrindo caminho através da tempestade – superpetroleiros vindos de Roterdão, enormes navios contentores semelhantes a caixas, transportadores de gás natural. Vi um grande petroleiro demolindo as vagas escarpadas, sem esforço aparente. Cascatas de borrifos explodiam bem acima da proa que submergia. O monstro passou alto, mal dando pela tempestade, vazio e parecendo invencível.

Uma rajada medonha percutiu nos nossos estais e o barco inclinou-se pronunciadamente. Atirei-me para o chão enquanto os borrifos me sacudiam as costas como tiros de uma espingarda de pressão. O petroleiro desapareceu momentaneamente nas trevas; então um súbito raio de luz solar fez cintilar o comprido casco negro, enquanto o pesado navio, com indiferença, deixava a borrasca. Para um barco de cruzeiro como o nosso, com doze metros da popa à proa, a Baía de Biscaia é um lugar perigoso: quando a força do Atlântico Norte chega até à plataforma continental europeia, tempestades repentinas e vagas encapeladas podem levantar-se de súbito, vindas de parte nenhuma. Continuaríamos imobilizados, sobrevivendo sem dificuldade, mas de resto indefesos, por mais meio dia.

Uma demorada visão do mar dá à mente muito tempo para o devaneio. Enquanto a grande embarcação passava facilmente pelo horizonte, eu seguia mentalmente a sua viagem – para sul, passando o Cabo Finisterra e a orla da Europa, à volta do bojo de Marrocos e do Senegal, depois muito para sul, para a ponta meridional de África. A meio do Inverno o Cabo da Boa Esperança é um sítio tempestuoso onde as ondas de 25 metros não são desconhecidas – paredes de água tão escarpadas e poderosas que partiram cascos de superpetroleiros como cascas de ovo. Se sofresse uma avaria no motor ou falha eléctrica, o enorme navio vogaria à deriva, indefeso, ao sabor do vento, inclinando-se fortemente sob o temporal, com grandes vagas a colidir nos seus flancos semelhantes a penhascos. A menos que rebocadores de mar alto o pudessem puxar ou, milagre dos milagres, o engenheiro da embarcação conseguisse trazer o motor à vida, o leviatão chocaria com os escarpados penhascos sul-

-africanos, despedaçando-se até, o casco fatalmente enfraquecido por deflectir as ondas. Em tais condições, as hipóteses do nosso barquinho seriam melhores do que as do petroleiro. As ondas compactas que destruíam o petroleiro passar-nos-iam por baixo com menos efeito que estas de nove metros. Muitas vezes a sobrevivência é uma questão de escala.

Assim como os navios, também as civilizações.
Ur fica aproximadamente a meio caminho entre Bagdad e a orla do Golfo Pérsico, uns 24 quilómetros a oeste do actual curso do rio Eufrates.([1]) A cidade, outrora grande, situa-se no meio de uma paisagem de desolação – uma colecção de outeiros. Um deles, Tell el Muqayyar, a Colina de Pez, foi um dos grandes santuários da antiga Mesopotâmia. Subindo o zigurate (outeiro do templo) podemos ver as palmeiras distantes delineando os bancos do Eufrates para leste. Em qualquer outra parte contemplamos uma imensidão de areia estendendo-se até ao horizonte plano (visitei o lugar antes de Saddam Hussein ter construído uma base aérea nas imediações). Para sudoeste, um pináculo cinzento distante é tudo o que resta do zigurate que outrora dominava Eridu, que os sumérios acreditavam ser a cidade mais antiga do mundo. Não se enganaram por muito.
Sobre esta paisagem o arqueólogo britânico Leonard Woolley escreveu que «nada alivia a monotonia da vasta planície sobre a qual dançam as ondas de calor tremeluzentes, e a miragem espalha a sua visão trocista das águas plácidas».([2]) É difícil acreditar que este deserto dos mais cruéis tenha sustentado uma das primeiras civilizações do mundo.
Em 2300 a.C. um soberano sumério chamado Ur-Nammu fundou a terceira dinastia da casa real de Ur. A cidade já era antiga, habitada há mais de dez séculos, um lugar de culto e comércio quase tão velho como a própria civilização. As quatro gerações da Terceira Dinastia presidiam a muito mais do que uma cidade-estado. Ur-Nammu tinha começado o seu reino como

O Longo Verão

vassalo de uma cidade ainda mais antiga, Uruk, mas revoltou-se contra os seus senhores e fundou o seu próprio reino pela diplomacia e pela conquista. Em breve ele e os seus sucessores dirigiam um domínio poderoso cuja influência atravessava o deserto sírio e se estendia até às terras do Mediterrâneo oriental. Rodearam a sua cidade com uma fortificação de tijolos de argila com 23 metros de espessura na base e até 8 metros de altura. No interior ergueram um enorme zigurate com lados inclinados, aquilo que Leonard Woolley chamou «uma montanha de Deus», de 21 metros de altura, com uma base que media 46 por 61 metros, uma massa de sólido trabalho de alvenaria revestida de paredes de tijolo queimado de 2,4 metros de espessura ligados com betume. No cimo ficava um pequeno santuário para o protector de Ur, o deus da lua Nannar. Folhagens pendentes cobriam os terraços do zigurate como a vegetação irregular de uma montanha; junto à sua base, o sumptuoso complexo do templo incluía um santuário e um grande pátio empedrado rodeado de despensas e armazéns.

Uma estela de calcário encontrada no complexo comemora as acções piedosas de Ur-Nammu e as suas conquistas. Uma cena representa o rei, de pé, numa atitude de oração, enquanto um ser semelhante a um anjo, vindo do alto, rega o solo com uma jarra. Uma inscrição discrimina os canais perto de Ur escavados por ordem do rei. As valas de irrigação são atribuídas a Ur-Nammu, mas ele louva os deuses pela dádiva da água que traz fertilidade à terra. Na crença suméria o soberano era Nannar; ele era o representante terreno do deus protector, o rendeiro por assim dizer, e o deus era o verdadeiro governante da terra. A enorme quinta que era Ur necessitava cuidado e atenção constantes num ambiente difícil.

O recinto sagrado abrangia os aposentos reais e servia como cenário para os grandes rituais públicos e procissões em honra dos deuses. Fora dos seus muros ficavam os arrabaldes da cidade sobrepovoada, acumulações de casas de argila construídas, ocupadas, depois reconstruídas num palimpsesto infindável de renovação urbana. Pela época de Ur-Nammu, as cercanias erguiam-se em socalcos de colinas de entulho compacto. Separando as habitações apinhadas havia corredores estreitos, sinuosos, não pavimentados, demasiado apertados para carroças mas suficientemente largos para os pedestres e para os burros, sempre presentes, passarem. O trânsito diário de Ur fluía, intenso – um alto dignitário rodeado de guardas e escribas, mulheres com cântaros de água a transbordar, burros carregados com sacos de grão zurrando alto sob o aguilhão do dono. As paredes despidas das casas delineavam as ruas, com os seus cantos arredondados para evitar que os condutores de carga se magoassem. Leonard Woolley escavou algumas destas habitações, com os seus pátios centrais e câmaras de dois pisos. A Ur de Ur-Nammu era uma cidade sobrepovoada com ruas à sombra e bazares, e bairros separados para oleiros, ferreiros e outros artesãos. Durante os meses quentes, roupas penduradas nas vielas protegiam do sol abrasador. O ar transportava o cheiro do fumo da lenha e dos excrementos dos animais. Mais de cinco mil pessoas viviam na sombra do zigurate, no que era à época uma das maiores comunidades humanas que o mundo já vira.

Os senhores de Ur eram os mais poderosos da terra, tendo por únicos rivais os faraós egípcios. A sua hegemonia abarcava (pelo menos nominalmente) a maior parte do sul da Mesopotâmia e jusante. Governavam um lugar de peregrinação religiosa e uma Meca para as caravanas de burros e os navios de terras distantes. Canais ligavam Ur ao Eufrates e daí ao Golfo Pérsico. Nos seus magníficos tempos áureos, a antiga cidade dominava uma manta de retalhos de canais e campos verdes esculpidos no deserto e alimentados pelas enchentes do grande rio. Tudo e todos dependiam da água e do controlo desta, o único bem que podia sustentar a vida no meio de um deserto onde a queda de chuva raramente excedia 200 milímetros anuais.

Sempre me surpreende a grande continuidade da vida em Ur. Como Eridu e outras cidades do sul, Ur tinha começado como uma pequena comunidade agrícola. As primeiras comunidades assim já tinham surgido perto de Ur em 6000 a.C., uma época de chuva em quantidade e grandes cheias.[3] Eram pouco mais que lugarejos minúsculos de cabanas de colmo, aglomeradas perto de pequenos canais de irrigação. A cada Primavera, camponeses descalços lançavam mãos à obra no sedimento enlameado e removiam-no para dar espaço às enchentes de Verão. A irrigação

O Longo Verão

simples das aldeias funcionava bem. Séculos de água fluvial e chuvas abundantes nutriam colheitas abundantes e crescimento populacional. As povoações tornaram-se cidades em rápida expansão, cada qual dentro das suas próprias terras irrigadas. Havia muita terra e água suficiente. Mesmo uma cidade pequena podia facilmente sobreviver a alguns anos maus.

Então, por volta de 3800 a.C., o trajecto da monção do Oceano Índico deslocou-se para sul, e o padrão de precipitação mudou. As chuvas de Inverno passaram a começar mais tarde e a acabar mais cedo, fazendo com que os agricultores tivessem de contar apenas com a água do rio para as colheitas em crescimento, quando atingiam a maturidade. Agora as inundações chegavam depois das colheitas, significando que a agricultura dependia de um fluxo de água muito reduzido.[4]

Pode-se imaginar a confusão quando as chuvas faltavam e as colheitas secavam nos campos. Os aldeãos apanhavam as suas colheitas enfezadas, só para ver os canais transbordarem com a água das enchentes algumas semanas mais tarde, quando era tarde de mais. Em poucos anos mudaram a época de plantio para que o trigo e a cevada amadurecessem enquanto o Tigre e o Eufrates enchiam os seus canais de irrigação cuidadosamente preparados. Ao mesmo tempo, fizeram uma mudança sensata e estratégica para vilas e cidades muito maiores, situadas nas proximidades de onde os canais abastecedores podiam desviar água preciosa para o deserto em redor. Cidades em expansão como Ur tornaram-se os pontos nodais da vida humana, rodeadas de interiores densamente cultivados e comunidades satélite que podiam estender-se até dez quilómetros das muralhas da cidade. Em 3100 a.C., o sul da Mesopotâmia era um mosaico de cidades-estado intensamente competitivas, todas ancoradas a canais de irrigação ciosamente guardados, num mundo onde os direitos sobre a água eram a moeda da paz e da guerra. Quando a cidade se tornou o meio da sobrevivência, seguiu-se a hiperurbanização. Mais de 80 por cento de todos os sumérios viviam em vilas ou cidades em 2800 a.C.

A cidade, a imagem de marca da civilização mesopotâmica, protegia os habitantes dos choques bruscos e secas imprevisíveis orquestradas por deuses zangados. Aqui eles apaziguavam o

O Limiar da Vulnerabilidade

panteão de divindades hostis. Os armazéns dos templos abarrotavam de cereais inventariados cuidadosamente para fazer face aos anos pobres, um seguro contra a fome e a desordem social que inevitavelmente a seguia. Durante todos os meses do ano, as famílias trabalhavam a terra, cavavam canais, dragavam sulcos mais antigos, tudo em troca das poucas semanas de Verão em que o rio transbordava. Ninguém, fosse monarca, comerciante ou plebeu, tinha quaisquer ilusões a respeito da ameaça da fome. Pelo menos a cidade, com os seus santuários e armazéns, oferecia um certo grau de protecção. Durante esses séculos, Ur era uma pequena embarcação capaz de aguentar as normais tempestades melhor que as aldeias agrícolas a que sucedera.

Cerca de 2200 a.C., uma extraordinária erupção vulcânica algures muito a norte vomitou na atmosfera enormes quantidades de cinza fina. Se as erupções históricas oferecem algum termo de comparação, os detritos taparam o sol durante meses seguidos, causando um frio fora de estação. Infelizmente para os senhores de Ur, a erupção coincidiu com o início de um ciclo de 278 anos de seca que afectou áreas imensas do mundo mediterrânico oriental e é visível com nitidez em núcleos da capa de gelo da Gronelândia e dos Andes. Com uma brusquidão catastrófica, os ventos húmidos do Mediterrâneo enfraqueceram. A precipitação de Inverno caiu a pique. As enchentes do Eufrates e do Tigre, à míngua de chuva e da neve das longínquas terras altas da Anatólia, faltaram também.

A seca tornou as outrora férteis planícies de Habur, a norte, junto ao Eufrates, num quase deserto.([5]) Durante muitos séculos, criadores de gado amoritas haviam apascentado os seus rebanhos no campo aberto onde a chuva abundava. Agora mantinham-se perto do rio e seguiam o curso da água a jusante, até às terras agrícolas do sul. Alguns nómadas sempre tinham invadido os campos ocupados, mas agora ameaçavam, apenas pelo seu número, submergir os arredores intensamente cultivados das cidades meridionais, justamente quando estas sofriam com graves privações de água. Os exércitos por si não conseguiam conter os intrusos. O soberano de Ur construiu febrilmente uma muralha de tijolos de argila com 180 quilómetros, nomeada de forma grandiloquente Repelidor de Amoritas. Também isso falhou. Em poucas gerações sedentas, a população de Ur mais que triplicou.

O Longo Verão

Os agricultores estreitaram desesperadamente os canais de irrigação para aumentar o fluxo de água para os seus campos. Tabuinhas cuneiformes contam que as autoridades da cidade mediam rações de cereais com colheres de mesa. De início as pessoas sobreviviam contando com os parentes para um suplemento de precioso cereal às suas medidas racionadas. Depois recorreram à desordem e simplesmente mudaram-se para o campo, numa frenética busca de sustento. Tudo em vão: a economia agrícola de Ur soçobrou, e depois ruiu. Em 2000 a.C. menos de metade dos sumérios viviam ainda em cidades.

Um século mais tarde, as chuvas melhoraram, os pastores regressaram a Habur, e novos reinos emergiram do caos da Terceira Dinastia Ur. Mas o repentino colapso de Ur foi um ponto de viragem na história da Humanidade: a primeira vez em que uma cidade inteira se desintegrou face a uma catástrofe ambiental. O navio, pequeno mas capaz, tinha deparado com uma tempestade com violência bastante para o destruir. A população de Ur dispersou-se por comunidades mais pequenas, refugiou-se em terras mais altas, ou simplesmente pereceu à medida que o aparelho do governo se foi evaporando em poucas gerações. Quando as precipitações voltaram, trouxeram cidades novas, entre as quais uma Ur menos substancial, que era uma sombra de si mesma. Mas a humanidade tinha passado um limiar de vulnerabilidade ambiental. A intrincada equação entre população urbana, acesso fácil a reservas de alimento e a flexibilidade económica, política e social suficiente para aguentar os golpes climáticos tinha sido irreversivelmente alterada.

A sobrevivência é frequentemente uma questão de escala. Um pequeno grupo da Idade da Pedra podia responder a uma seca mudando-se para novos terrenos de caça e aí permanecendo enquanto fosse necessário. Uma aldeia agrícola podia receber cereais de emergência de parentela vizinha, ou simplesmente mudar-se para zonas melhor servidas de água, conhecidas de ligações comerciais. Mas uma grande cidade como Ur, assolada pela propagação dos efeitos de uma seca implacável, que provocou uma imigração sem precedentes e fome em grande escala, não podia adaptar-se ou recuperar sem esforço, e desabou. Tendo-se erguido como uma defesa bem sucedida contra pequenas catástrofes, a cidade achou-se cada vez mais vulnerável às catástrofes maiores.

Se Ur era um pequeno navio mercante, a civilização industrial é um superpetroleiro. As primeiras cidades eram meras vilas, pelos padrões actuais, de área limitada e com não mais de alguns milhares de habitantes. Ur foi suplantada até por cidades pré-industriais posteriores: Teotihuacán, no planalto mexicano, ostentava uns 200 000 cidadãos no ano 600. Se Ur alargou os limites da vulnerabilidade, consideremos quão mais se atreveu Teotihuacán antes de ter, também, desabado abruptamente – em parte, novamente, devido à seca. Hoje em dia, a escala da vulnerabilidade ambiental é muito maior do que queremos acreditar.

Colonos franceses fundaram Nova Orleães em 1718, graças a diques que vigiavam o rio Mississipi.([6]) Os povos indígenas haviam caçado e pescado no delta do Mississipi durante milhares de anos, mudando-se facilmente para terras mais altas a cada enchente. O rio serpenteava através do silte incaracterístico do delta, e as populações, seguindo-o, iam mudando as habitações de lugar. Os franceses, porém, não lhe fizeram concessões e criaram um povoado permanente nos diques naturais, sem intenção de mudar-se. Em questão de meses uma grande enchente inundou os alicerces da vila, levando-os à conclusão de que deveriam dominar o curso do rio. Uma lei de 1724 obrigava os proprietários de casas a elevar as fundações das suas residências. A legislação não surtiu efeito, porque as barreiras resultantes só tinham um metro de altura. Felizmente para Nova Orleães, não havia barreiras naturais na margem oposta, pelo que o Mississipi correu por fora sem impedimento.

O Longo Verão

A cidade foi novamente inundada em 1735 e 1785, com intervalos suficientemente longos para que os habitantes se esquecessem como era uma grande enchente. Em 1812 os diques artificiais estendiam-se por mais de 300 quilómetros em alguns locais, e eram concebidos primeiramente para proteger terras de cultivo. A procura de plantações de açúcar era tal que em 1828 os diques alcançaram a entrada do delta. Alguns donos de plantações tomaram a precaução de erguer as suas casas nos únicos terrenos mais elevados disponíveis – os cemitérios índios. À medida que o sistema de diques se foi expandindo o estrago potencial originado por uma ruptura agravou-se acentuadamente. Uma derrocada súbita *provocaria o que os habitantes locais chamam uma* «crevasse», uma cascata como uma barragem a explodir, que engolia tudo à frente. Em meados do século XIX muitos diques tinham dois metros, e havia todos os sinais de que as enchentes futuras iam ser muito maiores.

O Mississipi abastece-se de água muito distante – de Nova Iorque, Montana, Canadá, e vastas regiões a jusante. A bacia do rio, a terceira maior do mundo atrás das bacias do Congo e do Amazonas, tem a forma de um enorme funil, que cobre completa ou parcialmente trinta e um estados e duas províncias, e escoa 41 por cento dos Estados Unidos continentais. Em alguns locais o caudal em cheia tem mais de 160 quilómetros de largo e parece-se com o mar aberto. É como se um oceano estivesse em trânsito para o Golfo do México. Onde o delta começa, em Old River, a água espalha-se num mosaico de *bayous*, charcos e pântanos, que outrora foram reservatórios para a subida das águas. Não foi a manter-se no mesmo leito que o Mississipi criou a maior parte do Louisiana, mas saltando de trajecto em trajecto, num arco de mais de 300 quilómetros de largo. O escritor ambientalista John McPhee compara o comportamento do rio a «um pianista a tocar com uma mão só – mudando de direcção com frequência e radicalmente, afluindo na margem esquerda ou na direita, para partir em direcções totalmente novas».[7] O rio procura sempre o caminho mais curto até ao oceano, encontra-o, e depois amontoa sedimentos no leito até que, mais ou menos a cada milénio, entorna de um lado. Este género de transformação pouco importava para os caçadores colectores móveis e semi-sedentários que

O Limiar da Vulnerabilidade

acampavam ao largo das margens do Mississipi. Mas importou e muito depois que Nova Orleães se ergueu no delta, os barcos a vapor começaram a navegar no leito principal e os pântanos foram secados e transformados em terrenos agrícolas. Quando os diques se romperam, morreram pessoas – às centenas no desastroso ano de 1850 quando trinta e dois diques abriram brechas. Em 1879 o governo federal criou a Comissão do Rio Mississipi, numa época em que o leito principal corria mais alto que nunca e barragens de terra fechavam os maiores canais de distribuição do rio. Desde então o controlo das enchentes do Mississipi tem estado sob a alçada do Corpo de Engenharia do Exército.

Em 1882 a cheia mais destrutiva do século XIX rompeu 280 diques. As águas transbordaram mais de 110 quilómetros. O leito principal do rio pareceu prestes a mudar para o leito do Atchafalaya, especialmente depois de o Corpo ter libertado entulho do rio. Durante gerações, os seus responsáveis aderiram à política de usar diques para controlar o rio, até que a grande cheia de 1927 matou mais de 200 pessoas e milhares de animais, inundando 93 000 quilómetros quadrados de quintas e vilas.([8]) Por esta altura, os diques estavam seis metros maiores que as velhas barreiras de dois metros, e só tinham conseguido tornar o leito principal num enorme aqueduto. O Congresso aprovou então a Lei do Controlo das Cheias de 1928, que afectou fundos para uma tentativa vasta, coordenada, de construir todo o tipo de defesas fluviais, desde diques a realinhamentos de leitos, escoadouros e comportas que podiam ser abertas nas alturas de enchentes extraordinárias. O trabalho de defesa continuou até os diques de cada banco rivalizarem com a Grande Muralha da China, sendo até mais altos e espessos. Mesmo assim eram insuficientes, porque as mudanças em escala industrial na paisagem a montante – preparação de auto-estradas, parques de estacionamento, centros comerciais e surtos imobiliários – aumentaram o escoamento de águas, e elevaram a altura até das enchentes normais. Acima de tudo, o Corpo tinha de deter a inevitável deslocação do Mississipi para o Atchafalaya, cujo curso se aprofundava ano após ano. Se a tivessem deixado acontecer, a capital do estado, Baton Rouge, teria cessado de existir, Nova Orleães já não seria um porto, e toda a indústria pesada aglomerada ao longo do leito principal teria

O Longo Verão

ficado encalhada em seco. Fábricas e refinarias não poderiam sobreviver junto a uma enseada inconstante. Por isso o Corpo bloqueou com uma barragem enorme o trajecto do velho rio que fornecia o Atchafalaya e construiu um sistema de comportas para permitir às embarcações descer até 10 metros e passar a jusante no ponto crítico, 480 quilómetros a montante da foz do rio. Agora o corpo controlava o caudal do rio: determinava quanta água fluía por Nova Orleães, quanta ia para o Atchafalaya, e quanta transbordava para os pântanos.

Ou será que não determinava? A batalha para controlar o rio nunca cessa, porque um rompimento a montante é sempre possível e o espantoso poder da enchente pode irromper em qualquer lado. Por agora o Corpo acredita que o rio está contido. Mas com a combinação certa de queda de neve intensa e precipitações muito acima da média, há uma possibilidade real de o Mississipi seguir a sua própria vontade e mudar o trajecto para o Atchafalaya, como obviamente pretende. Mais uma vez, não eliminámos a nossa vulnerabilidade, mas apenas ganhámos na escala. No caso da Ur suméria, a maior cheia concebível custaria alguns milhares de vidas. Assim que as águas retrocedessem, os sobreviventes começariam a replantar os campos e a reparar as muralhas. Hoje, o destino de uma cidade de um milhão de habitantes e muitos milhares de milhões de dólares de infraestruturas depende do nosso controlo da água fluvial cada vez mais agitada de meio continente. Nova Orleães está a salvo da cheia que ocorre a cada cem anos. Quanto à cheia dos mil anos, ou a dos dez mil anos, só podemos esperar pelo melhor.

Este livro é sobre essa vulnerabilidade crescente. É a história, longa de 15 000 anos, de como, uma e outra vez, os homens atingiram um limiar na sua relação com alterações climáticas imprevisíveis e, sem hesitar, atravessaram-no.

• PARTE UM •

Bombas e Esteiras Transportadoras

Cada véu levantado revelava um sem-número de outros. Eles observaram uma cadeia de mistérios entrelaçados e interdependentes, o equivalente meteorológico do ADN e da dupla hélice.

ALEXANDER FRATER, *Chasing the Monsoon*, 1991

	Acontecimentos climáticos Zonas de vegetação	Acontecimentos humanos	Desencadeamentos climáticos
9,000 B.C.–	**Pré-Boreal** (aquecimento renovado)	A agricultura expande-se rapidamente no sudoeste asiático Abu Hureyra II e Jericó	Condições húmidas (recomeço da circulação)
10,000 B.C.–		A agricultura principia no sudeste asiático.	Seca no sudeste asiático Frio na Europa
11,000 B.C.–	**Dryas mais jovem** (frio) O Lago Agassiz transborda	Abu Hureyra I Clóvis na América do Norte	A circulação atlântica pára
12,000 B.C.–		Monte Verde / Meadowcroft Primeiro povoamento das Américas Pinturas nas cavernas em Niaux, França	Expansão das florestas na Europa
	Bolling/Allerod (aquecimento rápido)		Aquecimento rápido
13,000 B.C.–	TERMINA O EVENTO HEINRICH 1	Primeiro povoamento do nordeste da Sibéria	
14,000 B.C.–		Últimas culturas da Idade do Gelo na Europa	Rápida subida do nível do mar
15,000 B.C.–	Algumas temperaturas variáveis em aquecimento	Melhoria climática na Eurásia	
16,000 B.C.–	**Última Idade do Gelo** (frio)	Cro-Magnons na Europa	Rápido recuo das capas de gelo

Tabela 1 com os principais eventos históricos e climatológicos

2

A orquestra da última idade do gelo
18000 a 13500 a.C.

Nenhum dos mortos pode erguer-se e responder às nossas perguntas. Mas de tudo o que deixaram para trás, os seus utensílios imperecíveis ou em lenta degradação, talvez possamos ouvir vozes, «que agora só conseguem murmurar, quando tudo o mais ficou silencioso», para citar Lineu.

BJÖRN KURTÉN, *How to Deep-Freeze a Mammoth*, 1986

Para os felizardos que puderam presenciá-la, a cena é impossível de esquecer: nas paredes rugosas da caverna de Niaux no sul da França, o bisonte, o mamute, a rena rodopiam na luz trémula de uma lanterna de acetileno. As pinturas são um palimpsesto contínuo de imagens ousadas, umas sobre as outras, sem consideração pelas pinturas anteriores. A espaços, destacam-se impressões de mão aberta, dedos e palmas brancas traçados a vermelho, e ocre negro soprado na parede há milhares de anos.

Aqui as profundezas do tempo são difíceis de alcançar. Estas imagens foram criadas ao longo de um período não de anos ou décadas, mas de milénios. Umas duzentas gerações de caçadores Cro-Magnon aqui vieram, em busca do poder dos espíritos animais que residiam no rochedo.[1]

O Longo Verão

Iluminado, o grande bestiário parece mover-se sem descanso, tremeluzindo tal como o fez para os Cro-Magnons que vislumbravam as pinturas através do ténue bruxulear de candeias de gordura animal. Algumas pinturas adornam câmaras suficientemente espaçosas para dúzias de pessoas. Outras ocultam-se em passagens estreitas, longe do ar livre, na escuridão total onde outrora se demoravam os xamãs em solitárias buscas de visões. Aqui, debaixo da terra, os mundos dos vivos e dos mortos, humanos e animais, encontravam-se num simbolismo poderoso nunca experimentado à superfície.

Essas abundantes imagens de animais, sinais misteriosos e impressões de mãos, eram ligações a um domínio sobrenatural do qual quase nada sabemos. Lá fora estava o mundo duro da Última Idade do Gelo, onde as temperaturas pairavam perto ou abaixo dos zero graus durante a maior parte do ano. Nos vales fluviais profundos onde os Cro-Magnons viviam, havia altos pinheiros imóveis nas encostas, no frio de Inverno, e o único som era o baque ocasional da neve a cair de um ramo para o chão. Nos dias bonitos, nuvens insufladas deslizavam no céu de pálido azul, empurradas por gélidos ventos do norte. Mas nos vales o ar era estagnado, uma neblina ligeira pairando sobre o chão onde grandes mantos de folhas cobriam os prados no Verão húmidos e luxuriantes.

Se olhássemos de perto num dia de Inverno assim, poderíamos ver um enorme auroque – o boi selvagem primitivo – escavando a neve, à procura de erva seca entre as árvores escuras. Ou poderíamos encontrar dois mamutes de longas presas, imóveis, com a comprida crina a repousar na neve, e a respiração parecendo congelar no ar parado. Nos dias mais frios haveria pouco sinal de seres humanos, à excepção talvez de uma fina espiral de fumo branco de lenha a subir do sopé de um penhasco no lado sul do vale. Apesar da sua roupa e tecnologia sofisticadas, até os caçadores permaneceriam em casa durante os extremos gélidos dos Invernos da Idade do Gelo.

A Orquestra da Última Idade do Gelo

O mundo Cro-Magnon de há 18 000 anos era inimaginavelmente diferente do nosso.([2]) Cada grupo de caçadores explorava a magra extensão de um território bem definido. Durante os Invernos de nove meses, eles viviam em grandes cavernas e abrigos rochosos em áreas como o vale do rio Vezère na região de Dordogne do sudoeste francês, onde caçavam os animais de grande ou pequeno porte que se escondiam por perto. Todas as Primaveras uma multidão de renas passava em direcção ao norte, vindas dos vales fluviais abrigados e planícies a sul. A corrente de animais migratórios apertava-se por ravinas estreitas entre encostas íngremes, e às centenas atr3avessavam os rápidos. Semanas depois, as manadas espalhavam-se no exterior, em direcção a um mundo completamente diferente – as planícies vastas, desarborizadas, que se estendiam do Oceano Atlântico através da Europa e até às vastidões remotas da Sibéria.

Esta movimentação das renas – para norte quando chegava o calor, para sul no Outono – era o pêndulo das estações do mundo europeu gelado. A estepe/tundra actuava como uma bomba, absorvendo as renas e os seus predadores na Primavera, expulsando-os com as primeiras geadas do Outono. Embora a sua rota migratória pudesse mudar consideravelmente de ano para ano, as renas vinham sempre. E, inevitavelmente, os predadores humanos ficavam à espera delas.

Como todos os caçadores de sucesso, os Cro-Magnons conheciam intimamente os seus territórios. Sabiam quando os frutos silvestres estavam amadurecidos, e quando as gramíneas selvagens podiam ser colhidas. Podiam prever quando chegariam as renas, e como passariam através dos vales. Os caçadores localizavam as manadas próximas e aguardavam-nas nas passagens dos rios e de ambos os lados de desfiladeiros estreitos. Traziam equipamento leve e altamente eficaz – lanças de madeira com cabeças pontiagudas de chifre de veado e arpões de ponta farpada, e também arremessadores de chifre de veado ou madeira, que impeliam as suas lanças com a precisão de um relâmpago.

A julgar pelas caçadas modernas do caribu, os Cro-Magnons deixavam os chefes da manada atravessar a água incólumes, e depois atacavam os animais que vinham atrás, colhendo um após outro com perícia, sem esforço. Os animais empinavam-se e

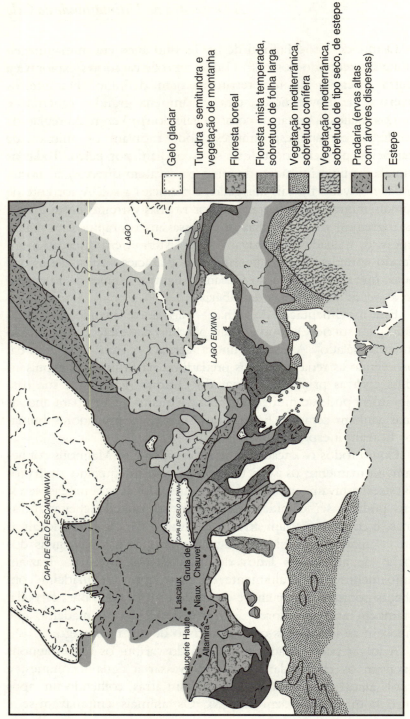

Mapa da Europa na Última Idade do Gelo, mostrando os locais mencionados no capítulo I

A Orquestra da Última Idade do Gelo

rodavam em pânico, bramindo, e os seus companheiros mortos flutuavam rio abaixo, onde outros membros do grupo de caça arrastavam as carcaças para as águas pouco profundas. Muitos escapavam para a outra margem, reagrupando-se e continuando a sua marcha inexorável. Mas os caçadores eliminavam dezenas de animais, centenas até, esquartejando as carcaças com enérgica eficiência na margem do rio. Carregavam para casa membros inteiros ou grandes porções dos corpos, para comer ou cortar à vontade. Quando os homens e mulheres do grupo cortavam os seus quinhões, deixavam cair os ossos partidos e descarnados no chão poeirento do abrigo, onde depressa seriam soterrados sob uma acumulação de cinzas e entulho de ocupação, para os arqueólogos descobrirem milhares de anos depois.

As renas eram muito mais que presas. Estes animais desempenhavam um papel proeminente no mundo simbolicamente rico em que os Cro-Magnons estavam imersos. O ritmo sazonal da vida Cro-Magnon girava à volta das migrações das renas e das grandes corridas de salmões que entupiam os rápidos do Vezère e dos cursos de água próximos. Na Primavera e no Verão, grupos vizinhos encontravam-se para abater renas e milhares de salmões, uma colheita limitada apenas pela capacidade dos caçadores de tratar as peças de caça e secar a sua carne para consumo posterior. Os Verões quentes e curtos traziam mosquitos, mas também nozes, frutos silvestres, e outras plantas comestíveis. Se as sociedades de caçadores-recolectores modernas podem servir de paralelo, eram esses os meses em que os grupos se juntavam para negociar, caçar e celebrar as cerimónias principais. Combinavam-se casamentos, resolviam-se disputas, recitavam-se lendas e mitos ancestrais. Debaixo da terra, onde o mundo vivo e o sobrenatural se encontravam, animais dançavam e cabriolavam ao longo das paredes das cavernas, pintadas e repintadas nos mesmos sítios, entremeadas com desenhos complexos e por vezes marcas de mãos humanas.

Há 18 000 anos o Outono chegou cedo, um período breve de Setembro em que as temperaturas diurnas ainda estavam quentes, mas as geadas da noite matavam a erva viçosa, e o vento arrancava as folhas das poucas árvores caducifólias. Agora os grupos seguiam caminhos separados, vivendo como famílias alargadas

O Longo Verão

em grandes abrigos rochosos, com cortinas de pele esfarrapadas sobre as entradas para conservar o calor das grandes lareiras no interior. Logo as temperaturas desciam a pique e chegavam as neves. Durante meses cada grupo vivia virtualmente isolado, ciente da proximidade de outros, mas só com contactos esporádicos com eles.

A extensão da vida Cro-Magnon ficava dentro de um mundo estreito confinado pelos grandes vales fluviais e as movimentações da caça grossa, com ocasionais excursões mais afastadas. Sabiam da existência de outra gente sobre o horizonte, pois dela obtinham pedras boas para a feitura de instrumentos, e colares de conchas exóticas. Também estavam a par das planícies para norte, aparentemente infindáveis, onde as renas pastavam no Verão.

Ao voar sobre a França central hoje, vê-se lá em baixo uma paisagem retalhada de campos verdes e bosques, sebes cuidadosamente aparadas e prados viçosos. Há 18 000 anos esta paisagem era um deserto subárctico – desarborizado, desprovido de penhascos e vales fluviais profundos, coberto de vegetação enfezada.([3]) A precipitação era esparsa, a estação em que cresciam as gramíneas e as plantas rasteiras durava pouco mais de dois meses por ano. Mesmo no Verão os ventos sopravam do norte incessantemente, com uma persistência cortante que arrefecia as pessoas até os ossos. No entanto, os ventos podiam esmorecer e as temperaturas subir dramaticamente em algumas horas. Dia após dia, o ar enchia-se de densas nuvens de poeira fina, que tornavam escuro o céu cinzento e obscureciam o horizonte distante. Fundas camadas de poeira glaciária fina acumulavam-se no solo – beneficiando os agricultores milénios depois. Mamutes e outros animais amantes do frio prosperavam na estepe/tundra, especialmente em locais mais abrigados como os vales de rios rasos. Alguns animais viviam o ano inteiro nessas paisagens desoladas. Mas muitos mais iam e vinham com as estações.

A Orquestra da Última Idade do Gelo

Pode-se facilmente imaginar a estepe/tundra da Idade do Gelo como uma paisagem impiedosa, imutável. Mas ela respirava sempre, absorvendo animais e homens nos tempos mais quentes e expelindo-os quando as condições ficavam demasiado terríveis para sustentar mais que os robustos mamíferos árcticos. Esta rotação constante é o mecanismo pelo qual a grande estepe//tundra ajudou a determinar quando as pessoas se instalavam no extremo norte.([4])

Ao longo da sua orla setentrional, a estepe/tundra dava lugar a um deserto juncado de seixos, e depois a vastas capas de gelo com até quatro quilómetros de espessura. O gelo ocultava com o seu manto toda a Escandinávia e a Escócia, e espalhava-se para o norte da Inglaterra, os Países Baixos e o norte da Alemanha. Essa era a origem dos ventos incessantes, que precipitavam os gradientes da temperatura das capas de gelo. Os enormes glaciares absorviam tanta água, e punham tanto peso extra na crosta terrestre, que os níveis do mar estavam mais de noventa metros abaixo dos níveis actuais. A estepe/tundra estendia-se através do sul à mostra do Mar do Norte. O Mar Báltico não existia. Podia-se ir a pé da Inglaterra à França, e daí, se estivéssemos suficientemente robustos e agasalhados, para o interior da Eurásia, o extremo nordeste siberiano e as Américas, ou na direcção do sudeste, para a plataforma continental ao largo do sudeste asiático.

A Última Idade do Gelo era um lugar selvagem, impiedoso. Uns 40 000 caçadores davam-se bem, graças a um oportunismo brilhante, adaptação social e constante flexibilidade – num mundo que estava prestes a sofrer uma transição estonteante.

Há 18 000 anos só uma forma humana vivia na Terra: o *Homo sapiens sapiens*, gente como o leitor e eu. A nossa origem tinha sido a África tropical, mais de 150 000 anos antes, entre uma minúscula população primitiva, que depois abriu caminho até o Deserto do Sara, que há cem mil anos era mais bem irrigado. Pequeninos grupos acamparam junto aos seus lagos pouco fundos,

O Longo Verão

de água doce, e perseguiram a caça numa pradaria semiárida ondulada. O Sara era outra bomba gigante. Há cerca de cem mil anos, quando o clima se tornou muito mais frio no norte, o Norte de África secou e empurrou os seus habitantes animais e humanos para as margens – a norte para a costa mediterrânica, e a leste para o Vale do Nilo. Pouco depois, os homens modernos tinham--se instalado em cavernas no sudoeste asiático, onde viveram ao lado de uma espécie humana diferente, os Neandertais, durante 50 000 anos.

Por razões ainda não compreendidas, fizemos uma pausa no sudoeste asiático. Alguns especialistas, como o antropólogo Richard Klein, da Universidade de Stanford, crêem que esse foi o período em que o *Homo sapiens sapiens* adquiriu todas as suas capacidades cognitivas.([5]) Acredito que tenham razão. Se tiverem, então os Cro-Magnons que entraram na Europa eram capazes de raciocínio complexo, planeamento prévio e fala completamente articulada. A sua relação com o mundo definia-se tanto pelo simbolismo complexo como pela perícia tecnológica. Os homens que avançaram do sudoeste asiático eram artistas e xamãs, super-predadores, gente capaz de dominar qualquer clima terrestre.

Há uns 45 000 anos, tínhamo-nos mudado para paisagens muito mais frias, talvez numa época de temperaturas um pouco mais quentes. Cinco mil anos depois, nós, os modernos, tínhamos colonizado os vales fluviais da Europa ocidental, onde nos desenvolvemos durante dez milénios ao lado de populações de Neandertais em progressiva diminuição. Os Neandertais eram caçadores ágeis e fortes, capazes de abater animais de tamanho formidável. Mas faltava-lhes o intelecto dos recém-chegados, as suas ferramentas especializadas, cada vez mais elaboradas, e a sua notável capacidade de adaptação às condições climáticas em constante mudança.([6]) Os Cro-Magnons empurraram os Nean-dertais para territórios cada vez mais marginais, até estes se extinguirem. A partir de há uns 30 000 anos, os Cro-Magnons eram os donos da Europa.

Não mais de uns milhares de Neandertais tinham vivido na terra-mãe dos Cro-Magnons. Na sua maioria povoaram ambientes relativamente abrigados, só se aventurando na estepe aberta//tundra em breves excursões de Verão. Mas os recém-chegados dispunham da tecnologia e da organização social para caçar e viver nas planícies abertas durante o Inverno. O seu equipamento sofisticado e versátil incluía uma arma invisível que estava para além da imaginação dos Neandertais – o mundo sobrenatural.

Os primeiros estudiosos da arte Cro-Magnon disseram sobre as pinturas que eram «magia de caça por simpatia», um procedimento de artistas que observam cuidadosamente as suas presas, e depois pintam-nas ou gravam-nas em paredes de caverna, afastadas do ar livre. Hoje muitos especialistas acreditam que a arte Cro-Magnon fazia parte de rituais xamanistas complexos, e era desenhada por xamãs acabados de emergir de estados alterados de consciência, em câmaras escuras como o breu, longe da luz do dia. Seja qual for a interpretação correcta, ninguém duvida que as pinturas reflectem relações espirituais íntimas entre o domínio dos vivos e as forças do cosmos sobrenatural. Os caçadores-artistas tratavam as suas presas como seres vivos com sentimentos. Um suplicante podia adquirir poder espiritual a partir de animais pintados na rocha, cujos espíritos viviam atrás da parede. As impressões das suas mãos, delineadas a tinta, registam os seus actos sagrados. Pela primeira vez na existência humana, os poderes do sobrenatural desempenhavam um papel central na vida quotidiana – coagindo, encorajando e definindo a existência humana.[7]

O sobrenatural afectava todos os membros da sociedade, velhos ou novos, homens ou mulheres, sãos ou enfermos. Todos os grupos tinham o seu xamã, o seu representante de poder, que mediava entre os vivos e as forças terríveis que ameaçavam ou consentiam a sobrevivência. Os xamãs definiam a existência humana em canto e canção, com tradições orais e contos familiares. Alucinogénios poderosos permitiam-lhes viajar em transe através do reino sobrenatural. Os xamãs eram respeitados e temidos: curavam os doentes e iniciavam os jovens na vida adulta. Acima de tudo, definiam e mantinham uma ordem social capaz de preservar modos de vida e adaptá-los quando assim o desejavam os espíritos num mundo em profunda mutação.

O Longo Verão

A última Idade do Gelo está tão longe de nós que os cientistas ainda só têm uma impressão geral das suas variações climáticas. Inclinamo-nos a pensar na Europa de há 30 000 a 15 000 anos atrás como um mundo refrigerado que permaneceu inalterado muitos milénios. Mas então como agora, o clima variava de ano para ano, de século para século, numa sucessão infindável de ciclos mais frios e mais quentes. As populações animais flutuavam com o clima, aumentando nos milénios mais quentes e declinando nos mais frios.

Podemos imaginar a Europa da Última Idade do Gelo como um continente que respirava, atraindo a si pessoas e animais nos tempos mais quentes, e expulsando-as nos mais frios, apenas para absorvê-los novamente milhares de anos depois. Os homens nunca abandonaram por completo o continente, mas a sua população, como a dos animais de que dependiam, refluía e avançava.

Não que os Cro-Magnons estivessem conscientes dessas alterações. Na época em que a temperatura e a precipitação não podiam ser medidas nem registadas, todos viviam com o clima da memória geracional. Eles recordariam os anos de neve funda, muito extensa, os Verões em que ventos das planícies do norte, de um frio cortante, nunca paravam de soprar, e em que as oleaginosas comestíveis morriam nas árvores, e os anos em que as renas mudavam as suas rotas migratórias, ou vinham em números muito menores que o habitual. Em tempos de vacas magras, havia uma reserva de caça menor e outros alimentos aos quais recorrer. Essa rede de segurança fazia parte da flexibilidade dos Cro-Magnons num mundo onde a população ia aumentando e o luxo de mudar para território desabitado e próximo tornava-se raro. Alguns anos realmente memoráveis de frio ou fome severos bastavam para cauterizar-se numa lenda, para ser passada de uma geração à seguinte. Mas as pessoas sabiam sempre que esses eram anos excepcionais, que a passagem interminável das estações traria outros mais abundantes. Por fim, acreditavam que a sua sobrevivência dependia da potência dos animais que caçavam, dos poderes do mundo sobrenatural, e na fiabilidade dos parentes próximos.

A Orquestra da Última Idade do Gelo

A partir de mais ou menos 18 000 anos atrás, o ritmo das bombas tornou-se mais mutável, e as alterações climáticas por vezes surpreendentemente abruptas. Em alguns anos os Verões demoravam-se Setembro adentro; a estação de plantio curto passava de semanas a meses. Os caçadores à procura de raposas árcticas devido ao seu pelo às vezes podiam, em Março, trabalhar no exterior sem os seus anoraques forrados a pele; noutros anos o Inverno mantinha-se até depois do solstício de Verão.

Conhecemos essas alterações imprevisíveis através dos níveis de ocupação profundos dos abrigos rochosos de Dordogne. Acima do horizonte de 18 000 anos, os ossos de rena tornavam-se menos abundantes, enquanto os de outros animais como o veado vermelho, o auroque, o bisonte e a camurça passam a ser mais importantes. A comida podia ser arranjada literalmente à porta. O grande abrigo rochoso de Laugerie Haute no Vale de Vezère fica perto de uma passagem a vau. Aí, a cada Outono, as renas apinhavam-se através do vale enquanto os caçadores observavam a sua aproximação. Enquanto passavam, o grupo avançava para a carnificina. O terreno plano defronte ao abrigo era um matadouro conveniente, agora assinalado por esqueletos de renas encontrados entre o rio e a encosta de há muito ocupada.

À medida que o clima aqueceu e as migrações de renas diminuíram, os Cro-Magnons recorreram facilmente às oleaginosas e outras plantas comestíveis ao longo do Verão cada vez mais extenso. Podemos imaginar os caçadores à procura de presas diferentes, saltando de árvore em árvore nas florestas dos vales onde os auroques se ocultavam, caçando-os no Inverno quando a neve amortecia o ruído dos seus passos. Eles moviam-se silenciosamente até à orla de clareiras entre as árvores onde os animais ferozes esgravatavam a neve funda em busca de erva, conduziam-nos até redes resistentes, ou liquidavam-nos com lanças de ponta de chifre afiadas como lâminas, propulsionadas por arremessadores sólidos. Nesses milénios finais da Idade do Gelo a sociedade Cro-Magnon conseguiu uma elaboração e sofisticação desconhecida nos tempos mais frios. Práticas cerimoniais floresciam nos recintos escuros das cavernas, onde os bisontes cabriolavam nas paredes rochosas.

Então, repentinamente, há cerca de 15 000 anos, o aquecimento acelerou dramaticamente e as cerimónias desapareceram pouco a pouco. O antigo bestiário da Idade do Gelo, do mamute e do bisonte, da raposa do árctico e da rena, migrou para norte com a tundra em retirada. Florestas de bétulas e caducifólias depressa se espalharam nos fundos vales fluviais. Alguns dos grupos mudaram-se para norte, seguindo as suas presas. Outros abandonaram os grandes abrigos rochosos e dispersaram-se em grupos muito menores, sobrevivendo de veados solitários e outros animais da floresta e, cada vez mais, de plantas. Só ocasionalmente as pessoas ocupavam um abrigo Cro-Magnon, e mesmo assim só por alguns dias, acampando nas espessas camadas de detritos da ocupação de antepassados esquecidos. Ninguém visitava as fundas cavernas; os xamãs já não penetravam na escuridão em solitárias buscas de visões.([8]) Os bisontes e renas dançantes nas paredes desbotaram por trás de estalagmites em lenta formação. Há cerca de 12 000 anos as últimas sociedades caçadoras Cro-Magnon da Idade do Gelo tinham desaparecido perante o aquecimento global natural, para só serem redescobertas pelos arqueólogos na década de 60 do século XIX.

Embora esse aquecimento rápido não fosse nada de novo, os Cro-Magnons não sabiam disso. A ciência moderna tem um acesso sem precedentes aos arquivos climáticos terrestres sob muitas formas – sedimentos de mar profundo e de lagos, núcleos de gelo perfurados na Gronelândia e nos cumes nevados das montanhas, e anéis de árvores, para só referir alguns. Através deles, sabemos que a Idade do Gelo começou há pelo menos 1 milhão e 500 000 anos, com um arrefecimento gradual do clima. Núcleos de mar profundo do Oceano Pacífico documentam pelo menos nove períodos glaciários intensos durante os últimos 750 000 anos, cada qual marcado por arrefecimento progressivo,

A Orquestra da Última Idade do Gelo

depois aquecimento rápido, novamente interrompido por uma renovada glaciação. Durante pelo menos 500 000 dos últimos 780 000 anos, o clima do mundo tem estado a transitar do quente para o frio e de novo para o quente, e vice-versa. Os períodos glaciários duraram muito mais que os intervalos quentes.

Núcleos de gelo fundo tirados da Gronelândia nos anos 80 formam o primeiro capítulo de uma revolução fundamental no nosso conhecimento da Idade do Gelo. Os núcleos da Gronelândia levaram a história até uns 150 000 anos atrás, através de dois ciclos glaciários e interglaciários. Os mesmos núcleos também forneceram a crónica de um aquecimento global rápido entre 15000 a 10000 anos atrás, e numerosas mudanças desde então.[9]

Em 2000, uma equipa de cientistas internacional acabou de perfurar o núcleo de gelo mais profundo de todos, numa profundidade de 3623 metros através da capa de gelo antárctica, na estação russa de Vostok. As perfuradoras detiveram-se a 120 metros do vasto lago subglaciário que está debaixo do gelo, para evitar contaminá-lo com fluído de perfuração.[10]

O núcleo de gelo de Vostok transporta-nos para cerca de 420 000 anos atrás, através de quatro transições de períodos glaciários para quentes.[11] Estas viragens ocorriam com intervalos de mais ou menos 100 000 anos, a primeira há cerca de 335 000 anos antes da época actual, depois há 245 000, 135 000 e 18 000 anos atrás – um ritmo cíclico. Parece haver duas periodicidades envolvidas, uma primária de aproximadamente 100 000 anos, e outra, mais fraca, de 41 000 anos. Juntas, apoiam a velha teoria de que alterações nos parâmetros orbitais da Terra – excentricidade, obliquidade e precessão do eixo – provocam variações na intensidade e distribuição da radiação solar. Estas por sua vez desencadeiam mudanças climáticas naturais em grande escala. O aquecimento global de há 15 000 anos é o efeito mais recente dessas rotações maiores, que culminou no Holocénico, o milénio após o final da Idade do Gelo.[12]

Os núcleos da Gronelândia e de Vostok também documentam mudanças fundamentais nas concentrações atmosféricas de CO_2 (dióxido de carbono) e CH_4 (metano) – os gases de estufa mais importantes. Todas as quatro transições de Vostok de períodos gelados para mais quentes eram acompanhadas de subidas no

O Longo Verão

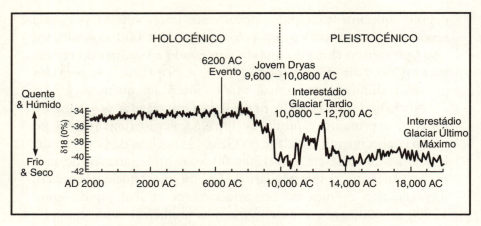

Registo climático do núcleo de gelo da Gronelândia,
abrangendo o último máximo glaciário (UMG)

CO₂ atmosférico de cerca de 180 para 300 partes por milhão por volume (o nível actual, num mundo aquecido pela actividade humana, está à volta de 365 partes por milhão). Ao mesmo tempo, o CH₄ atmosférico aumentou de cerca de 320-350 para 650-770 partes por mil milhões por volume. A razão de os níveis de CO₂ terem subido tão rapidamente durante essas quatro transições ainda é desconhecida, mas muitos peritos acreditam que as temperaturas à superfície do mar no sul dos oceanos desempenharam um papel chave no despoletar de mudanças na atmosfera. Os núcleos de gelo da Gronelândia mostram claramente que mudanças nos níveis de CH₄ coincidem com mudanças de temperatura rápidas e elevadas no Hemisfério Norte.

Se estas relações estiverem correctas, podemos distinguir uma sequência de acontecimentos que se desenrolaram não só no princípio do Holocénico, mas também em transições anteriores. Primeiro, mudanças nos parâmetros orbitais do planeta desencadearam o fim de um período glaciário. A seguir, um aumento de gases de estufa ampliou o fraco sinal orbital. À medida que a transição avançava, a redução da albedo (reflexão solar), devido ao rápido derretimento das vastas capas de gelo do Hemisfério Norte, aumentou o ritmo do aquecimento global.

A Orquestra da Última Idade do Gelo

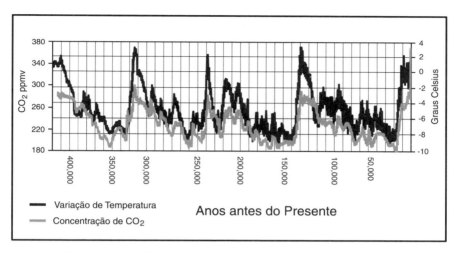

Flutuações climáticas durante os últimos 420 000 anos, conforme reveladas no núcleo de gelo de Vostok, Antártida

Ao proporcionar um registo pormenorizado do princípio e do fim de todos os períodos glaciários dos últimos 420 000 anos, o núcleo de Vostok mostra-nos que o clima mundial esteve quase sempre num estado de mudança durante estes 420 milénios. Mas até ao Holocénico, oscilou sempre. O clima do Holocénico rompe esses limites. Em duração, estabilidade, grau de aquecimento e concentração de gases de estufa, o aquecimento dos últimos quinze milénios excede qualquer outro no registo de Vostok. A Civilização ergueu-se durante um Verão notavelmente longo. Ainda não fazemos qualquer ideia de quando, ou como, esse Verão terá fim.

A estepe/tundra do norte, visitada pelos Cro-Magnons, estendia-se sem fim na direcção do sol nascente. Nuvens de pó mascaravam uma paisagem incipiente que ondeava por milhares de quilómetros, do Oceano Atlântico no extremo ocidental, leste e

O Longo Verão

nordeste até à Eurásia, depois pela Sibéria e para a ligação de terra baixa que unia o extremo nordeste asiático ao Alasca.

O clima no que é agora a Ucrânia e a Rússia não tem paralelo na actualidade. Os glaciares escandinavos tinham avançado até poucos quilómetros da actual cidade de Smolensk, cobrindo de gelo muita da vasta planície noroeste. Grandes lagos glaciários pontuavam as margens da capa de gelo, rodeada de deserto polar. Os constantes ventos do norte sopravam nuvens espessas de poeira glaciária para longe no sul, através das planícies, cujas temperaturas de Inverno desciam com regularidade abaixo dos – 30°C. Este mundo da Última Idade do Gelo era seco, em muitos lugares sem árvores, e frio quase para além da imaginação.

A estepe/tundra que bordejava os glaciares era um lugar duro mesmo nos dias mais quentes. Extensos campos de dunas salpicavam as planícies, dando lugar ocasionalmente a terras baixas e vales fluviais rasos, onde prados e moitas de salgueiros enfezadas ofereciam sustento a animais de pasto. Muita da vasta paisagem era um ermo quase árido de ventos incessantes. Contudo, alguns milhares de homens viviam aqui, atraídos pelas manadas de mamíferos apreciadores do frio, que floresciam perto dos vales fluviais bem a sul das grandes capas de gelo.[13]

O mais famoso desses animais era o mamute lanudo, *Mammuthus primigenius*, um elefante relativamente pequeno, compacto, de três a quatro metros à altura dos ombros, comparados aos quatro metros ou mais de altura de um elefante africano actual. Os mamutes eram animais imponentes com cabeças altas e maciças, presas longas e curvadas, pernas curtas e pés almofadados que estavam bem adaptados ao terreno coberto de neve. O seu pelo espesso cobria-lhes completamente o corpo, e arrastava-se no chão. Uma camada densa de lã interior isolava-os contra o frio extremo. Existiam também manadas de antílopes saiga gregários, corredores velozes capazes de velocidades até 64 quilómetros por hora, com grandes cascos para escavar sob a neve, e um nariz adaptado para filtrar as poeiras em suspensão. O bisonte da estepe, o cavalo selvagem, a rena, o boi-almiscarado, as raposas do árctico – a comunidade de mamíferos da estepe/ /tundra ostentava o dobro das espécies da tundra actual.[14]

A Orquestra da Última Idade do Gelo

Este ambiente inóspito desafiava o engenho humano até o limite, tanto assim que os grupos de Neandertais de há 50 000 anos raramente se aventuravam para as planícies. Faltavam-lhes as roupas e a tecnologia para sobreviver em terreno tão selvagem, excepto no pico do Verão. Mesmo então, somente um punhado de grupos aí caçava durante algumas semanas antes de se retirar para sul. Mas onde os Neandertais pouco iam, o *Homo sapiens sapiens* florescia. Os recém-chegados enfrentavam os desafios ambientais com grande habilidade. As planícies e vales não tinham árvores, o que significava que não havia lenha, pelo que eles escavavam casas discretas, semi-subterrâneas, no solo, nas quais usavam como telhado uma teia de ossos e pele de mamute, e turfa. Em vez de silvado e lenho, queimavam ossos de mamute como combustível para as suas amplas lareiras, armazenando os ossos perto das suas habitações em grandes poços cavados profundamente no *permafrost*. As plantas comestíveis eram tão raras que quase toda a dieta provinha da carne, de caça que se mudava constantemente. Alguns grupos em vales fluviais viviam de peixe e aves aquáticas. Os equipamentos de caça eram leves e portáteis, com lanças de chifre e osso mortíferas, que podiam infligir feridas graves a uma distância curta. Essas inovações teriam sido inúteis, porém, sem uma invenção simples e pouco reconhecida que ainda é usada hoje – a agulha e linha.[15]

Ninguém sabe quem foi o primeiro que fez este artefacto simplíssimo, um pequeno instrumento que revolucionou a capacidade humana para prosperar em ambientes de temperaturas extremamente frias. A agulha e a linha tornaram possível aos homens lidar com as dramáticas mudanças de temperatura características das latitudes do norte, onde os ventos podem enregelar a pele em minutos, ou mudanças climáticas acentuadamente mais quentes podem levar anos. Durante dezenas de milhares de anos os homens contaram com capas de pele e roupas cosidas toscamente para sobreviver aos Invernos da Idade do Gelo. A agulha furada permitiu-lhes moldar vestuário que não só servia com precisão o indivíduo como também combinava a pele de vários animais, a fim de que o utilizador pudesse aproveitar as propriedades únicas de cada espécie. O esquimó actual usa um

O Longo Verão

conjunto espantoso de peles nas suas roupas tradicionais. Por exemplo, só usam pele de carcaju na abertura de um capuz de anoraque, para proteger a cabeça da queimadura do frio, e apenas pele da perna do caribu para os canos das botas até o joelho.

A agulha também trouxe outra inovação de alfaiataria – a roupa em camadas. Qualquer viajante com mochila, esquiador ou marinheiro conhece as virtudes das roupas em camadas: roupa interior justa, uma camada no meio para dar calor suplementar e alguma protecção contra o vento, e um anoraque e calças exteriores à prova de vento. Os nossos antigos antepassados desenvolveram roupas em camadas há pelo menos 30 000 anos, e talvez antes – graças à humilde agulha.

O povo da tundra/estepe usou essas camadas com resultados notáveis, vestindo-as ou despindo-as conforme as temperaturas mudavam. Graças à confecção das vestes, podiam caçar a temperaturas abaixo de zero graus, montar estruturas de casas em quentes dias de Verão, e pescar com lança em rios congelados. Acima de tudo, tinham a protecção para sobreviver a mudanças climáticas rápidas, não só viragens breves mas o aquecimento e arrefecimento a mais longo prazo que vieram desempenhar um papel nas suas vidas altamente móveis à medida que a Idade do Gelo se aproximava do fim. No entanto, apesar de toda a sua capacidade tecnológica, os caçadores da estepe/tundra não podiam lidar com os extremos do clima da Última Idade do Gelo nas planícies. Gerações de escavações efectuadas por arqueólogos russos e ucranianos documentaram dois períodos de intensa ocupação humana, o primeiro ocorrido entre 24000 e 20000 anos atrás. Depois, por dois ou três mil anos, a aridez extrema e o frio tornaram as condições demasiado severas até para os caçadores mais bem equipados da Idade da Pedra. A chave para a sobrevivência fora sempre a mobilidade e a flexibilidade, por isso a estratégia óbvia era a mudança para o sul, para terreno mais abrigado. Isso é o que as populações esparsas das planícies devem ter feito.[16]

Há cerca de 17 000 anos, de novo as temperaturas aqueceram consideravelmente. Quase ao mesmo tempo, povoações de caçadores reapareceram nos vales fluviais rasos da estepe/tundra.

A Orquestra da Última Idade do Gelo

O efeito foi idêntico ao do Sara milhares de anos antes: uma bomba gigante. As condições mais frias empurravam as pessoas para sul, as mais quentes absorviam-nas em terreno até então inabitável. Há 16 000 anos esta enorme bomba natural tinha repovoado a estepe/tundra.

Quando os homens regressaram, continuava a fazer um frio de rachar, a terra ainda não tinha árvores, e o modo de vida era praticamente igual ao de antes. Nos vales dos rios Dniepr e Don, construíam-se habitações circulares ou ovais, com telhados de armações intrincadas de grandes ossos de mamute, quatro pelo menos, por cada povoado maior. Chama-se por vezes a estas estruturas elaboradas as mais antigas ruínas da Terra.[17] Casas de osso bem construídas assim não existiam anteriormente. O arqueólogo John Hoffecker especula que o frio tremendo dos milénios anteriores impedia os homens de recolher carcaças de mamute. Devido a isso, ossos e presas acumularam-se ao longo da paisagem, formando montes nos vales menores e ravinas, e agora forneciam uma cómoda fonte de material de construção. Ninguém sabe quem vivia nestes povoados, mas estes eram muito provavelmente bases para famílias alargadas que devem ter reutilizado os mesmos locais repetidas vezes.

A baixa produtividade vegetal da estepe/tundra significava que os homens da Última Idade do Gelo dependiam quase inteiramente da carne, que por sua vez ditava um modo de vida nómada e grandes territórios de caça. Na maior parte do ano cada grupo vivia isolado, talvez com um contacto muito esporádico com os seus vizinhos mais próximos, grupos tão pequenos como eles. Mas sabemos que essas pessoas também faziam parte de redes sociais muito maiores. As suas habitações revelam dúzias de fragmentos de osso e marfim gravadas ou pintadas com desenhos abstractos, assim como colares e brincos, por vezes feitos de materiais exóticos vindos de longe. Boas pedras para instrumentos viajavam pelo menos 150 quilómetros até o Vale do Don. O âmbar, mais tarde apreciado pelas suas qualidades mágicas, chegou a povoados do Vale do Desna, de uma proveniência que distava pelo menos 220 quilómetros. Conchas marinhas fossilizadas partiam de áreas perto do Mar Negro (na altura um lago salobro) percorrendo mais de 600 quilómetros para norte, para os

O Longo Verão

acampamentos principais nos vales do Dniepr e do Desna. As distâncias atravessadas por esses artigos encontram-se quase tão longe como as que já foram cobertas pelos caçadores árcticos da actualidade. Este era um mundo de vida numa pequena escala, de redes sociais muito dispersas, de reuniões esporádicas onde vários grupos se encontravam, mas acima de tudo, de mobilidade, onde grupos pequenos sobreviviam cobrindo territórios enormes, perante condições ambientais extremamente adversas.

Mas o maior desafio para as pessoas da Última Idade do Gelo residia nas extensões do extremo nordeste siberiano.

Durante o frio intenso dos milénios antes de há 20 000 anos, quase ninguém parece ter vivido na vasta estepe/tundra que se estendia bem dentro da Sibéria, para o Lago Baical e mais além. Há vestígios de ocupação humana na região do Baical desde há 35 000 anos, com populações mais densas a viver na margem sul do lago há 21 000 anos, imediatamente antes da última vaga de frio. Por isso sabemos que existiam comunidades de caçadores-recolectores naquela área em geral.([18])

Para noroeste ficavam os ambientes difíceis e diversos do extremo nordeste asiático, onde mesmo os locais mais abrigados eram atrozmente frios. A terra para lá das montanhas Verkhoianski deve ter sido tão seca e fria que ninguém se aventurava ali até haver pelo menos algum aquecimento. A estepe/tundra árida, ventosa, e os vales fluviais rasos, estendiam-se sem interrupção até o Pacífico e a uma região baixa que então ligava a Sibéria ao Alasca. Essa é a Berínguia dos geólogos, um continente desaparecido, a maior parte do qual jaz hoje sob os mares, que se elevaram entretanto, do Estreito de Bering (ver mapa no capítulo 3).

O nordeste da Sibéria é ainda hoje um ambiente proibitivo, e enfileira com o Árctico entre as áreas mais difíceis do mundo para a pesquisa arqueológica. A estação das escavações é de pouco mais de dois ou três meses. O solo permanentemente gelado significa que as habituais camadas estratigráficas – o pão e a manteiga dos

A Orquestra da Última Idade do Gelo

arqueólogos – têm poucas possibilidades de se formar. Os objectos ficam à superfície, não enterrados, durante muitos anos; o seu estado de preservação é mau, e períodos temporais diversos misturam-se confusamente. A maior parte do que se encontra é pedra; tudo o que é menos duro tende a desaparecer.

Só um punhado de sítios documenta o primeiro povoamento humano dessa terra remota. Nos anos 60 o arqueólogo russo Iuri Motchanov fez escavações na Caverna Diuktai do Vale de Aldan, a oeste das Montanhas Verkhoianski, onde encontrou vestígios de ocupação humana que foram datados por radiocarbono até cerca de 16000 a.C. As datas foram obtidas a partir de amostras recolhidas de camadas de ocupação afectadas pelo frio, tendo sido processadas muito antes de o desenvolvimento da espectrometria de massa com acelerador (EMA) e da calibração dos anéis de árvores terem tornado a datação por radiocarbono bastante mais precisa.([19]) Motchanov descreveu uma ocupação transitória por caçadores que usavam lanças com ponta de pedra, com farpas de pedra afiadas como lâminas (conhecidas pelos arqueólogos como microlâminas).

Na altura, Diuktai parecia conter a mais antiga prova da ocupação humana no nordeste siberiano. Contudo, alguns anos depois, um outro arqueólogo, Nikolai Dikov, escavou num pequeno local perto do Lago Uchki na Península da Kamchatka. As datações por radiocarbono, também sem EMA, para este acampamento transitório, vieram a indicar cerca de 15000 a.C.

Tanto a Caverna Diuktai como o Lago Uchki parecem ter sido ocupados entre 19000 e 15000 a.C., durante o frio da Última Idade do Gelo. Muito para além dos desafios científicos, as condições políticas tornaram impossível que mais de um punhado de arqueólogos locais trabalhassem no extremo nordeste. Por isso todos assumiram que as datas de Motchanov e Dikov estavam certas e que as pessoas da Última Idade do Gelo haviam prosperado, embora em números muito reduzidos, no terreno proibitivo que era a entrada para as Américas.

Mais recentemente, cada vez mais arqueólogos estrangeiros têm chegado para trabalhar juntamente com estudiosos russos, utilizando métodos de escavação sofisticados e espectrometria de massa com aceleradores, tanto para dissecar sítios já conhecidos,

O Longo Verão

como acabados de descobrir. Em novas escavações no Lago Uchki obtiveram-se datações por radiocarbono muito mais recentes que as da cronologia original de Dikov: o local é de 11000 a.C., muito depois da Idade do Gelo.[20] O sítio de Diuktai permanece um enigma, mas arqueólogos siberianos têm crescentes suspeitas de que a ocupação do Vale de Aldan é muito posterior à data de 16000 a.C. de Motchanov. Porquê essas suspeitas? Simplesmente porque buscas intensivas não revelaram em parte alguma do nordeste siberiano a leste das Montanhas Verkhoianski quaisquer sinais de povoamento humano anterior a 13500 a.C.

Se este último raciocínio estiver correcto, ninguém viveu no extremo nordeste da Ásia durante os milénios de frio intenso da Última Idade do Gelo. Só quando, depois de cerca de 13500 a.C., sobreveio o rápido aquecimento, é que minúsculos grupos de caçadores entraram nestas paisagens terrivelmente frias. Mais uma vez, a região funcionou como uma bomba. Durante o frio extremo de 18000 a 15000 a.C., o povoamento humano só era possível nas franjas deste enorme quase-deserto árctico. John Hoffecker crê que isso se deveu ao facto de os siberianos da Última Idade do Gelo terem tido membros maiores que os povos nórdicos, como os esquimós e inuíte de hoje, adaptados ao frio. Eles ainda possuíam a morfologia de clima quente dos seus antepassados africanos – tal como os Cro-Magnons. Isso impossibilitava o conforto em ambientes extremamente frios, mesmo que eles tivessem tecnologia para o conseguir. Hoffecker cita pesquisas do exército norte-americano, as quais revelam que os soldados afro-americanos com essa morfologia têm uma alta incidência de lesões devidas ao frio nos climas árcticos.[21] Talvez o povoamento inicial do extremo nordeste tenha ocorrido quando as extremidades dos povos modernos se tornaram mais compactas, à medida que os seus corpos se adaptavam ao frio rigoroso, algo que deve ter começado na Europa ocidental há cerca de 20 000 anos. (É interessante notar que os Iukaguir, povo árctico moderno de constituição compacta, com tecnologia similar à da Última Idade do Gelo, viveu com sucesso na Sibéria – no chamado Pólo do Frio perto da cidade de Verkhoianski – onde as temperaturas são ainda mais baixas que as de Berínguia durante a Última Idade do Gelo).

A Orquestra da Última Idade do Gelo

Veio então o aquecimento rápido, que tornou a vida mais fácil. A bomba absorveu um número parco de pessoas para o nordeste siberiano, onde elas sobreviviam da caça e de umas poucas plantas comestíveis, tal como haviam feito os seus antepassados na periferia. Alguns deles devem também ter vivido de peixe e mamíferos marinhos ao longo da costa do Pacífico, bloqueada pelo gelo.

Só podemos extrapolar os modos de vida desses primeiros siberianos do que sabemos dos seus contemporâneos à volta do Lago Baical e do norte da China. Eram certamente nómadas, ancorados aos vales fluviais, margens lacustres, e outros locais onde a caça se reunia. Devem ter sido caçadores consumados, com tecnologia mortalmente eficaz, que empregava farpas de pedra encaixadas nas pontas das lanças. Eram hábeis nas armadilhas para as raposas do árctico e outros animais fornecedores de pelo, que usavam na confecção de roupas em camadas; e na construção de casas semi-subterrâneas com telhados abobadados adequados contra os ventos constantes. O efeito natural de bomba da estepe/ /tundra conduziu-os a terras até então desabitadas, e depois inexoravelmente até as Américas.

O aquecimento trouxe mais precipitação, estações de cultivo maiores, maior abundância de forragem para animais de manada, e variações tremendas nas temperaturas de Inverno e Verão. Temperaturas mais altas e mais humidade também favoreceram o crescimento das árvores, uma consideração importante para quem precisava constantemente de lenha nas lareiras. Mas apesar de todas essas alterações climáticas, a sobrevivência nunca foi fácil e as populações nunca foram grandes. As chaves da sobrevivência eram tecnologia suficiente, para permitir viver no exterior a temperaturas abaixo de zero, e para caçar animais grandes e pequenos; e combinações sociais que permitiam quer a mobili-dade, quer a catástrofe. Num mundo de pequenos grupos de caçadores sempre em movimento, havia sempre o perigo de todos os homens de um grupo perecerem num acidente de caça, ou que a grávida de um grupo morresse do parto. Havia permanente tensão social, devido a um ambiente onde muitas vezes a fome ameaçava, aconteciam acidentes com frequência, e as pessoas ficavam fechadas em pequenas habitações durante longos Inver-

O Longo Verão

nos abaixo de zero graus. Todos os grupos cresciam e diminuíam. Havia quem se mudasse para evitar conflitos, e se juntasse a outros grupos. Os casamentos podiam cimentar as relações entre grupos diferentes; as viúvas ligavam-se a famílias vizinhas. O fluxo e refluxo da vida social eram uma arma poderosa contra um ambiente que admitia pouca margem de erro.

Nestas circunstâncias, os milénios de aquecimento permitiram uma flexibilidade social ainda maior. As velhas tendências contraditórias da vida de caça funcionavam como sempre, embora talvez com maior intensidade num mundo ligeiramente mais quente, e de clima mais imprevisível. Um filho e a sua família separavam-se do grupo do pai, mudavam-se para um vale vizinho, ou simplesmente seguiam as deslocações das renas e dos saigas, ou dos mamutes, mais para norte e leste, para paisagens nunca antes visitadas pelo Homem.

Assim, os primeiríssimos habitantes humanos do extremo asiático foram conduzidos cada vez mais além – através da infindável estepe/tundra, por vales fluviais rasos, mais para norte desde as terras áridas e as florestas do norte da China, através do rio Amur entrando pela Kamchatka e em direcção às costas do extremo nordeste, ainda cercadas pelo gelo. Por volta de 13500 a.C., pelo menos, alguns deste caçadores-recolectores nómadas chegaram ao coração da terra agora desaparecida da Berínguia Central.

Da actual costa siberiana eles teriam apurado a vista para leste, através de uma estepe ventosa e poeirenta, coberta com os mesmos arbustos familiares que sempre tinham definido o seu mundo. Em dada altura, sem espalhafato, sem o sentimento da importância da sua viagem, um punhado de caçadores partiu através de uma planície suavemente ondulada, limitada a norte e a sul por gelo flutuante e o oceano cinzento.

Num período de poucas gerações, alguns destes grupos haviam aberto caminho através da planície até terras mais altas a leste. Tinham feito a travessia para um continente virgem.

3

O Continente Virgem
15000 a 11000 a.C.

Depois da descoberta da América, as mentes dos eruditos e dos simples estavam demasiado ocupadas para explicar a habitação do continente por homens e animais.

SAMUEL HAVEN, *Archaeology of the United States*, 1856

Se há 15 000 anos estivéssemos no que agora é a costa do extremo nordeste da Sibéria, teríamos contemplado não o oceano, mas uma planície lisa, coberta de vegetação rasteira, estendendo--se para leste na distância. Nos dias claros podia-se distinguir alguns cumes montanhosos vestidos de neve a pairar sobre o horizonte. A maior parte do tempo, no entanto, uma poeira fina transportada pelos incessantes ventos do norte teria obscurecido qualquer vista dos terrenos mais altos. Há quinze mil anos, a Sibéria e o Alasca encontravam-se unidas por uma planície varrida pelo vento, incaracterística excepto por uns poucos vales fluviais rasos. As desoladas costas norte e sul, maltratadas pela agitação das ondas altas, cinzentas, estavam na maior parte do ano dissimuladas por gelo flutuante.[1]

Esta era a Berínguia Central, a ligação terrestre que ligava a Sibéria e um vasto continente onde nenhum homem tinha ainda

O Longo Verão

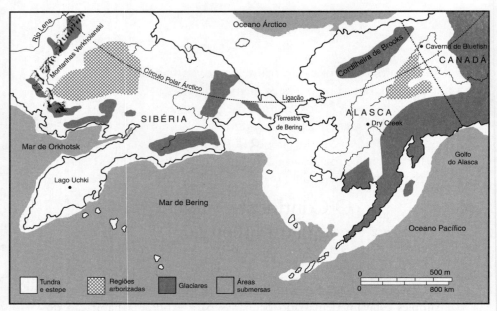

A Berínguia dos geólogos: um mapa do nordeste siberiano, a ligação terrestre de Bering, e o Alasca, mostrando os principais sítios arqueológicos

posto os pés. A passagem de terra tinha-se formado há uns 100 000 anos, quando o último período glaciário começou e os mares desceram mais de 90 metros. Embora os níveis do mar tivessem variado um pouco durante a última glaciação, os dois continentes estiveram sempre unidos por terra seca, cuja extensão máxima ocorreu durante a última vaga de frio, há 18 000 anos.

Com o início do grande aquecimento, a ligação terrestre começou a encolher nas margens. Os mares em subida apossaram-se da paisagem. As águas ascendentes ergueram-se e refluíram irregularmente enquanto a subida do nível do mar prosseguia aos arranques. Quando alguns seres humanos dispersos povoaram pela primeira vez as extensões inóspitas do nordeste siberiano, ainda se podia chegar à América do Norte, caçando pelo caminho. Foi provavelmente assim que eles começaram a colonizar as Américas, impelidos pelos últimos espasmos da bomba natural que atraía homens e animais para terras até então desconhecidas.

O Continente Virgem

O percurso e a época do primeiro povoamento das Américas é uma das grandes controvérsias arqueológicas.([2]) O debate é mais notável pelas suas paixões que pelas provas, a que se pode caridosamente chamar escassas. Alguns acreditam que os homens chegaram ao Novo Mundo há 40 000 anos; outros defendem uma data durante a Última Idade do Gelo, há mais de 20 000 anos; e uma maioria confia que o primeiro povoamento ocorreu há menos de 15 000 anos. Uma grande porção do debate é teórica, excessivamente baseada em dados grosseiramente desadequados. Recentemente, porém, novos dados climáticos e descobertas arqueológicas na Sibéria forneceram um cenário convincente para o primeiro povoamento, no qual o grande aquecimento no final da Idade do Gelo desempenhou um papel importante.

Quase todos concordam que os primeiros americanos vieram do nordeste asiático. Provas genéticas, linguísticas e arqueológicas apontam nessa direcção.([3]) Novos estudos do ADN mitocondrial situam os antepassados dos americanos nativos na Sibéria. A classificação linguística dos idiomas índios tem gerado muita polémica, mas todos concordam que as raízes das suas línguas se encontram no norte da Ásia. Arqueólogos dos dois lados do Estreito de Bering identificaram laços culturais entre as sociedades da Idade da Pedra na Sibéria e no continente recém-habitado. Até a morfologia complexa dos dentes dos americanos nativos ligam-nos aos seus antepassados asiáticos.

Assume-se também que os primeiros colonizadores chegaram em pequenos grupos que caçavam e recolhiam alimentos no seu caminho desde a Sibéria, através da ligação terrestre de Bering ou das suas margens. Em nenhuma altura um grande número de pessoas viajou numa expedição deliberada de colonização. O primeiro povoamento foi um processo esporádico, desordenado, que envolveu muitas gerações, parte da dinâmica natural da vida de caçador-recolector num ambiente extremamente duro e difícil. A estepe-tundra sustentava muito poucos animais por quilómetro quadrado, o que significava que os habitantes da Beríngia viajavam longas distâncias no decurso da sua ronda sazonal. Nesta paisagem vazia, novos grupos podiam separar-se dos anteriores e mudar-se para vales vizinhos e terreno promissor sem interferir com territórios já reclamados. Em consequência, invadiam grandes extensões de paisagem a cada geração.

Esta mesma mobilidade foi o que infelizmente não deixou quase nenhuma assinatura arqueológica. Muito do que sobrou jaz no fundo do mar. Como notou o arqueólogo canadiano Richard Morlan, procurar os antigos habitantes da Beríngua e os seus parentes do Alasca é como procurar uma agulha num palheiro, e congelado.([4]) Procuramos as pistas mais pequenas, meros fragmentos de artefactos de pedra e ossos de animais.

Para além destes pontos, o consenso desaparece numa névoa de especulação. Não existe qualquer consenso quanto a um cenário plausível para o primeiro povoamento. A polémica rodeia as duas questões fundamentais: quando chegaram os primeiros homens e por que caminhos vieram? Creio que as mudanças climáticas em grande escala do fim da Idade do Gelo enformam as respostas a ambas as questões.

De início os arqueólogos pensavam que os primeiros americanos eram só caçadores de grandes presas. Em 1908, um vaqueiro chamado George McJunkin desenterrou vários ossos de grandes dimensões e um fragmento de pedra afiada na encosta de uma ravina seca, perto de Folsom, no Novo México. Levou-os para o rancho, onde ficaram esquecidos dezassete anos. Em 1925 os achados acabaram na secretária de Jesse Figgins, director do Museu de História Natural do Colorado, que logo percebeu que os ossos eram de um grande bisonte das planícies, há muito extinto. Assim, escavou no sítio de Folsom entre 1926 e 1928. Quase de imediato encontrou a ponta de uma lança de pedra, em associação directa com os antigos fragmentos de bisonte. A descoberta de Folsom provou de uma vez por todas que os homens tinham vivido nas Américas ao mesmo tempo que os animais extintos. Figgins calculou que o local da matança, em

O Continente Virgem

Folsom, tinha pelo menos 10 000 anos – muito anterior à cronologia prévia, de uns meros dois mil anos.([5])

Quatro anos depois, em 1932, dois coleccionadores amadores acharam umas cabeças de lança de pedra, muito diferentes e bem feitas, com as bases adelgaçadas, junto de ossos de mamíferos extintos, nas costas de lagos secos há muito tempo em Clovis, no Novo México. Algumas das pontas estavam entre costelas partidas de mamute, mas ninguém sabia que idade teriam. Mais escavações a seguir à Segunda Guerra Mundial demonstraram que estas antigas pontas «Clovis» ficavam abaixo de uma camada «Folsom» posterior no mesmo local. Durante anos o povo de Clovis veio personificar os primeiros americanos.

A princípio, os sítios Clovis foram encontrados apenas nas Grandes Pradarias, com as suas gigantescas manadas de bisontes, e avistamentos esporádicos de outros animais de grande porte como o mamute, o mastodonte e os camelídeos. Estes primeiros achados deram origem à ideia de que o povo de Clovis eram caçadores especializados em caça grossa – especializados e até gananciosos. No final dos anos 60 o arqueólogo Paul Martin, da Universidade do Arizona, declarou que o povo de Clovis tinha chegado através do corredor de gelo, «veteranos na caça de mamutes lanudos e outros grandes animais euro-asiáticos». Tinham descido até às Pradarias, onde encontraram grandes animais gregários, que caçaram com facilidade. Os forasteiros deram início a um *blitzkrieg* de caçadores vorazes, armados com a ponta de Clovis, de invenção recente, que matavam todos os animais de grande porte que viam. Em cerca de quinhentos anos colonizaram todas as Américas, até ao Estreito de Magalhães. Haviam também levado à extinção a maioria dos animais com mais de 45 quilos.([6])

A teoria da matança excessiva de Martin foi desde o início polémica. As suas ideias iam ao encontro de muito do que a ciência sabia quer de ecologia, quer das sociedades de caçadores--recolectores. Ele defendeu que o povo de Clovis, com tanta carne para comer, se teria reproduzido rapidamente, a um ritmo anual espantoso de 3 a 4 por cento, muito acima dos 0,5 por cento de populações históricas de caçadores-recolectores. Como observa o arqueólogo James Adovasio, «teriam de ter sido máquinas de

O Longo Verão

copular para conseguir isso», e ter tido uma taxa de mortalidade infantil muito abaixo da habitual nos caçadores-recolectores.

A arqueologia também desacredita a teoria da matança excessiva. O povo de Clovis caçou de facto animais de grande porte, mas os arqueólogos apenas encontraram doze locais, sobretudo no Arizona, onde se supõe ter ocorrido matança de mamutes. Outros doze lugares *podem* ter tido matanças, um deles muito a leste, no Michigan. Se eles costumavam caçar grandes animais, deixaram vestígios surpreendentemente escassos. Na melhor das hipóteses, tais caçadas eram um acontecimento raro. Como notou James Judge, investigador do povo de Clovis, «cada geração de Clovis provavelmente matava um mamute, e depois passava o resto da vida a falar disso».

O estereótipo do caçador de caça grossa permanece sedutoramente na literatura científica, apesar de há muito estar desacreditado. Com efeito, o povo de Clovis era hábil em explorar todas as espécies de caça e plantas comestíveis imagináveis. Hoje em dia conhece-se pontos de Clovis nos terrenos baixos de todos os quarenta e oito estados e em partes do Canadá. A sua maior concentração ocorre no sudeste dos Estados Unidos, um ambiente muito mais arborizado que as Pradarias. A descoberta de peixes, moluscos e sementes, bem como os ossos de pequenos animais, revelam gente que se adaptou com êxito a uma larga diversidade de meios-ambientes norte-americanos. Os seus contemporâneos das Américas Central e do Sul eram igualmente hábeis na exploração de todo o tipo de ambientes de altitude elevada ou baixa.

Apesar das suas pontas de lança características, o povo de Clovis continua a ser uma presença difusa. No oeste dos EUA a população de Clovis colonizou uma área enorme de terreno muito diverso, algo mais húmido que hoje, onde o grande aquecimento formara numerosos lagos pluviais, alguns bastante vastos. A maioria dos grupos provavelmente encontrava poucos estranhos durante o seu tempo médio de vida, e subsistia em grande parte de gramíneas, oleaginosas e outros alimentos vegetais. A caça miúda era um elemento fundamental, especialmente o omnipresente coelho. Sabemos por relatos históricos de caçadas ao coelho que os mais velhos estendiam redes de fibra através de desfiladeiros

O Continente Virgem

escolhidos. Então homens, mulheres e crianças conduziam coelhos em fuga às centenas na direcção das redes, onde eram trespassados pelas lanças. Essas caçadas eram comuns, em parte porque todos os grupos ocidentais estavam bem cientes de que o coelho dizimava a vegetação local, incluindo as plantas comestíveis. Podemos ter a certeza que também ocorriam em épocas mais recuadas.([7]) Por contraste, na maior parte do território alcançado pelo povo de Clovis uma caçada bem sucedida a presas de grande porte deviam ser um acontecimento único na vida.

Por toda a parte o povo de Clovis tinha de ser composto de caçadores e colectores experimentados, que sobreviviam de uma grande variedade de alimentos, sobretudo plantas comestíveis. Eles teriam precisado da flexibilidade permitida por uma dieta alargada e pelo modo de vida extremamente móvel que tal implicava, para sobreviver tanto ao rápido aquecimento como à

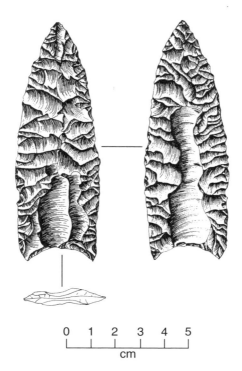

Uma ponta Clovis, de Schonchin Butte, Califórnia.
Cortesia do Dr. Michael Moratto

grande aridez. E essa flexibilidade deve ter chegado às Américas com os seus primeiros habitantes.

Os primeiros americanos terão sido o povo de Clovis? Assim o presumiu a maioria dos estudiosos durante anos, e também que foram descendentes de povos árcticos que viajaram para sul, vindos do Alasca, após a Idade do Gelo. Sob este cenário, o primeiro povoamento estabeleceu-se por volta de 11200 a.C., a data dos mais antigos sítios Clovis conhecidos. Essa data representa a chamada barreira Clovis, uma mítica vedação cronológica popularizada por jornalistas de ciências, para além da qual o povoamento humano era um assunto tabu. Falar dessa barreira é um disparate, claro, nem que seja porque o primeiro povoamento não foi uma invasão ordeira, mas um processo que se desenrolou durante muitos séculos.

A dinâmica das sociedades de caçadores-recolectores quase exigia um primeiro povoamento desordenado. Não existiu um momento único que tenha definido quando os homens assentaram a sul das capas de gelo. Num mundo onde os grupos de caça sobreviviam devido ao seu pequeno tamanho, organização social flexível e capacidade de adaptação a condições ambientais em mutação rápida, as Américas podem ter sido povoadas e abandonadas – ou ter visto os povoamentos definhar – dezenas de vezes. O aquecimento rápido e irregular da Última Idade do Gelo teria trazido e expulsado gente das paisagens selvagens do nordeste siberiano como um coração a fibrilar.

Grupos reduzidos entraram assim nas Américas alguns séculos, talvez até milénios, antes do povo de Clovis. Mas quem eram, e qual a sua relação com os seus sucessores? Infelizmente, não existem praticamente vestígios arqueológicos da sua passagem, por isso podemos apenas reunir o argumento mais geral para o primeiro povoamento. Esse argumento desenrola-se em três actos, todos impelidos pelo aquecimento global rápido e invasivo que começou há 18 000 anos.

O Continente Virgem

O Primeiro Acto começa na pátria primordial dos antigos americanos. Como vimos no capítulo anterior, o nordeste siberiano era um lugar verdadeiramente horrível durante a Última Idade do Gelo, especialmente entre 20 000 a 18 000 anos atrás, quando o frio atingiu o seu máximo. Se a região fosse uma bomba, nessa época teria exalado: ventos fortes, condições muito secas e frio extremo empurraram os humanos para sul, nas margens mais clementes da tundra.

É questionável se viviam homens a leste das Montanhas Verkhoianski no nordeste siberiano antes de há 20 000 anos atrás, quando o clima da Sibéria sofreu um ligeiro aquecimento. Ainda não foram encontrados quaisquer vestígios deles, mesmo se pessoas da Última Idade do Gelo viviam perto das costas do Lago Baical a oeste desde 19000 a.C., e provavelmente bem antes. Com toda a probabilidade, a simples dureza do ambiente do nordeste da Sibéria e a morfologia dos corpos humanos pôs de parte qualquer povoamento até o início do grande aquecimento no fim da Idade do Gelo, há uns 15 000 anos.[8]

Depois dessa data o clima aqueceu rapidamente, com temperaturas de Verão muito mais elevadas, estações mais marcadas e Invernos menos severos. Como na Eurásia ocidental, uma bomba natural absorvia agora pessoas e animais para uma terra ainda proibitiva. Sabemos isso porque um punhado de sítios arqueológicos no coração do nordeste, os mais antigos locais de caçadores--recolectores da região, datam de entre 135000 a 11000 a.C. A assinatura é pouco mais que lâminas de pedra bem feitas espalhadas e umas poucas pontas lascadas de lança, mas é o bastante para documentar uma presença humana onde as pessoas aparentemente nunca tinham caçado antes.

Ninguém sabe de onde vieram os povoadores – talvez do ocidente, das Montanhas Verkhoianski, ou do sul, do lado oposto do rio Amur que separa a Manchúria da Sibéria. Suspeito que muitos deles tenham vindo do sul, onde os caçadores-recolectores da Última Idade do Gelo haviam florescido por muitos milénios. Também desconhecemos se eram caçadores terrestres ou grupos costeiros que subsistiam de peixe, moluscos e mamíferos marinhos. O meu palpite é que eram as duas coisas – gente que tirava partido de quaisquer recursos alimentares disponíveis.

No período de um milénio, talvez de apenas uns séculos, alguns destes grupos dirigiram-se para o norte e o leste ao longo do que é agora a costa russa do Estreito de Bering e para a passagem terrestre adjacente. Pouco depois, novamente num período de poucos séculos, alguns grupos mudaram-se para terras mais altas, no Alasca, ou atravessaram as costas da ligação terrestre em barcos de pele ou outro equipamento aquático simples. O primeiro povoamento das Américas seguiu a abertura de uma janela climática no nordeste siberiano por volta de 13500 a.C., quando começou o grande aquecimento. Em pouco mais ou menos de uma geração, a dinâmica da vida de caçador-recolector deve ter presenciado alguns dos siberianos do nordeste a mudar--se para leste, para o Alasca.

O Segundo Acto principia no lado leste da ligação terrestre por volta de 13500 a.C., e aqui encontramo-nos num terreno arqueológico um pouco mais firme. O Alasca, não glaciado excepto nos desfiladeiros de Brooks e do Alasca, era na altura um oásis seco no limite extremo da estepe/tundra euro-asiática. Os poucos grupos de caçadores que aí se fixaram ocupavam uma paisagem variada debruada para leste e sul por vastas capas de gelo. Uma plataforma continental estendia-se para fora a partir da Beríngia Central através da costa sudeste do Alasca.

Apesar de alguns lugares relativamente abrigados, o Alasca do pico da Última Idade do Gelo teria sido um ambiente duríssimo para o Homem. Mesmo durante o grande aquecimento era frequentemente inóspito, mas notável por uma diversidade local que aumentou com o início do acentuado aquecimento. Existiam lagos e costas marítimas pedregosas, e também vales abrigados onde a caça por vezes abundava e podia-se colher plantas comestíveis estivais. Depois de uns anos na Beríngia, deviam assemelhar-se ao paraíso.

O Continente Virgem

O aquecimento, quando chegou, foi drástico. Os sedimentos do Lago Windmill no Alasca central documentam a mudança na sua população de escaravelhos fossilizada. Em 12000 a.C., pouco após o começo do grande aquecimento, os escaravelhos que viviam à volta do lago são os mesmos que se encontram nas regiões da tundra árctica como a ligação terrestre berínguia. Por volta de 10500 a.C., o fundo do lago recebia escaravelhos comuns a climas muito mais quentes, com temperaturas de Verão quase actuais.([9]) Por essa altura, o mar ascendente havia cortado a ligação terrestre de Bering, e as águas dos oceanos Pacífico e Árctico misturaram-se pela primeira vez em milénios. Com o desaparecimento da passagem terrestre berínguia os seus habitantes humanos e animais devem ter-se mudado para terreno mais alto nos dois lados do Estreito.

Mesmo após buscas intensivas, ainda não fazemos ideia de quando os primeiros homens chegaram ao Alasca e ao Yukon. Até agora os seus vestígios mais antigos podem vir das Cavernas de Bluefish no Yukon, onde algumas microlâminas diminutas estão datadas até 13750 a.C., quando a tundra de arbustos se estava a expandir para um ambiente agora mais quente. Os artefactos espalhados são muito poucos e as datas incertas, mas o sítio é o melhor que temos até agora.([10])

Por volta de 11500 a.C., o aquecimento coincide com um povoamento generalizado. Uma série de acampamentos temporários em serranias bem escoadas, com vista para as terras baixas pantanosas do vale do rio Tenana, 97 quilómetros a sudeste de Fairbanks, começaram a ser ocupadas desde 11700 a.C. Para norte, as pessoas viviam no vale do rio Nenana nos sopés setentrionais do Desfiladeiro do Alasca, num sítio chamado Dry Creek, desde 11500 a.C. Um outro sítio, a uns 16 quilómetros a norte, data de cerca de 11400 a 11100 a.C.

Este povo paleo-árctico, ou paleo-índio, sobrevivia maioritariamente da caça. No vale do rio Tenana eles caçavam cisnes que usavam uma antiga rota de voo entre o Alasca e o coração da América do Norte. Tal como os siberianos, seus parentes cada vez mais afastados, estavam sempre em movimento, preferindo vales resguardados com terras húmidas, que lhes davam alimentos vegetais, assim como caça. Ainda seguiam os velhos costumes,

O Longo Verão

Rotas hipotéticas para o primeiro povoamento humano das Américas, mostrando as capas de gelo em contracção e os sítios arqueológicos mencionados no texto

dependendo da sua mobilidade para sobreviver, passando a maior parte do ano quase completamente isolados em pequenos grupos, depois reunindo-se alguns dias ou semanas nos meses de Verão. As relações sociais encontravam-se em fluxo constante. Parentes viviam em campos afastados dezenas de quilómetros e raramente se viam. As pessoas casavam fora dos seus grupos; as mulheres juntavam-se a um grupo vizinho se todos os homens do seu acampamento fossem mortos num acidente de caça. Essa flexibilidade social era altamente adaptativa, num mundo onde a sobrevivência era sinónimo de mobilidade e de inteligência apurada quanto a reservas alimentares distantes.

Se ninguém vivia no nordeste siberiano antes de 13500 a.C., então os que chegavam devem ter passado depressa – em dois mil anos ou menos. Se as provas das Cavernas de Bluefish forem correctas, então alguns deles podem ter passado em apenas algumas gerações.

O Terceiro Acto começa com a chegada ao palco de um novo actor – o caótico e imprevisível Atlântico Norte.

Embora livre de gelo há 18 000 anos, o Alasca estava cercado a leste e sul por glaciares que o separavam do resto da América do Norte ao longo da Última Idade do Gelo. Duas enormes capas de gelo cobriam todo o Canadá e as extensões setentrionais do que é hoje os Estados Unidos. No extremo ocidental o glaciar Cordilheirano avançava para sul a partir da sua zona de origem na Colúmbia Britânica, alcançando a latitude de Seattle. O Cordilheirano abrangia a maior parte da costa do Pacífico, mas deixava muitos locais descobertos – refúgios costeiros num mundo de gelo inexorável. A capa de gelo Laurentídea situava-se no leste e centro do Canadá, o centro da massa de gelo nascida perto do Quebeque setentrional, Labrador e Terra Nova, e estendia-se para o sul e oeste, até à Pensilvânia, Ohio, Indiana e Illinois.

Os glaciares nunca estavam quietos. Uma capa de gelo como a Laurentídea tinha uma vida própria, avançando e recuando numa

O Longo Verão

dança irregular que reflectia a mistura climática volátil do Atlântico Norte. Por sua vez, o clima do Atlântico Norte estava num estado de fluxo contínuo em muitas escalas temporais diferentes: horas, enquanto passavam as frentes e os ventos viravam; meses, enquanto mudavam as estações; e anos, quando períodos de frio intenso empurravam icebergues mais para sul.

Em 1988, um paleo-oceanógrafo alemão, Hartmut Heinrich, descobriu seis camadas de minúsculas pedras brancas da América do Norte em núcleos de sedimentos de montanhas marítimas do Atlântico Norte. Cada camada representava uma descarga de icebergues ocorrida todos os sete a dez mil anos entre 10500 a 70000 anos atrás. Durante longos períodos de tempo o sedimento é na sua maior parte plâncton. Mas em pelo menos seis breves ocasiões, cada uma de alguns séculos, durante os últimos 60 000 anos, a porção relativa de pequenos restos seixosos sofreu uma variação acentuada. Essa poeira só pode ter vindo de terra – restos glaciares transportados para longe no mar por icebergues que se tinham desprendido das capas de gelo na costa.

Mais tarde o paleoclimatólogo Wallace Broecker e outros mostraram que essas variações, a que chamaram eventos Heinrich, não se confinavam apenas às poucas áreas que Heinrich estudara, mas estavam amplamente espalhadas no Atlântico Norte. As camadas de Heinrich são mais espessas a norte e oeste, na direcção da Baía de Hudson, no norte do Canadá. Cada uma delas depositou-se muito rapidamente, numa época em que o oceano era excepcionalmente frio. O gelo na Baía de Hudson formou-se durante várias oscilações frias e quentes (designadas oscilações Dansgaard-Oeschger, os nomes dos cientistas que as descobriram). As oscilações foram-se tornando mais frias à medida que na baía aumentava a capa de gelo assente no frio. Por fim o gelo ficou suficientemente espesso para prender algum do calor terrestre, o qual derreteu a base. A lama, as pedras e a água resultantes do degelo permitiram ao gelo deslizar, por assim dizer, através do leito rochoso que se encontra por baixo, deitando os icebergues e os seus detritos no Atlântico Norte. Em questão de poucos séculos, a Baía de Hudson livrou-se do gelo acumulado. O gelo acabou por ficar fino o bastante para que as camadas à superfície congelassem de novo, e a capa de gelo começou a

O Continente Virgem

preparar um novo ciclo. O gelo aumentava lentamente, mas dissipava-se depressa, o que pode contribuir para a tendência de arrefecimento lento e aquecimento rápido característica de muitas das mudanças climáticas da Idade do Gelo. Os eventos Heinrich assinalaram o ponto mais frio do ciclo. Porque se terá comportado a Baía de Hudson dessa maneira, enquanto o ciclo da capa de gelo Laurentídea foi bem mais lento? Provavelmente porque a Baía de Hudson situa-se numa elevação mais baixa, resultando em gelo mais espesso que era menos frio na base. Como explica Richard Alley, «podemos imaginar uma montanha-russa correndo pelos trilhos orbitais, com Heinrich [...] saltando da montanha-russa a brincar com um ioió Dansgaard-Oeschger».[11]

A intromissão de milhões de litros de água doce glaciar no norte do Oceano Atlântico teve como efeito fechar a circulação de água mais quente na Corrente do Golfo, o qual depende do *downwelling* de água salgada no Mar de Labrador. O resultado inevitável: uma vaga de frio intensa na Europa, com o enfraquecimento dos ventos de oeste predominantemente quentes. Um tempo frio, seco e ventoso assentou numa vasta região através da América do Norte e da Europa, prolongando-se até ao sul, à Ásia e África subtropicais. A maior parte do globo terrestre tornou-se mais seca, porque o arrefecimento reduziu a quantidade de vapor de água, com o deslocamento das tempestades para o sul. Um evento Heinrich é, pois, uma espiral retroactiva – um aquecimento rápido que provoca o seu próprio fim com um arrefecimento rápido.

O último evento Heinrich, conhecido como Heinrich 1 porque é o que está mais acima dos núcleos de sedimentos, ocorreu há apenas 15 000 anos. A parte mais fria da Última Idade do Gelo tinha chegado e partido cerca de 5 000 anos antes, seguida de uma tendência de aquecimento irregular. O Heinrich 1 coincidiu com o recuo abrupto da capa de gelo Laurentídea, sem dúvida em resposta ao rápido aquecimento. A retracção fazia parte de um ciclo de aquecimento a mais longo prazo, desde o máximo da Última Idade do Gelo pontuado por vários aquecimentos e arrefecimentos abruptos. Descargas repentinas de água doce no Atlântico Norte, como as que causaram o Heinrich 1, tinham o efeito de fechar a circulação do oceano, assim desencadeando o arrefecimento súbito. A principal vaga de frio mais recente foi o acontecimento chamado Dryas Mais Jovem, que se prolongou por dez séculos. O Holocénico teve um dos períodos mais longos de clima estável de que há registo. No entanto, o Atlântico Norte teve aquecimentos e arrefecimentos subtis aproximadamente em cada 1500 anos, dos quais a Pequena Idade do Gelo de 1300 a 1860 é o exemplo mais recente. Como é que essas alterações menores e os seus efeitos na história humana se relacionam com os ciclos mais duradouros de Dansgaard-Oeschger ainda é um mistério, mas seríamos certamente ingénuos ao pensar que o actual aquecimento não será, um dia, afectado por mudanças similares.

Climaticamente, o aquecimento pós-Idade do Gelo foi muito semelhante aos seus predecessores. Mas desta vez havia uma diferença: existiam seres humanos no Alasca.

Como é que, então, os caçadores-recolectores do Alasca se mudaram para sul do gelo? Os cientistas acreditavam, há uma geração atrás, que as capas de gelo Cordilheirana e Laurentídea mal se tocavam. Teorizaram um corredor sem gelo que oferecia uma passagem para sul, mesmo no pico da Última Idade do Gelo. Em 1979, o articulista da *National Geographic* Thomas Canby imaginava um vale murado por gelo, de ventos glaciais, nevões violentos e nevoeiros persistentes... Porém, animais de pasto tê-lo-iam franqueado, e atrás deles teria vindo uma enxurrada de caçadores humanos.([12]) Era esta a estrada inóspita mas transitável do Árctico Canadiano até o coração da América do Norte. Mas o corredor sem gelo é um mito geológico. O mapeamento cuidadoso dos depósitos glaciários nas áreas remotas por onde a capa de gelo passava nada assinala senão paisagens bloqueadas pelo gelo, as quais só se mostraram aquando do início do grande aquecimento – imediatamente depois do Heinrich 1. O corredor sem gelo é uma criação do grande aquecimento.

As capas de gelo Cordilheirana e Laurentídea retrocederam com extraordinária rapidez depois do Heinrich 1. Tinham alcan-

O Continente Virgem

çado a sua extensão máxima há uns 21 000 anos, estavam em pleno recuo por volta de 16000 a.C., e separaram-se cerca de 12000 a.C., abrindo finalmente um corredor sem gelo. A Laurentídea recuou então para norte e leste, no Canadá subárctico, e a Cordilheirana encolheu rapidamente para os baluartes montanhosos do oeste. Hoje nada resta da Laurentídea senão os Grandes Lagos, formados quatro mil anos depois do recuo, e a paisagem maltratada e cheia de cicatrizes do velho escudo canadiano.

Uma simulação por computador do derretimento das capas de gelo Cordilheirana e Laurentídea foi desenvolvido por quatro professores de geografia da Universidade de Oregon. De início só se vê uma capa sólida, uma fusão das duas massas de gelo. À medida que o degelo começa depois de há 18 000 anos, e depois acelera a partir de 11500 a.C., um corredor estreito abre-se entre as duas capas, e gradualmente alarga-se – uma rota transitável para sul através de paisagens acidentadas, até há pouco cobertas de gelo, com vegetação apenas esparsa e poucos animais. Dependendo de como o professor regula a velocidade e grau de aquecimento, pode fazer aparecer o corredor mais tarde ou mais cedo, mas é sempre um evento relativamente tardio, no recuo da capa de gelo. E o corredor nunca é hospitaleiro. Excepto em alguns locais favoráveis perto de lagos glaciários, onde os mamíferos tinham tendência para se reunir, e podia-se encontrar plantas comestíveis ou peixe, haveria poucos incentivos para que as pessoas se juntassem. Se assentavam ali, era temporariamente e em proximidade a manadas de animais de caça.

Em ambientes assim empobrecidos biologicamente, os alimentos vegetais terão sido escassos fora dos locais mais resguardados. Mas as pessoas que podem ter passado por este corredor estavam adaptadas a duros extremos, com temperaturas abaixo de zero e provisões alimentares muito dispersas. Elas tinham desenvolvido a tecnologia e o vestuário para sobreviver confortavelmente mesmo sob as condições mais severas.

Se as populações paleo-índias do norte passaram realmente pelo desfiladeiro que se alargava, devem ter-se deslocado para sul não numa migração deliberada, mas em consequência das suas rotações anuais. O corredor de abertura tinha cerca de 1500 quilómetros, uma distância que ninguém percorreria num único

O Longo Verão

Verão e Outono, mas que podia ser atravessada em algumas gerações por pequenos grupos que se movimentavam com as migrações dos bisontes, caribus e outros animais. Alguns grupos podem ter seguido presas a sul das capas de gelo, e depois voltado a segui-las, para norte. Gerações de deslocações semelhantes teriam continuado mais para sul, até alguns grupos estarem a viver permanentemente no sul do corredor, em território muito mais hospitaleiro.

Também seria um erro pensar que o corredor se alargou de maneira continuada ao longo das gerações. Capas de gelo são coisas dinâmicas, avançando e recuando constantemente segundo forças atmosféricas e oceânicas imprevisíveis. O corredor pode ter-se aberto e fechado de novo, alargado e estreitado como parte dessa dança longa de décadas, antes de se abrir definitivamente. Esses movimentos podem bem ter afectado o ritmo da vida de caça e recolha nas terras áridas, contribuindo talvez para a diversidade genética e linguística nas populações a sul do gelo.

As populações paleo-índias a sul das capas de gelo cresceram rapidamente a partir de 11500 a.C., portanto populações de reprodução viável devem ter passado o corredor antes – a menos que os primeiros habitantes tenham chegado por mar. Os defensores de uma rota costeira acreditam que os grupos da Última Idade do Gelo viajaram ao longo da orla meridional da passagem terrestre desde a costa siberiana e depois remaram em direcção ao sul para o Pacífico Noroeste ao longo de uma costa parcialmente sem gelo. A retirada da capa de gelo Cordilheirana pode ter aberto uma rota de linha da costa desde 15000 a.C., mas não temos provas de que gente do sul da Berínguia a tenha usado. Se de facto remaram para sul, teriam tido de utilizar barcos de pele, presumivelmente alguma forma de embarcação como o umiak, que os povos árcticos na região do Estreito de Bering empregaram durante milhares de anos no transporte de carga e na caça à baleia. Com madeira flutuante ou ossos de animais, e cascos feitos de couro de mamíferos marinhos, os barcos de pele são bastante fortes, podendo levar cargas pesadas. Mas são de manejo tosco em mares agitados ou contra ventos de proa, ainda que moderados, mostrando o seu melhor em águas mais resguardadas.

O Continente Virgem

Prontamente construído a partir de materiais simples, fácil de reparar e relativamente transportável, os barcos de pele são um protótipo atraente. Infelizmente não sobrevivem em sítios arqueológicos e, devido à subida do nível do mar, os sítios onde se poderia encontrar vestígios deles estão no fundo do oceano. Se povos marítimos realmente chegaram às Américas por uma rota costeira, eles escapam-nos por completo. Nem possuímos a menor ideia das suas capacidades tecnológicas.

O mesmo problema se levanta se defendermos que paleo--índios terrestres se adaptaram à vida costeira no Alasca, fazendo--se depois ao oceano e remando para sul. Ainda hoje essas águas são um empreendimento formidável para embarcações pequenas, especialmente se movidas a remos. Teriam sido um desafio ainda maior imediatamente após a Idade do Gelo, quando as temperaturas à superfície do mar eram muito mais frias, a presença do gelo era mais difícil e a hipotermia era uma ameaça constante. Se tais viagens tiveram lugar, eram planeadas para os meses do curto Verão, quando a água estava mais quente e o mar mais calmo. As águas do Alasca inspiram um grande respeito a quem hoje pesca nelas. As temperaturas à superfície do mar durante o Verão eram muito mais frias logo a seguir à Idade do Gelo, circunstância que aumenta o risco de nevoeiro denso e, com ventos fortes, factor de frio intenso.

É difícil dizer se os condutores de canoas paleo-índios teriam empreendido viagens longas. Grupos índios históricos como os Chumash do sul da Califórnia eram cautelosos em excesso. Durante a Pequena Idade do Gelo da Europa, a maioria dos marinheiros evitava fazer-se ao mar entre Novembro e Março. Até os nórdicos recolhiam os seus barcos abertos no Inverno. Os pescadores bascos e ingleses corriam riscos muito maiores, mas só pelas recompensas potenciais. Em Fevereiro navegavam até à Islândia em busca de bacalhau, artigo fundamental das sextas--feiras católicas. As tripulações pescavam em dogres, barcos abertos que quase não forneciam protecção contra as tempestades, numa altura em que as temperaturas de Inverno e os vendavais no Atlântico eram muito mais rigorosos do que hoje. Centenas de dogres naufragavam todos os anos nas águas geladas. Quem pescava bacalhau não tinha ilusões sobre o perigo

O Longo Verão

do seu ofício e esperava morrer jovem. Se houve gente que remava pela Costa do Pacífico desde o Alasca até à Colúmbia Britânica, podemos ter a certeza de que cada viagem era curta, empreendida com um tempo perfeito e abrigos potenciais sempre à mão. Pode ter demorado várias gerações até que quaisquer canoas singrassem para o sul das capas de gelo à procura de alimentos.[13]

Os que defendem a ideia de uma colonização marítima sublinham que há já 30 000 anos se navegava entre a Nova Guiné e as Ilhas Salomão, uma distância de perto de 650 quilómetros.[14] Por que é que então grupos costeiros no norte não puderam fazer-se ao oceano na Última Idade do Gelo? Tenho a certeza de que alguns marítimos deslocaram-se realmente para o sul em arrancos, ao longo da costa, enquanto as condições aqueciam, mas se havia viagens de povoamento é outra questão. Existem muito poucas provas arqueológicas para apoiar essa ideia. Sabemos que havia gente a viver ao longo da plataforma continental setentrional alguns milhares de anos antes da primeira colonização, pelo menos em vales costeiros das Ilhas da Rainha Carlota na Colúmbia Britânica, onde abaixo do actual nível do mar pode haver sinais de ocupação humana remontando a pelo menos 8000 a.C.

Seja qual for a rota utilizada – creio que a terrestre é mais plausível – na prática podemos ter a certeza de que nenhuma era transitável antes de 12000 a.C., quando o grande aquecimento já se desenrolava plenamente.

Quase nada se sabe desse povo paleo-índio, excepto que usava uma larga variedade de ferramentas, incluindo lanças com ponta de pedra, armadas com pontas projectáveis e cabeças de lança com chifre ajustado, equipadas com microlâminas. Mesmo durante o grande aquecimento, o extremo norte apenas desfrutava de Verões curtos e de um crescimento vegetal limitado, embora vigoroso. A esparsa população paleo-índia do Alasca teria dependido de mamíferos terrestres, aves, peixes e provavelmente mamíferos marinhos para o grosso da sua dieta. Exceptuando alguns locais estratégicos junto de lagos, em rotas migratórias selvagens, perto de colónias de mamíferos marinhos, ou em lugares onde os moluscos fossem abundantes, os habitantes passavam a maior

O Continente Virgem

parte do ano em pequenos acampamentos, talvez invernando em casas semi-subterrâneas parecidas com as cabanas de ossos da distante Eurásia.

Podemos imaginar uma manta de retalhos de sociedades paleo-índias dispersa numa paisagem vasta, muito variada. Todo o Alasca era habitado apenas por poucos milhares de pessoas. Durante toda a vida, o indivíduo médio conhecia pouca gente fora dos estreitos limites do seu grupo familiar – parentes em linha colateral ou recta – habitando o vale vizinho, ocasionalmente membros de outros grupos quando se reuniam para raras caçadas comunais. No entanto, esses encontros eram vitais à sobrevivência em ambientes implacáveis onde a informação – acerca das deslocações do caribu, terrenos de alimentos vegetais, estado do gelo e da neve, e migrações das aves aquáticas – era de suprema importância. Essa informação passava de caçador para caçador, de velhos para novos, entre vizinhos e gente encontrada por acaso. Os actuais caçadores-recolectores San, do Deserto Kalahari da África do Sul, empregam uma quantidade enorme de tempo trocando informação sobre reservas de água e comida.([15]) A sua sobrevivência depende de um mapa mental em constante transformação do seu território e das terras a alguma distância no horizonte. Os paleo-índios devem ter feito o mesmo. Até um ponto considerável, esta informação determinava o ritmo sazonal da vida, deslocações para novos terrenos de caça e a partida e chegada de gente de um grupo para outro. Esse ritmo era como o de um barquinho no mar, constantemente adaptando as suas velas a novas condições meteorológicas, navegando o mais depressa possível nas calmarias e brisas e resguardando-se nas tempestades.

O grande aquecimento presenciou fortes alterações no clima e no terreno glaciário. As vidas dos paleo-índios podiam mudar de uma estação para a outra, com uma volatilidade inimaginável outrora. Mudanças constantes nas margens glaciárias e nos movimentos da caça devem ter tido um papel decisivo nas vidas dos homens que se mantinham por montanhas e vales vestidos de gelo. Uma rede de informações ancestral transmitia essa informação de grupo para grupo a longas distâncias.

A informação combinava-se com o oportunismo, a mais duradoura característica do *Homo sapiens sapiens*. Os grupos de

O Longo Verão

caça espremiam as suas vantagens onde as encontrassem – uma deslocação de mamutes ou caribus para um vale recentemente descongelado onde as plantas estivessem a brotar pela primeira vez, informações sobre alimentos vegetais colectáveis ao longo das costas de um lago glaciário rodeado por gelo em retirada, um lugar de paragem de gansos em voo para sul na Primavera. Os movimentos jamais cessavam. Mãos cheias de indivíduos exploravam terreno recém-descoberto onde a vida animal e vegetal era rara e as fontes de alimento estavam por vezes separadas por longas distâncias. Em vez de uma mudança deliberada para sul, teria havido um constante oportunismo que fez com que pequenos grupos diminutos de caçadores-recolectores estendessem gradualmente o seu alcance até latitudes muito mais quentes, talvez em poucos séculos, ou décadas.

Só sobreviver na estepe/tundra já exigia uma dureza estóica para ultrapassar períodos de fome e de frio e isolamento extremos. As pessoas eram conservadoras e cautelosas, mas também inovadoras – veja-se o grande número de ferramentas, que utilizavam a norte das capas de gelo, trazendo-as consigo para sul, modificando-as pelo caminho. Quando atingiram paisagens mais temperadas adaptaram-se a novas circunstâncias com o mesmo oportunismo inconsciente que sempre fizera parte da vida na Última Idade do Gelo.

Os primeiros povoadores chegaram não só com uma cultura de caçadores-recolectores altamente flexível, e equipamentos portáteis e eficazes, mas com a vida simbólica típica de todas as sociedades de caçadores-recolectores da Última Idade do Gelo. Porque não deixaram atrás arte rupestre ou artefactos decorados, só podemos adivinhar-lhes a existência de crenças espirituais. Ainda assim, imagine-se uma vida onde os Invernos eram prolongados e de frio intenso, e onde as pessoas passavam longas noites junto umas das outras. Nessas horas devem ter-se contado histórias, cantado canções e recitado lendas, muitas vezes por indivíduos com excepcional autoridade, que assumiam um manto de poderes sobrenaturais. Os cantos e histórias do xamã definiam o mundo conhecido e falavam de animais e espíritos míticos que criavam e controlavam a existência. Num ambiente de mudança rápida, de movimento constante, esse mundo espiritual deve ter sido um repositório penetrante e vital de identidade, relações sociais, e tudo o que era estável nesses tempos tão imprevisíveis.

Provavelmente nunca iremos encontrar traços desses primeiros colonos, as poucas centenas de paleo-índios que caçavam e recolhiam no seu caminho para o sul, para ambientes completamente novos. Mas podemos ter a certeza de que eram gente hábil, confiante, com íntima familiaridade com as redondezas em mutação.

Com o avanço do grande aquecimento, a produtividade das plantas disparou, quer nas curtas épocas de amadurecimento do extremo norte, quer a sul das capas de gelo. Para os primeiros povoadores em terreno sem gelo, pouco mudou realmente. As suas vidas ainda dependiam de alimentos muito dispersos e, em paisagens não particularmente bem irrigadas, de reservas permanentes de água. Devem ter acampado em vales abrigados e junto a lagos glaciários, onde se podiam colher plantas, pescar e apanhar aves aquáticas. Sempre oportunistas, os paleo-índios viviam agora em ambientes onde as plantas selvagens abundavam muito mais que a caça. A transição para uma dieta mais ecléctica deve ter passado quase desapercebida. Milhares de anos depois, os seus descendentes seriam dos agricultores mais hábeis no mundo pré--industrial.

Poucos séculos depois do primeiro povoamento a sul do gelo, grupos nómadas de caçadores-recolectores tinham assentado em todos os cantos da América do Norte, assim como mais para sul. Temos poucos vestígios deles. Os níveis mais baixos do abrigo rochoso de Meadowcroft na Pensilvânia, que fica num pequeno afluente do rio Ohio, têm revelado indícios fugazes de ocupação humana datando de entre 11950 a 12550 a.C.([16]) Há também outros relances transitórios: um sítio de matança de mastodontes em Saltville, na Virgínia, que pode remontar até 11000 a 12500 a.C. Os mais antigos destes níveis de ocupação são até mil e quinhentos anos anteriores a Clovis.([17])

As pegadas mais a sul dos primeiros povoadores estão em Monte Verde, um sítio num vale fluvial do sul do Chile, onde o arqueólogo Tom Dillehay escavou um pequeno povoado de duas filas de habitações cobertas de pele, que floresceu junto a um ribeiro entre 12000 a 11800 a.C.([18])

O povo de Monte Verde viveu numa floresta onde as plantas eram abundantes todo o ano, uma vida muito diferente da que era possível nas planícies norte-americanas. Quase todos os artefactos de Monte Verde eram feitos de madeira.

Este padrão incipiente de descobertas arqueológicas ajusta-se ao cenário de povoamento desigual e irregular por caçadores--recolectores extremamente móveis que cobriram vastas extensões em poucos séculos. Se os seus antepassados longínquos entraram no nordeste siberiano quando o aquecimento começou, cruzando a passagem terrestre de Bering pouco depois, o percurso para sul deve ter sido muito rápido. Havia homens no Chile por volta de 12000 a.C.

Seria possível uma viagem tão rápida? O arqueólogo David Madsen fez um cálculo hipotético: percorrendo dezasseis quilómetros por ano, gente que deixasse o Lago Baical na Sibéria há 24 000 anos teria alcançado a área de Denver, no Colorado há 22900 anos, mesmo com uma taxa de natalidade muito baixa.([19]) Esta é uma migração absurdamente directa e totalmente teórica. Ninguém, muito menos Madsen, sugere que teve realmente lugar. Mas não há razões de peso para que os caçadores da Idade do Gelo e os seus descendentes, evoluindo num ambiente familiar, não pudessem ter coberto grandes distâncias acumuladas, simplesmente por a capacidade de sustento da terra em muitas regiões ser tão baixa e por as pessoas estarem muito dispersas.

Por volta de 11000 a.C., numerosos grupos paleo-índios prosperavam através das Américas. Os seus efectivos eram pequenos e as populações muito espalhadas, mas a colonização inicial estava completa. Só alguns poucos milhares de habitantes

O Continente Virgem

viviam na América, mas haviam-se adaptado com êxito a todo o género de ambientes temperados.

O grande aquecimento tinha proporcionado a janela de oportunidade; a mobilidade e oportunismo humanos aproveitaram. Os forasteiros chegaram a uma terra onde muitas espécies de animais de maior porte da Idade do Gelo ainda floresciam. Mas o mamute, o mastodonte e outra caça grossa encontravam-se em grave declínio. O aquecimento rápido, grandes mudanças nos ecossistemas e a seca puseram sobre esses animais uma pressão inédita. A pressão desenvolveu-se logo a seguir à Idade do Gelo. Na época em que as sociedades Clovis viviam nas Pradarias Norte-Americanas, mais de vinte espécies dos maiores animais já estavam extintas.

Em cinco séculos, os últimos representantes da megafauna da Idade do Gelo haviam desaparecido, liquidados pelo rápido aumento das temperaturas e pela aridez em ambientes outrora bem fornecidos de água.[20] Embora os paleo-índios possam ter acelerado o desaparecimento de animais de reprodução lenta, a predação humana foi no máximo uma causa secundária da extinção.

Após 11000 a.C., só um grande mamífero americano sobreviveu, o bisonte das Pradarias. Pólenes fossilizados de dúzias de locais registam mudanças drásticas na vegetação com o recuo da capa de gelo Laurentídea através do centro e leste do Canadá. Agora os Invernos eram mais curtos e quentes, e os Verões mais frios do que hoje. Ao contrário de outros animais da Idade do Gelo, os bisontes prosperavam nas pastagens baixas que cresciam à sombra das Montanhas Rochosas. Continuaram a florescer nas Pradarias até à sua quase extinção pelas carabinas europeias.

Com o primeiro povoamento das Américas, a grande diáspora dos humanos modernos desde a sua terra-mãe primitiva na África tropical ficou completa. Só as remotas ilhas do Pacífico e, claro, a Antártida, continuaram desabitadas, as primeiras à espera do

O Longo Verão

aperfeiçoamento da canoa com estabilizadores e a domesticação de alimentos facilmente armazenáveis.

O grande aquecimento impulsionou a humanidade através da Berínguia para um continente até aí desabitado, e deu acesso ao mundo vasto, ambientalmente diverso, a sul das grandes capas de gelo. Num período surpreendentemente curto, homens cujos antecessores tinham ficado com o mundo da antiga Idade da Pedra do norte, do Alasca, Sibéria, Ásia e Eurásia, tinham-se instalado no coração das novas terras. A partir desse momento, o Velho Mundo seguiu uma trajectória histórica diferente do Novo. Excepto para os povos do extremo norte, os dois mundos não se voltaram a encontrar até os vikings navegarem para o ocidente a partir da Gronelândia no século X e Cristóvão Colombo desembarcar nas Índias em 1492.

Dois trajectos, duas histórias, mas à face das mesmas oscilações imprevisíveis do clima do Holocénico, no Velho e no Novo Mundo. As pessoas reagiram a elas de formas notavelmente semelhantes. Os primeiros americanos trouxeram consigo velhas tradições culturais da Última Idade do Gelo, de caça e colheita de plantas, talvez de pesca e caça de mamíferos marinhos. Também traziam crenças espirituais ricas, cantos e mitos, mundividências complexas transmitidas de geração em geração desde tempos imemoriais. Como os seus antepassados para lá da passagem terrestre, eles eram brilhantes oportunistas, estóicos, duros e capazes de improvisar com rapidez. Talvez essas qualidades expliquem as profundas semelhanças na reacção das sociedades dos dois mundos à mudança climática a longo – e curto – prazo.

Durante milhares de anos, a flexibilidade e pequena escala da vida de caçador-recolector permitiu às pessoas de toda a parte adaptarem-se facilmente à seca e à cheia, às temperaturas mais quentes e mais frias, ou à subida dos mares, simplesmente mudando-se ou fazendo ajustamentos na sua dieta. A sua vulnerabilidade aumentou quando alguns grupos se fixaram em povoações permanentes naqueles raros locais onde havia comida abundante e acessível. Por volta de 10000 a.C., alguns grupos no sudoeste asiático começaram a plantar cereais como forma de fazer frente à seca. As experiências com o cultivo de plantas nativas na América do Norte e Central começaram há seis mil anos, com a colheita intensiva de gramíneas e oleaginosas locais, muitas vezes de preparação difícil. Pouco depois, as pessoas estavam a cultivá-las deliberadamente. Por volta de 3000 a.C., muita gente no Egipto e na Mesopotâmia vivia em vilas e cidades, povoamentos nascidos em parte de uma necessidade de gerir condições cada vez mais secas e de produzir mais alimentos. Vilas e cidades aparecem nas Américas pela primeira vez no primeiro milénio a.C., mais uma vez como resposta à necessidade de organizar uma sociedade mais adequada para produzir mais alimentos em ambientes propensos à seca. Quase simultaneamente, grandes civilizações floresciam no Velho Mundo e nas Américas, sociedades crescentemente vulneráveis a acontecimentos climáticos de curto prazo, em virtude da sua crescente complexidade e incapacidade de se adaptarem aos golpes climatéricos.

No Velho mundo e no Novo, as sociedades humanas reagiram aos traumas climáticos com mudanças sociais e políticas que são surpreendentes nas suas similaridades. Como observou Stephen J. Gould, biólogo em Harvard, somos todos produto do mesmo ramo africano. Partilhamos vastos reservatórios de reacção e potencial humanos, que nos fizeram, americanos nativos ou europeus, australianos ou eurasiáticos, criar respostas semelhantes aos caprichos da mudança climatérica durante o longo Verão.

4

A Europa durante o Grande Aquecimento
15000 a 11000 a.C.

É um vento quente, o vento oeste, cheio de lamentos de aves.

JOHN MASEFIELD, *The West Wind*, 1902

Navegar pela Corrente do Golfo ao largo da costa da Florida pode ser uma experiência memorável, especialmente durante uma nortada de Inverno, quando a corrente para o norte encontra ventos fortes soprando na direcção contrária. Lembro-me de atravessá-la para as Bahamas com o vento a trinta nós, investindo com velas bem rizadas para cima de mares incrivelmente escarpados, agachando-nos constantemente quando o barco colidia com as ondas. Fôramos temerários em atravessar num dia daqueles, mas do outro lado acenavam os tranquilos ancoradouros das Ilhas Abacos.

Ancorados nessa noite, reflectimos sobre o poder formidável da corrente invisível a empurrar-nos para norte, que nos obrigara, para compensar os seus efeitos, a navegar vinte graus ao largo da rota directa para Nassau. A Corrente do Golfo faz parte de uma vasta esteira de transporte global de água movente, que tem o poder de mudar o clima e alterar as vidas humanas. Tínhamos

89

O Longo Verão

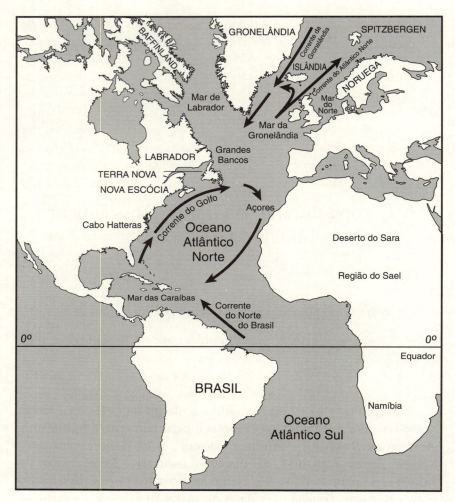

Circulação do Atlântico Norte

imaginado atirar uma garrafa às ondas turbulentas, seguindo-a então enquanto passava o norte, depois o leste, já em pleno Atlântico Norte, circundando a orla sul dos Grandes Bancos. Meses depois, o desgastado recipiente estaria a flutuar muito ao largo da costa ocidental da Irlanda, antes de ser levado nas asas da Corrente Irminger que ruma para oeste, para a região sul do Mar de Labrador.

A Europa durante o Grande Aquecimento

O ar árctico arrefece a água que rodeia a garrafa enquanto ela flutua no sul do Mar de Labrador. A água superficial mais pesada, carregada de sal, afunda-se no oceano; deixemo-la levar com ela a nossa garrafa imaginária. A garrafa e a água salgada prosseguem a sua viagem a grande profundidade, arrastadas por uma veloz esteira transportadora em direcção ao sul, passando as Caraíbas para a América do Sul e a costa norte da Antártida. No extremo sul, a garrafa tem duas opções, ou viajar para nordeste para o Oceano Índico oriental, ou fazer uma distância muito maior até ao coração do Pacífico Norte. Por fim o nosso recipiente é lançado mais próximo da superfície, em águas mais quentes, onde a circulação provoca um fluxo maciço de água do cimo do oceano, do Pacífico tropical, para o Oceano Índico através do arquipélago indonésio. A esteira transportadora reflui à volta do Cabo da Boa Esperança, para norte, entrando pelo Atlântico, onde todo o ciclo recomeça.

A água que agredia o nosso barco fortemente recolhido ao largo da Florida fora impelida para ali por duas forças contrárias no Atlântico Norte. O arrefecimento de latitude elevada e o aquecimento de latitude baixa – esforço térmico – movimentam o fluxo para norte. O acréscimo de água doce na latitude elevada e a evaporação de latitude baixa causam esforço halino, o qual desloca a água na direcção contrária. Hoje em dia o esforço térmico domina. O *downwelling* de água salgada no norte alimenta a grande esteira transportadora do oceano, que por sua vez absorve o contrafluxo para norte que traz temperaturas mais quentes à Europa.

O sistema transportador do Atlântico tem energia equivalente à de cem rios Amazonas e é uma das grandes forças motrizes do clima global.[1] Grandes quantidades de calor fluem para norte e emergem nas massas de ar do Árctico sobre o Atlântico Norte. Esta transferência de calor é responsável pelo clima oceânico relativamente quente da Europa, com os seus ventos ocidentais húmidos, que se manteve, com vicissitudes, através do Holocénico.

Por que não regressou o frio depois do último aquecimento? Alterações na órbita terrestre aumentaram o isolamento solar e as temperaturas à superfície numa escala de tempo orbital a longo termo. A resposta também reside no ritmo da circulação oceânica.

91

O Longo Verão

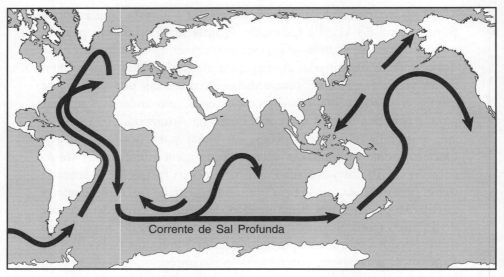

A Grande Esteira Transportadora do Oceano

A circulação invisível dos oceanos acelerou e abrandou drasticamente durante os últimos cem mil anos. No pico da Última Idade do Gelo, a esteira circulou a apenas dois terços da sua velocidade actual. Sabemo-lo porque o oceanógrafo Jean-Lynch Stieglitz tem utilizado pequenos foraminíferos oceânicos para medir alterações na proporção de isótopos de oxigénio em núcleos de mar profundo ao longo dos Estreitos da Florida durante o auge da Última Idade do Gelo.([2]) Estas proporções mudam com a temperatura da água na qual estas criaturas vivem. Ao mesmo tempo, a água fica muito mais densa à medida que as proporções se modificam, as temperaturas baixam e torna-se mais salgada. Lynch-Stieglitz usou um modelo matemático empregado habitualmente para calcular o fluxo de corrente impelido pela densidade da água. Ela pôde demonstrar que durante a Última Idade do Gelo o *downwelling* de água salgada no Mar de Labrador tinha abrandado acentuadamente, enquanto as temperaturas oceânicas ao largo da Europa baixavam a pique. Decididamente ninguém teria ido nadar em Long Island ou na costa espanhola!

A circulação abrandou porque durante milhares de anos o gelo derretido da capa Laurentídea que cobria a Baía de Hudson e o

A Europa durante o Grande Aquecimento

leste do Canadá tinha fluído para o interior do que é agora o Mar de Labrador. Os eventos de Heinrich, com a sua súbita libertação de icebergues, contribuíram significantemente. O influxo constante de água doce fechou o *downwelling* de água salgada mais densa da superfície do oceano no Atlântico Norte. Isto, por sua vez, vedou a circulação de água mais quente, da Corrente do Golfo, no sentido oposto aos ponteiros do relógio, para nordeste, em direcção à Europa, e depois para ocidente, abaixo da Islândia. Núcleos de mar profundo e perfurações no gelo da Gronelândia da Última Idade do Gelo contêm níveis altos de poeira fina, transportada para a atmosfera por ventos glaciários frios de norte e de leste.

Então veio o aquecimento rápido. Os níveis de poeira caíram de repente, quando a Laurentídea se retirou rapidamente. O curso de água do degelo na Baía de Hudson abrandou, cessando de seguida. O *downwelling* recomeçou no Mar de Labrador. A Corrente do Golfo activou-se e a circulação do Atlântico Norte retomou o seu fluxo. Ventos ocidentais húmidos prevaleciam sobre o oceano, levando temperaturas muito mais quentes para o noroeste da Europa.

Um dia, simulações por computador das relações intrincadas entre as temperaturas em mudança da superfície do mar e as condições atmosféricas dar-nos-ão um melhor entendimento da complicada dinâmica que deu origem a esta mudança climatérica drástica. Talvez lentas alterações cíclicas na excentricidade da órbita terrestre e na inclinação e orientação do seu eixo rotativo tenham desencadeado a viragem, alterando assim padrões de evaporação e chuva, e a intensidade das estações. O geoquímico Wallace Broecker acredita que essas mudanças sazonais fizeram com que todo o sistema atmosfera-oceano mudasse repentinamente de um modo durante os episódios glaciários para outro completamente diferente nos períodos mais quentes. Cada movimento do «interruptor» mudou profundamente a circulação do oceano, a fim de que a grande esteira transportadora distribuísse calor à volta do mundo de diversas maneiras.[3] Do pouco que sabemos sobre os ciclos de clima frio e quente, seríamos realmente ingénuos ao assumir que algures no futuro não descerá sobre a Terra outra oscilação fria.

O Longo Verão

Há quinze mil anos, talvez 40 000 Cro-Magnons vivessem na Europa central e ocidental, bem menos de metade do número de passageiros diários do Aeroporto de Heathrow, em Londres. Os grupos mais numerosos passavam a maior parte do ano nos vales e terras baixas abrigados a sul da estepe/tundra. As suas vidas giravam em torno das migrações sazonais de renas, das corridas dos salmões na Primavera e Outono e da caça de mamíferos afeitos ao frio. Os homens apanhavam, com armadilhas, centenas de raposas, castores e outros animais do árctico, devido às suas peles, pois a roupa em camadas, eficiente, era uma arma importante contra o frio penetrante e as viragens e reviravoltas abruptas do clima da Última Idade do Gelo. As mulheres colhiam vegetais na época própria e eram responsáveis pelo demorado trabalhado de confeccionar e consertar as roupas.

Os Cro-Magnons eram peritos em avaliar o estado das suas presas, especialmente a gordura dos animais.([4]) É por isso que as principais caçadas à rena sucediam provavelmente no Outono, depois de os animais se terem empanturrado em vegetais nutritivos durante os meses quentes. Muitas sociedades de caçadores--recolectores históricas eram selectivas na procura de animais e tutanos mais gordos. A carne de animais mais gordos sabe melhor e produz uma sensação de saciedade que a carne mais magra não proporciona. A gordura é uma fonte indispensável de energia, de metabolismo mais eficaz do que as proteínas, e armazena vitaminas e ácidos essenciais importantes. Obviamente, os caçadores antigos não estavam a par dessas subtilezas nutricionais, mas teriam percebido muito bem que tipos de carne eram melhores para a sua saúde e bem-estar.

A quantidade de proteína animal que um ser humano pode ingerir com segurança, sem graves consequências a longo prazo para a sua saúde, é de cerca de metade do consumo diário de calorias. É por isso que muitas sociedades de caçadores-recolectores restringem severamente a quantidade de carne que as mulheres grávidas podem comer, pois níveis excessivos de proteínas podem colocar em perigo a saúde dos seus fetos. A necessidade de

A Europa durante o Grande Aquecimento

alargar a dieta pode explicar a razão por que muitas sociedades árcticas históricas costumavam comer o conteúdo parcialmente digerido dos estômagos de caribus e renas, assim como os aparelhos digestivos de alguns pássaros e mamíferos marinhos. Alguns grupos esquimós da costa chegavam a colher barrilheiras através do gelo, no Inverno. Podemos ter a certeza de que os Cro--Magnons faziam tudo o que podiam para diversificar a sua dieta.

Essas sociedades de caçadores dependiam grandemente de mamíferos de tamanho grande e médio – auroques, bisontes, mamutes, renas, cavalos selvagens e outras presas. A vida humana estava ligada a estes animais através de um poderoso simbolismo. As magníficas pinturas de Altamira, Grotte de Chauvet, Lascaux, Niaux e muitos outros locais são testemunhos do poder do bestiário da Idade do Gelo. Então, as pessoas punham as mãos contra as paredes rochosas, aparentemente para adquirir poder dos espíritos animais que se ocultavam no interior.[5]

Na Europa continuava a fazer um frio intenso. Há quinze milénios uma enorme capa de gelo cobria toda a Escandinávia, o norte da Alemanha e parte dos Países Baixos, assim como boa parte da Grã-Bretanha, ainda ligado ao continente.[6] O nível do mar estava a mais de 90 metros abaixo do de hoje. Navegando pelo Mar do Norte meridional numa noite de luar, admirando o curso prateado da lua no murmúrio suave das ondas, pode ser difícil acreditar que se está a vogar poucos metros acima do que até recentemente, há dez mil anos, era terra firme. Homens que faziam pesca de arrasto no Dogger Bank recuperaram pontas de lança feitas de chifre e outros artefactos do fundo do oceano.[7]

Depois veio o aquecimento e, nuns meros dois mil anos, a paisagem ficou irreconhecível.

Por volta de 12700 a.C. as temperaturas estivais em alguns lugares eram mais quentes do que hoje. Mais uma vez o humilde escaravelho serve de barómetro da mudança. Estas minúsculas criaturas são extremamente sensíveis às mudanças de temperatura, especialmente nas latitudes setentrionais, e os escaravelhos britânicos são particularmente prestáveis. Antes de 13000 a.C., as espécies de escaravelhos britânicos, que se davam bem com o frio, revelam-nos que a temperatura média de Julho era de cerca de 10° C. A população de escaravelhos mudou drasticamente. As tempera-

O Longo Verão

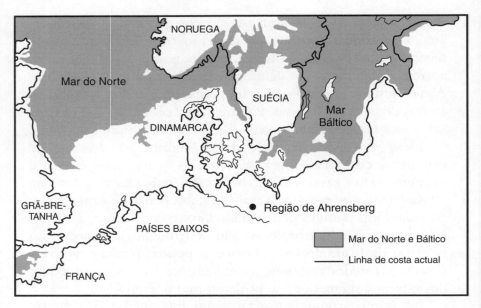

Norte da Europa em 9000 a.C.

turas de Verão subiram rapidamente, para uma média de 20° C por volta de 12500 a.C., arrefecendo gradualmente para uns 14° C em 11000 a.C.([8]) O aquecimento coincidiu com uma acentuada retracção das capas de gelo escandinava e alpina. O derretimento libertou milhares de milhões de litros de água doce no oceano. Por volta de 12000 a.C., os níveis do mar aumentavam até 40 milímetros anuais em algumas zonas.

Nas primeiras décadas do século XX o botânico sueco Lennart von Post desenvolveu a ciência da palinologia, o estudo dos diminutos grãos de pólen conservados em depósitos ensopados como os pântanos escandinavos. Post percebeu que esses minúsculos pólenes eram altamente sintomáticos das árvores que outrora cresciam nas imediações. Ele colectou-os em amostras colunares, que forneceram uma crónica das mudanças na cobertura florestal no norte da Europa durante o Holocénico. Graças ao trabalho de Post e dos seus sucessores, sabemos que a vegetação de estepe que cobria a maior parte da paisagem europeia na Última Idade do Gelo lentamente se tornou mais densa e

A Europa durante o Grande Aquecimento

produtiva, com invasões de zimbros, salgueiros e outros arbustos. Logo a cobertura florestal avolumou-se.

Por volta de 12000 a.C., florestas de bétulas cobriam a maior parte da Inglaterra e muitas partes da Europa ocidental e do norte. O único obstáculo à disseminação das árvores através da Europa era o seu ritmo de dispersão natural. Algumas, como a bétula e o ulmeiro, dispersam as suas sementes através do vento, e nitidamente progrediram mais depressa que os carvalhos, cujas sementes são disseminadas por pássaros e outros agentes como os cursos de água, e que crescem também mais devagar. Os especialistas acreditam que árvores como a bétula, o pinheiro, o amieiro e a aveleira podiam avançar a um ritmo de um a dois quilómetros por ano durante períodos de quinhentos a dois mil anos. O eventual alcance de uma árvore dependia também da localização dos refúgios glaciários a partir dos quais se espalhara. O pinheiro, por exemplo, disseminou-se de refúgios na plataforma continental ao largo da Irlanda ocidental, enquanto a faia espalhou-se a partir de Itália e dos Balcãs.[9] Até hoje áreas de bétulas predominam na Europa oriental e central, em ambientes que mais para oeste sustentam o pinheiro. Na ausência de limitações do solo ou da distância, as plantas podem reagir às mudanças climatéricas com notável rapidez. Por exemplo, na Nova Zelândia, a faia meridional (*Nothofagus*) estava confinada a uns poucos locais abrigados durante a Idade do Gelo, quando os prados e vegetação rasteira cobriam a maior parte da terra. Mas com o rápido aquecimento no final da Idade do Gelo, as faias substituíram a vegetação aberta das épocas anteriores no mero período de trezentos anos.

Durante o período ecologicamente instável entre 13000 a 8000 a.C., muitos factores afectaram a expansão das árvores, entre os quais padrões de pasto dos animais, doenças e incêndios provocados por relâmpagos e outras causas. Também os seres humanos podem ter influenciado a distribuição das árvores, pela queima deliberada de erva seca para favorecer o crescimento e encorajar a caça a alimentar-se de rebentos verdes frescos. O fogo foi um poderoso instrumento de alteração ambiental.[10]

Após dois milénios turbulentos de rápida mudança na vegetação, a Europa parecia fundamentalmente diferente. A floresta de bétulas que se tinha expandido primeiro através do norte fora

O Longo Verão

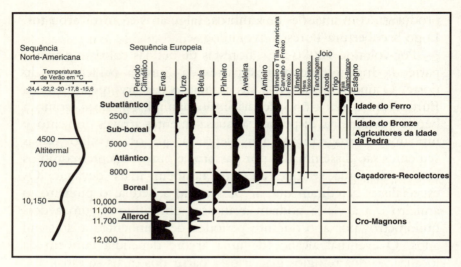

Padrões de mudança da vegetação na Europa
conforme reveladas pela análise dos pólenes

agora empurrada muito mais para cima, para a Escandinávia e Rússia setentrional. A tundra e a estepe praticamente desapareceram. Essas alterações do meio criaram desafios únicos para os homens, adaptados a um mundo profundamente gelado.

Para começar, a caça grossa tornou-se problemática. Entre 14000 a 9500 a.C., uma vaga de extinções afectou as presas favoritas dos Cro-Magnons, especialmente os animais de peso corporal superior a 44 quilos.([11]) As criaturas familiares da Idade do Gelo que desapareceram neste período incluem o mamute, o rinoceronte-lanudo, o veado gigante e numerosos mamíferos mais pequenos. Mas a verdadeira razão por que esta epidemia de extinções varreu as Américas, a Europa e o norte da Eurásia é um tanto misteriosa. Muitos animais mais corpulentos podem ter sido incapazes de se adaptar à rápida subida das temperaturas. Por exemplo, uma família de mamutes descoberta recentemente pereceu em Condover, na Inglaterra, numa época em que a paisagem familiar de estepe/tundra estava a mudar-se para norte, dando lugar à cobertura florestal. Em muitos locais, o aumento do nível do mar, as cadeias montanhosas e outras barreiras naturais podem ter impedido esses animais de seguir o terreno mais aberto.

A Europa durante o Grande Aquecimento

Uma variedade de pressões ambientais complexas e ainda pouco compreendidas levou à extinção de espécies mais especializadas e menos adaptáveis da Idade do Gelo. Só no norte da Eurásia desapareceram uns oitenta géneros. Os mamutes apenas sobreviveram no frio extremo da Ilha de Wrangel, no Árctico Siberiano, onde as condições de estepe/tundra permaneceram numa ilha separada da Berínguia pela subida das águas do mar. Ali o elefante árctico continuou a prosperar numa cápsula de tempo da Idade do Gelo, onde o isolamento provocou a sua transformação em mamutes anões. Por fim, essa população remota morreu de causas naturais, os últimos por volta de 2500 a.C., enquanto as pirâmides de Gizé se erguiam ao longo do Nilo e as charruas começavam a ser utilizadas na Europa central e ocidental.

Que papel tiveram os caçadores humanos nessa extinção? Muito pequeno, quase de certeza, pois os seus ancestrais tinham sido vizinhos e caçadores desses mesmos grandes mamíferos durante dezenas de milhares de anos. Por isso parece improvável que tenham liquidado grandes populações de mamíferos, mesmo se no final contribuíram para o seu desaparecimento ao caçarem animais quandos os encontravam enfraquecidos, esfomeados e de reprodução lenta.

Na altura em que a megafauna se extinguiu, o homem havia-se adaptado com êxito ao novo mundo.

Oportunismo, flexibilidade e mobilidade – novamente, essas qualidades essenciais das sociedades da Última Idade do Gelo tinham desempenhado um papel. Tal como os caçadores-recolectores da Sibéria e do Alasca, os Cro-Magnons não se deixaram impressionar pela mudança climática. Eles tinham duas opções – mudar-se para norte, na senda da sua velha presa, a rena, que migrara com a tundra, ou ficar onde estavam e adaptar-se a ambientes inteiramente novos. Do que podemos saber a partir de provas arqueológicas muito insuficientes, optaram por ambas.

O Longo Verão

Quando as extinções tiveram lugar no sul, mais arborizado, os animais de bosque tornaram-se mais comuns, entre os quais o veado vermelho, o javali selvagem e o auroque, uma presa formidável mesmo para caçadores bem armados. Os recursos animais ficaram menos acessíveis e mais difíceis de caçar com lanças. Os bandos de Cro-Magnons da Última Idade do Gelo tinham podido tirar partido das migrações outonais de renas, quando milhares de animais passavam por estreitos vales fluviais e cruzavam cursos de água no seu caminho de ida e volta para as pastagens de Verão. Todos os anos apanhavam centenas de animais. Agora a caça estava mais dispersa, geralmente solitária e mais complicada de perseguir nas florestas e bosques densos e clareiras ocasionais. Caçar um veado vermelho requeria infinita paciência, soberbas capacidades de aproximação furtiva e armas precisas.

À medida que a caça se foi espalhando e ficando mais rara, os alimentos vegetais tornaram-se mais abundantes e a chave óbvia para a sobrevivência. Os bosques caducos mistos que colonizavam a maior parte da Europa ocidental eram um ambiente grandemente produtivo, ainda que sazonal, em termos de plantas comestíveis, especialmente na Primavera e Outono. Nesta estação havia colheitas abundantes de oleaginosas, da aveleira e de outras árvores. Havia frutas e fungos, sementes de gramíneas e tubérculos comestíveis, assim como o omnipresente rizoma de fetos, fáceis de arranjar para gente que conhecia intimamente as suas redondezas. Com estações de plantio muito maiores, até uma criança podia colher alimentos suficientes para satisfazer a sua fome durante a maior parte do ano. No sul da Europa, por exemplo, as florestas de pinheiro-manso mediterrânicas produziam oleaginosas com dois terços do valor proteico da carne magra, que podiam alimentar famílias inteiras durante meses a fio.([12])

A transição para os alimentos vegetais não exigia inovações tecnológicas, pois os artefactos utilizados para apanhar e arranjar gramíneas selvagens, oleaginosas ou tubérculos eram de extrema simplicidade – paus de escavar, peles de animais, caixas ou cestos feitos de fibra vegetal e uma variedade de trituradores de pedra e pilões cuidadosamente esculpidos a partir de pedras adequadas. Durante milhares de anos as pedras de cimo chato tinham moído

A Europa durante o Grande Aquecimento

ocre vermelho e materiais de pintura, assim como sementes e raízes. Agora, tornaram-se uma característica mais relevante do equipamento local.

Embora os Cro-Magnons anteriores tivessem comido principalmente carne, eles conheciam muito bem a necessidade de alargar a dieta. Tal como os caçadores-recolectores de toda a parte, viviam sempre em zonas, por muito difíceis que fossem, onde houvesse vegetais comestíveis. Conheciam as estações das plantas menos visíveis, quando as oleaginosas podiam ser colhidas e quando as renas perdem as suas hastes. O meio ambiente era uma entidade viva que fornecia quer alimentos fundamentais quer uma reserva de outros animais e plantas que podiam ser consumidos quando as migrações de renas fossem imprevisíveis ou o salmão escasso. Quando o grande aquecimento começou, os bandos de Cro-Magnons adaptaram-se às circunstâncias alteradas tornando-se omnívoros. Quando os bosques relativamente abertos de bétulas, aveleiras e pinheiros deram lugar a florestas de copa fechada, os *habitats* abertos foram-se tornando cada vez mais escassos. A maioria das clareiras florestais situava-se perto de lagos e margens de rios, ou de pântanos e charcos. Depois de 9000 a.C., uns meros quatro mil anos depois do início do grande aquecimento, a maioria dos grupos de caçadores-recolectores na Europa vivia nesses ambientes abertos, ou, de modo crescente, nas costas marítimas.

Os estuários e baías abrigadas proporcionavam pássaros, peixes, moluscos e mamíferos marinhos em abundância. Uma reserva de alimentos fiável, poder-se-ia pensar, mas basta olhar para as comunidades costeiras inuíte no Árctico Canadiano para nos apercebermos de que existiam muitas complicações – grandes tempestades e degelos prematuros, que podiam arruinar a pesca e a caça aos mamíferos marinhos, e a não ocorrência das corridas dos salmões, só para mencionar algumas. Mais ainda, muitas espécies de peixes e moluscos têm pouca gordura, o que lhes confere pouco valor nutritivo para quem se sustenta delas. Peixes mais gordos como o salmão são sabidamente difíceis de conservar, mesmo em ambientes com Invernos longos, abaixo dos zero graus, que permitem o congelamento das capturas para consumo posterior. O peixe seco e fumado tem uma validade relativamente

O Longo Verão

curta e certamente não se aguentaria mais de poucos meses – um período demasiado curto para atenuar faltas de alimentos que durassem várias estações ou anos.

Inevitavelmente, então, os europeus do grande aquecimento recorreram à plantação de alimentos, especialmente sementes de fécula e oleaginosas, que geralmente podiam armazenar-se durante anos e forneciam alimento essencial muito mais fiável do que a gordura ou os pequenos mamíferos. Não que os alimentos vegetais tenham sido uma panaceia universal. Chuvas excepcionalmente violentas, ciclos de seca, ou grandes tempestades teriam causado a escassez periódica de comida e instabilidade social. Em tempos de *stress*, as pessoas recaíam na sua rede de segurança de vegetais menos apelativos e dependiam do comércio com vizinhos para vencer as dificuldades nos meses de carência. A muito maior produtividade dos alimentos vegetais com hidratos de carbono e ricos em óleo, e os laços sociais com os vizinhos eram a salvação neste longo período de aquecimento rápido.

A mudança da caça para a colheita de alimentos vegetais teve outras consequências, mais subtis. Durante os meses de Verão, as pessoas podem ter caçado menos para poderem colher vegetais facilmente armazenados.[13] Consumiriam logo o excedente de comida resultante, armazenando-o como gordura corporal adicional, ou depositá-lo-iam em fossos ou recipientes à superfície, podendo nesse caso esperar perder até uma terça parte devido à deterioração, roedores e roubo. O armazenamento na própria pessoa tem a vantagem da mobilidade, mas com toda a probabilidade perdia-se a maior parte da gordura extra muito antes dos meses de fome do fim do Inverno e início da Primavera. O armazenamento num fosso ou à superfície significa que os alimentos podem ser racionados ao longo dos meses de vacas magras, mas pelo preço de uma mobilidade drasticamente reduzida.

Muitas oleaginosas e sementes são muito ricas em proteínas e, consumidas em grandes quantidades, eram tão nocivas para as mulheres grávidas como a carne. Uma solução deve ter sido triturar as oleaginosas, com casca e tudo, fervendo-as depois e separando o óleo que flutuava à superfície. Em alternativa, podia--se beber esse líquido semelhante ao caldo de carne e rejeitar os sólidos – uma prática seguida pelos históricos índios do sudeste da

A Europa durante o Grande Aquecimento

América do Norte. Algumas oleaginosas, como certas bolotas, possuem teores elevados de taninos, que têm de ser coados pela fervura ou demolha, enquanto outros compostos tornam certas ervas e oleaginosas ou levemente tóxicas ou de digestão menos fácil, requerendo também uma preparação mais demorada. Secar, moer ou ferver alimentos vegetais amidosos exigia um grande investimento de trabalho diário antes de se poder comê-los ou guardá-los. Essas actividades prendiam os grupos a um lugar por períodos de tempo maiores.

Os climas do grande aquecimento tornaram-se mais acentuadamente sazonais, e por isso os animais foram forçados a acumular maiores reservas de gordura corporal para ajudá-los nos meses de escassez entre o fim do Outono e o começo da Primavera. Simultaneamente os caçadores terão restringido a caça grossa durante o Inverno e Primavera. Em vez dela, terão contado com carne armazenada, obtida de presas cuidadosamente seleccionadas, como fêmeas bem alimentadas, abatidas no Verão e Outono. Também perseguiriam machos mais gordos no fim do Inverno e da Primavera, mas não caçavam animais na época anual do cio. Em anos realmente difíceis, os caçadores podem ter morto as suas presas apenas pelas partes gordas, como o cérebro, os rins e o tutano nos membros.

Outra estratégia de produção de gordura implicava a extracção de gordura do tecido poroso nas extremidades dos ossos e vértebras dos membros. Os ossos eram partidos, depois fervidos em recipientes de couro, casca de árvore ou cestaria utilizando pedras aquecidas – um processo laborioso. John Speth acredita que a fervura com pedras e a extracção de gordura devem ter surgido pela primeira vez durante o grande aquecimento. A fervura produziria calorias não-proteicas, mas provavelmente insuficientes para uma dieta adequada.[14]

O aquecimento do clima e a maior sazonalidade quase de certeza provocaram períodos de *stress* nutricional que as pessoas tentaram compensar caçando animais menores que retinham níveis de gordura mais elevados durante a Primavera. Estas presas incluíam aves aquáticas, castores (valorizados pelas suas caudas gordas), porcos selvagens, larvas de insectos, mamíferos marinhos e alguns peixes. Parte considerável da bem documentada

O Longo Verão

mudança de consumo de animais de grande porte para o de animais pequenos durante esses milénios pode reflectir não só a crescente escassez de grandes mamíferos terrestres, mas também estas necessidades nutricionais.

O que salvou os Cro-Magnons foi o seu conhecimento do meio ambiente, e acima de tudo a sua mobilidade. Viviam agora quase inteiramente a descoberto, abandonando as suas cavernas e abrigos rochosos que ofereciam protecção nos longos meses de Inverno. Os animais de caça solitários, imprevisíveis, as caçadas na floresta durante os meses de Inverno, quando os rastos na neve tornavam mais fácil a aproximação furtiva, e as estações em que as matas de plantas comestíveis distavam muito umas das outras vieram a tornar imperativa a mobilidade e os territórios de caça muito maiores do que tinham sido em outros tempos. É por isso que apenas aparecem camadas de ocupação transitória em grandes abrigos como Laugerie Haute, e que a magnífica arte das cavernas das épocas anteriores foi esquecida. Os homens mudaram a sua vida espiritual para a superfície e levaram consigo os seus símbolos de crença.

Na ausência de arte rupestre, só podemos especular sobre essas crenças, pois quaisquer símbolos delas foram pintados ou talhados em madeira perecível, ou em cascas de árvore ou couro. Mas podemos estar certos de que ainda se respeitava alguns dos mais velhos, homens e mulheres de poder que intercediam entre o reino dos vivos e o mundo sobrenatural, que explicavam a ordem do mundo em canções, cânticos e transe. Podemos também ter a certeza de que o caçador ainda gozava de uma relação espiritual íntima com o auroque, o veado e outras presas que se escondiam nas clareiras e florestas. Os xamãs podem até ter preservado memórias colectivas de caçadas muito antigas, de bestas míticas que já não andavam no mundo e de Invernos frígidos que se prolongavam pelo Verão. Certos dados essenciais da existência humana continuavam imutáveis. Se o podemos deduzir pelas sociedades de caçadores-recolectores actuais, a vida espiritual durante o grande aquecimento foi tão poderosa e sofisticada como nos tempos áureos dos artistas rupestres. Por todo o lado homens e mulheres viviam a sua vida rodeados de forças invisíveis do reino sobrenatural, que providenciavam orientação e superioridade, davam forma à existência humana e ordenavam um mundo que mudava pouco de uma curta geração para a seguinte.

Os Cro-Magnons sempre caçaram com lança e arremessadores, que são excelentes armas quando utilizadas a pouca distância para abater renas migradoras. Tais instrumentos podem infligir feridas fatais quando manejadas por um especialista em caça de emboscada, mas são incómodos em floresta densa, onde a haste longa atinge ramos e vegetação rasteira. A dada altura, no fim da Idade do Gelo ou durante os primeiros estádios do grande aquecimento, quando as florestas começavam a desalojar a tundra, até então coberta de arbustos, alguns caçadores europeus desenvolveram uma nova arma de caça, muito mais letal – o arco e a flecha.([15])

O arco era um avanço tremendo sobre a lança e o arremessador. Permitia o disparo de um projéctil a uma velocidade de 100 quilómetros por hora, de longe mais rápido que o mais agressivo dos lançamentos de lança. Mais ainda, podia-se atirar até a 200 metros de distância e obter uma precisão notável entre 20 a 50 metros. Esse é o alcance óptimo, pois para além dessa distância a força de penetração diminui rapidamente.

Os primeiros arcos eram armas simples mas poderosas. Alguns arcos primitivos encontrados em pântanos escandinavos possuem uma corda de fibra ou couro, com 1,60 metros, capaz de impelir uma flecha através de pele dura de urso de uma distância de 50 metros. As flechas para essas armas, conservadas em charcos e pântanos empapados na Escandinávia, medem cerca de 90 centímetros de comprimento e um centímetro de diâmetro. Armada com uma ponta de pedra afiada como uma lâmina, a flecha, com junções, penas e tudo, pesaria cerca de um grama. Essas armas eram mortíferas nas mãos de um caçador e batedor suficientemente experimentado para se colocar ao alcance de um urso, veado ou outra presa de porte médio.

O Longo Verão

O arco era uma arma precisa que podia ser usada para matar ou ferir animais onde obstáculos como as árvores dificultavam uma tentativa de perto. Podia também usar-se para abater aves na água e em voo. Mas essa precisão dependia de minúsculas pontas de pedra, delicadamente fabricadas, com extremidades tão aguçadas que podiam penetrar no pêlo e num couro duro. Nos primeiros anos do século xx, o investigador Saxton Pope, da Universidade da Califórnia, foi caçar com Ishi, o famoso índio Yahi, utilizando apenas armamento tradicional.[16] Pope reparou que contra veados e pássaros as pontas de pedra são mais eficazes que as setas de aço. São muito mais aguçadas. Uma ponta de pedra trespassa a presa obliquamente, corta a pele e causa graves estragos aos órgãos que encontra. Acrescente-se uma segunda armação, com farpas, e a seta inflige uma ferida muito maior. As farpas mais eficazes formavam bordas laterais cortantes, especialmente eficazes quando se montavam várias delas na mesma haste.

O arco e a flecha desenvolveram-se a partir de tecnologias de caça mais antigas, cada vez mais sofisticadas, que podiam ser usadas contra animais grandes e pequenos. Mas o novo armamento requeria lâminas de pedra muito menores e grande quantidade de farpas e pontas diminutas. A tecnologia em si era bastante simples – uma questão de criar «núcleos» pequenos, muitas vezes cilíndricos, pedaços cuidadosamente moldados de sílex e outras rochas de textura fina, das quais se podiam fabricar dezenas de pequenas lamelas de tamanho mais ou menos padronizado.

A tecnologia evoluiu durante muitos séculos. Por volta de 10000 a.C., muitos bandos faziam extremidades de setas de formas diferentes, como o triângulo e o trapézio, para utilização com lanças dotadas de pontas de pedra. Logo toda a gente começou a empregar pontas de seta pequenas e pontiagudas. Dois mil anos depois, minúsculas lâminas de pedra eram seccionadas duas vezes para formar cabeças de flechas em forma de trapézio, dispostas transversalmente na extremidade da haste.

Os arcos e flechas tinham outras vantagens importantes. O caçador já não dependia de um único projéctil, mas transportava uma aljava cheia de flechas que pesavam menos que uma lança e arremessador. O arco e as flechas eram eficazes contra uma larga

A Europa durante o Grande Aquecimento

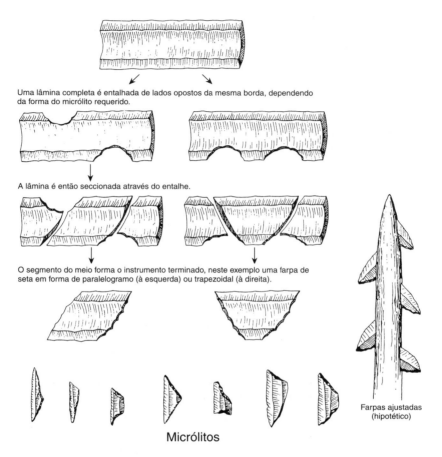

Tecnologia do micrólito. Várias farpas de setas letalmente aguçadas eram feitas a partir de minúsculas lâminas de sílex, entalhadas ou seccionadas. Eram ajustadas em ranhuras nas setas e lanças de madeira. Tamanho real.

variedade de animais e constituíam uma arma muito mais versátil. Lanças e arremessadores de lanças são altamente eficazes para a caça a curta distância, para dar uma estocada em renas ou cavalos selvagens durante deslocações em massa. São muito menos eficientes contra animais solitários e criaturas de menores dimensões, muitas das quais são alvos rápidos que proporcionam ao caçador apenas uma fracção de segundo para fazer pontaria e disparar.

O Longo Verão

Imaginemos um caçador com um arco na peugada de um veado vermelho numa floresta densa, ou a caçar esquilos muito acima, nas árvores. Ele pode manter-se a uma distância curta, esconder-se atrás dos troncos e da vegetação rasteira e de seguida apontar e atirar com muito mais facilidade. Um arqueiro experiente consegue abater um esquilo muitos metros acima e derrubá-lo. Acima de tudo, o arco e as flechas permitiram que pela primeira vez o caçador perseguisse aves em voo. Redes e perseguições ainda eram úteis contra coelhos, aves corredoras e aves aquáticas, mas um arqueiro podia rastejar a favor do vento nos caniços junto a um pequeno lago, usar talvez iscos realistas para atrair a sua presa, e então abater pássaros que, sem de nada suspeitar, se aproximassem. Se o disparo fosse bem planeado, a carcaça flutuaria suavemente até perto do caçador. Nenhuma lança podia abater um pássaro em voo, mas qualquer arqueiro com razoável perícia podia matar um, ou pelo menos atordoá-lo com uma seta veloz, matando-o depois quando caísse ferido no solo.

Somente no Norte, nas margens da tundra, persistia o velho modo de vida, mas com a vantagem da nova tecnologia de caça. Ali a rena continuava a ser um importante alimento básico, apanhado pelos caçadores quando alternava as pastagens de Inverno e as do Verão. O vale em túnel de Ahrensburg, na região alemã setentrional de Schleswig-Holstein, era um longo vale glaciário através do qual os rios corriam para o Elba, a sudoeste.[17] Um lago gelado pouco profundo e numerosos poços cobriam o terreno do vale, sendo lugares que as renas frequentavam no Outono e Primavera. O vale ficava no interior da fronteira mais meridional da derradeira capa de gelo da Idade do Gelo, e logo ficou destapada com o recuo do gelo. Quando lá chegaram os primeiros caçadores, por volta de 12000 a.C., a paisagem era tundra aberta, com poucas bétulas. A tundra prolongava-se para norte até à actual Copenhaga, mas as temperaturas sazonais eram bastante quentes, chegando aos 13°C em Julho, com as mínimas de Inverno nos -5°C. No período frio dos mil anos seguintes, as temperaturas caíram rapidamente e as condições subárcticas regressaram. Por essa altura, o vale em túnel ficava nos limites setentrionais da floresta, a qual abrangia a área do Vale do Elba para sul.

A Europa durante o Grande Aquecimento

Os caçadores de renas prosperaram durante o grande aquecimento, nos dez séculos de frio intenso e no período de aquecimento seguinte. Entre 10100 e 9900 a.C., bandos de caçadores juntavam-se no lago, onde matavam renas em grande número. Viviam no vale o ano inteiro, mas a caça em grande escala tinha lugar no Outono, quando as renas estavam gordas da pastagem estival. Na maior parte do ano, caçavam animais isolados. No Outono apanhavam animais migratórios quando se aproximavam do lago.

Antes da Segunda Guerra Mundial, o arqueólogo alemão Alfred Rust, que adestrara o seu ofício nas cavernas da Idade da Pedra do Próximo Oriente, fez escavações em sítios de Stellmoor e Meiendorf no lado meridional do lago do vale, com um orçamento reduzido, tendo vindo de bicicleta da Síria para a Alemanha quando os fundos se lhe acabaram. Em Meiendorf desenterrou caçadores de renas, que para matar as presas utilizavam arremessadores de lanças e dardos com extremidades de pedra, equipados com pontas de pedra engastadas. Mas alguns séculos mais tarde, os seus sucessores passaram a usar arcos e flechas.

Quando os magotes de renas se acercavam do vale, os caçadores interceptavam-nas na habitual passagem afugentavam-nas para uma extensão estreita, coberto de erva, entre o lago e o terreno circundante, mais elevado, usando setas leves com pontas de pedra. As renas progrediam para nor-nordeste e chegariam às margens do lago num ângulo agudo. Aqui teriam de atravessar o estreito lago ou subir para terreno mais alto. Os caçadores ficavam à espera, matando o maior número possível de animais em terra seca e depois atirando sobre os desnorteados sobreviventes quando estes tentavam cruzar o lago para salvar-se. Arqueiros agachados disparavam torrentes de setas umas atrás das outras. Rust e os seus cavadores recuperaram nada menos de 105 setas de pinho, primorosamente feitas, dos depósitos do lago, assim como ossos de rena exibindo as feridas reveladoras de setas afiadas como lâminas. O arqueólogo Bodil Bratlund estudou as lesões nos ossos e determinou que os caçadores atiravam sobre as suas presas mais ou menos do mesmo nível, retendo o disparo até os animais se encontrarem junto a eles, oferecendo o melhor

O Longo Verão

alvo.([18]) Eles lançavam as últimas setas quando os animais se encontravam fora de alcance, ferindo alguns retardatários nos flancos traseiros.

Mais para sul na floresta, o caçador laborava sozinho. Durante o auge da Última Idade do Gelo, muitos grupos Cro-Magnons haviam-se juntado em bandos maiores, sustentando-se das migrações relativamente previsíveis das renas e das corridas dos salmões. Mas a unidade social fundamental era sempre a família e a parentela, os antigos elos que ligavam as pessoas vivendo muito longe umas das outras, com obrigações complexas que passavam de geração em geração. Com o grande aquecimento os bandos dispersaram-se, pois a paisagem florestada nunca podia sustentar povoados grandes, a longo prazo, excepto onde abundasse o peixe e, mesmo aí, a vida sedentária exigia uma grande diversidade de alimentos previsíveis. Não houve grandes mudanças sociais com o fim da Idade do Gelo, apenas uma dispersão geral e uma confiança nas verdades eternas da sociedade de caçadores-recolectores: mobilidade constante, acidentes de caça repentinos, e a necessidade de recolher informação de longa distância quanto a reservas de alimentos.

5

A Seca de Mil Anos
11000 a 10000 a.C.

O selvagem mais rude, experiente como é nos hábitos dos vegetais comestíveis que recolhe, deve saber bem que se as sementes ou raízes forem postas num lugar adequado no chão, vão crescer.

SIR EDWARD TYLOR, *Anthropology*, 1881

Há quinze mil anos, os efeitos do frio da Idade do Gelo estenderam-se pelo coração do sudoeste asiático. Da Grécia ao Egipto, o Mediterrâneo oriental ficou sob a influência de ventos anticiclónicos de nordeste que sopravam das massas de alta pressão sobre as capas de gelo escandinavas e siberianas. Então, como hoje, havia precipitação sazonal, mas as condições eram consideravelmente mais secas: quando muito semi-áridas em muitas áreas entre a Turquia e o Vale do Nilo. O Nilo, ele próprio alimentado pelas enchentes das terras altas da África Oriental e da Etiópia, corria pelo menos seis metros acima do seu nível moderno e era mais estreito e menos profundo que o rio actual. Viviam nas suas margens apenas alguns milhares de pessoas, acampando na borda da água, pescando em lagoas rasas e procurando comida nas magras faixas de território ao longo dos

O Longo Verão

trechos de oásis numa paisagem hiper-árida. Uma população esparsa de caçadores-recolectores móveis, adaptados à vida semi-árida, florescia através do sudoeste asiático – ao longo da costa mediterrânica oriental, no vale da Jordânia e no interior árido, junto aos rios Tigre e Eufrates, e no planalto da Anatólia – onde quer que houvesse água e alimentos vegetais. Poucos grupos contavam mais de uma dúzia de pessoas, cada qual fixo às reservas permanentes de água que existissem.([1])

Grande parte dos bandos da Última Idade do Gelo vivia no Levante. Esta zona mais ocidental do sudoeste da Ásia abrange muitas paisagens, das vertentes meridionais das Montanhas Taurus na Turquia à fossa tectónica do Jordão e o terreno acidentado da península do Sinai, no sul. Os meios ambientes dividem-se em longas faixas norte-sul, começando pela zona costeira no oeste e terminando com os desertos no leste. Os caçadores passavam Invernos frios e húmidos, e Verões quentes e secos, que eram, tal como actualmente, mais secos no sul, do vale do Jordão para baixo. A biomassa mais rica ficava na zona costeira e a capacidade de ocupação humana da paisagem diminuía rapidamente para as zonas interiores.

Estas eram paisagens sazonais. As sementes abundavam de Abril a Junho, a fruta entre Setembro e Novembro. Por todo o lado florescia a gazela, um pequeno antílope do deserto. Havia também outros animais, incluindo o auroque, o veado e o javali selvagem. Aqui, como na Europa, os vegetais eram menos importantes do que viriam mais tarde a ser, simplesmente porque o clima era seco de mais.

Quando começou o grande aquecimento, os ventos de nordeste amainaram. Correntes de ar húmido do Atlântico e Mediterrâneo trouxeram mais precipitação. Condições mais quentes depois de 13000 a.C. contribuíram para um rápido aumento de florestas de carvalho ricas em bolotas, documentadas em amostras de pólen de antigos leitos lacustres no Irão oriental, vale do

A Seca de Mil Anos

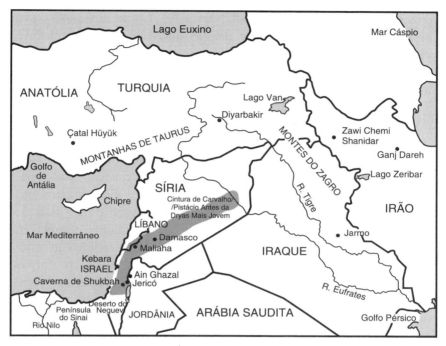

Mapa do Sudoeste da Ásia antes e durante a Dryas Mais Jovem, mostrando os principais sítios arqueológicos

Jordão e outros lugares. Pela primeira vez em milénios, a água de superfície era abundante; as nascentes de água doce forneciam amplas reservas para consumo em grande parte da zona. Bandos de caçadores mudaram-se para leste, entrando em terras até aí inabitáveis.

A arqueóloga Dorothy Garrod, da Universidade de Cambridge, foi a primeira a identificar essas pessoas numa escavação no Monte Carmelo no fim dos anos 20, no que agora é Israel. Chamou-os kebarenses devido à Caverna de Kebara, onde encontrou as suas diminutas farpas de setas e os raspadores de pedra que utilizavam para preparar as peles.([2]) Tal como os Cro--Magnons europeus, os kebarenses da Última Idade do Gelo tinham vivido principalmente da caça, em áreas com reservas aquíferas fiáveis. Com o grande aquecimento, percorreram uma vasta área desde o Levante até ao interior do deserto do Neguev e

O Longo Verão

o Sinai, até ao Eufrates e pela Anatólia. Eram um povo com grande mobilidade, que vivia em pequenos grupos e explorava vastos territórios de caça. Como os antigos californianos de tempos posteriores, tiraram partido de uma paisagem extremamente diversa de vales bem irrigados, colinas cobertas de carvalhos e planícies semi-áridas. Em algumas zonas os indivíduos podem ter-se dispersado para as terras altas no Verão, mudando-se no Inverno para cavernas e abrigos rochosos perto dos lagos das terras baixas. Os seus acampamentos de veraneio teriam sido pouco mais que abrigos temporários feitos de cardos, abandonados quando o grupo continuava em frente. O equipamento kebarense era de igual modo portátil, provavelmente não mais de uma dúzia de artefactos, muitos dos quais em madeira perecível. Tudo o que resta são milhares de pequeninos micrólitos geométricos, que serviram outrora como cabeças de setas ou farpas aguçadas como lâminas. A maioria dos bandos kebarenses caçavam gazelas e comiam poucos vegetais, excepto a baixas altitudes, onde cresciam alguns cereais selvagens.([3])

Com o aquecimento das temperaturas, os kebarenses passaram a comer oleaginosas e sementes, tal como o fizeram os descendentes dos Cro-Magnons na Europa, especialmente na zona florestal de carvalho e pistácio, mais bem irrigada, que agora se estendia do meio da bacia do Eufrates pela região de Damasco e depois pelo rio Jordão. Os sítios kebarenses nestas elevações agora mais altas contêm pilões e almofarizes, os instrumentos para preparar as sementes e oleaginosas para posterior armazenamento – procedimento essencial numa terra de chuvas sazonais e seca periódica. Por volta de 11000 a.C., quando os europeus se tinham habituado a um mundo privado de animais de grande porte da Idade do Gelo, os kebarenses tinham adoptado os vegetais como parte fundamental da sua dieta.

A cintura de carvalho e pistácio foi talvez a inspiração para a terra bíblica de leite e mel, onde se podia colher uma espantosa

A Seca de Mil Anos

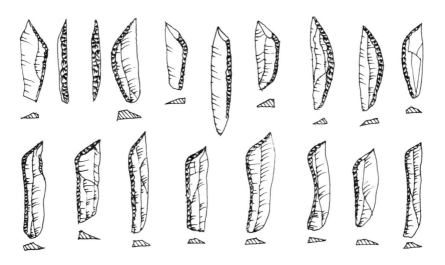

Instrumentos de pedra kebarenses. Tamanho real.

variedade de plantas comestíveis. Os povos que aí viviam favoreciam territórios situados em ecótonos, as fronteiras entre zonas ecológicas contíguas, onde podiam explorar alimentos diferentes em épocas diferentes do ano. Ao contrário dos seus antecessores, muitos bandos faziam agora uso de cavernas, possivelmente porque elas ofereciam abrigo da chuva e lugares onde os alimentos vegetais podiam ser conservados secos. Esses alimentos – as gramíneas selvagens da Primavera e do início do Verão, e as bolotas e pistácios do Outono – eram agora tão abundantes que muitos grupos não viviam em acampamentos temporários mas em comunidades permanentes muito maiores, onde construíram habitações substanciais, circulares, com telhados de colmo. Os arqueólogos chamam natufenses a esses descendentes dos kebarenses, devido a um *wadi* [leito seco de um rio] perto da Caverna Shukbah em Israel onde os seus artefactos foram descobertos por Dorothy Garrod em 1928.([4])

Nada há de particularmente distintivo nos instrumentos natufenses: os indivíduos contavam com as mesmas armas de caça simples dos seus vizinhos e antepassados. Mas uma olhadela aos

O Longo Verão

seus artefactos sublinha a importância dos vegetais nas suas vidas – foices com cabo de osso com lâminas de sílex afiado para cereais silvestres e numerosos almofarizes e pilões empregados para triturar nozes.

Todos os Outonos os natufenses colhiam milhões de bolotas e pistácios. Ambas as oleaginosas têm a vantagem de se guardar facilmente e conservar-se por dois anos ou mais, desde que ao abrigo de insectos e roedores. A colheita é simples – uma questão de abanar os ramos ou trepar às árvores para apanhar os frutos maduros.

O pistácio acastanhado é um membro da família do acaju, e é facilmente preparado, pois quando está maduro o fruto tende a cindir-se de um dos lados sem libertar a noz do interior. Uma pequena batida, ou mesmo os dedos, é o bastante para extrair o miolo pronto para consumir. As bolotas são outra história. A produtividade dos carvalhais pode ser espantosa, apesar de a safra das árvores individuais variar acentuadamente de ano em ano e de uma espécie para a outra. A farinha de bolota foi um alimento básico importante em muitas partes do mundo durante a Antiguidade, e ainda era importante na Europa do século XIX. Infelizmente, é difícil encontrar dados sobre a produção das colheitas, mas nas montanhas da Costa Norte Californiana não eram invulgares colheitas de 590 a 800 quilos por hectare. Produções como essa podiam sustentar 50 a 60 vezes *mais* gente do que a que existia na área à data dos primeiros contactos com os europeus. As bolotas são nutritivas, contendo até 70 por cento de hidratos de carbono, cerca de 5 por cento de proteínas, e entre 4,5 e 18 por cento de gorduras. Têm uma desvantagem fundamental: a sua preparação exige um trabalho intenso. Descascá-las e pulverizá-las leva horas, muito mais que moer sementes de cereais. Mesmo depois o miolo não é comestível, porque as bolotas contêm ácido tânico, amargo, que tem de ser filtrado pondo-as de molho com um cuidado demorado antes de cozinhar.[5]

Bolotas e pistácios produziam excedentes alimentares mais que suficientes para permitir às comunidades natufenses permanecerem no mesmo lugar durante períodos longos. Mas havia um preço para esse excedente – um grande gasto de trabalho diário. Uma vez, na Califórnia, o antropólogo Walter Goldschmidt

A Seca de Mil Anos

observou uma mulher a triturar três quilos de bolotas em três horas. Ela empregou mais quatro horas a filtrar a farinha passando-o por água. Após sete horas, terminou com 2,6 quilos de farinha comestível, o bastante para alimentar a sua família durante vários dias. Por outro lado, um caçador consegue esfolar e cortar um veado em poucos minutos. A caçada pode levar mais tempo que a colheita da bolota, mas a preparação da comida é muito mais simples e rentável. Quando as bolotas se tornaram um alimento básico, a vida comunitária mudou profundamente.([6])

Embora a colheita de oleaginosas deva ter sido feita por homens e mulheres, o trabalho de as guardar e preparar coube inteiramente a elas. Durante milhares de anos os homens haviam caçado enquanto as mulheres colhiam e preparavam cereais e outras plantas. Essa preparação era demorada, mas nada que se comparasse ao tempo necessário para as bolotas. Triturar e demolhar bolotas para consumo diário regular implicava um salto em frente no trabalho feminino, até estarem agrilhoadas aos seus pilões e almofarizes, assim como aos seus recipientes. Depois de dezenas de milhares de anos de mobilidade sem entraves, os natufenses estavam agora presos a acampamentos de longa duração pelas suas colheitas de bolotas. Mas com colheitas relativamente previsíveis e bons recipientes para conservá-las, esse povoamento mais ou menos permanente era inteiramente exequível.

A monótona percussão dos pilões e almofarizes devia-se ouvir pelos povoados natufenses na maior parte dos dias do ano, do interior da aldeia e dos afloramentos contíguos, onde buracos na rocha serviam o mesmo objectivo. Tendo reservas de comida abundantes e armazenáveis, as comunidades natufenses cresceram rapidamente. O sítio de Mallaha no vale de Hula em Israel ocupava mais de um quilómetro quadrado, uma área muito maior do que outro acampamento anterior de caçadores-recolectores, em qualquer lado.([7]) Os habitantes faziam um enorme investimento de trabalho na construção de socalcos nivelados para as suas casas nas encostas da colina, misturando gesso fino para as paredes e escavando silos subterrâneos. Locais como Mallaha eram aldeias permanentes, ocupadas durante muitas gerações.

O Longo Verão

Como o sabemos? Porque um modesto animal, um roedor, sai dos bastidores para fornecer a prova definitiva de um povoamento mais permanente. O rato doméstico, *Mus musculus*, surge em grande número nos depósitos de lixo de Mallaha, juntamente com ratazanas e os restos de pardais, todos eles animais intimamente associados com a ocupação humana prolongada e lares solidamente implantados.

Às vezes a população mudava-se para paradouros sazonais a fim de colher cereais e oleaginosas ou tomar parte em grandes caçadas à gazela. Curiosamente, Mallaha e outras grandes povoações natufenses estão cheias de ossos de gazelas imaturas, facto normal quando os caçadores matavam antílopes que se reproduzem todo o ano, como é o caso das gazelas sob circunstâncias ambientais favoráveis. Mas o sustentáculo da vida natufense era a colheita de bolotas e pistácios, mantida pelas condições mais brandas do grande aquecimento. Combine-se a colheita de oleaginosas com a queima sistemática de silvado e ervas para estimular novo crescimento e atrair animais de caça, e temos os elementos de uma paisagem cuidadosamente gerida.

A exploração intensiva de vegetais prendia os natufenses aos pomares de oleaginosas e ás áreas cerealíferas de uma forma inimaginável na Idade do Gelo. As suas aldeias permanentes estavam a uma grande distância dos bandos altamente flexíveis e móveis de épocas anteriores, ou dos grupos do deserto, seus vizinhos. No início a experiência correu bem. As novas povoações, maiores, desenvolveram-se e expandiram-se durante muitas gerações. Graças à cintura de carvalho e pistácio as populações aumentaram rapidamente. Logo os vizinhos restringiram o território de cada grupo à medida que a paisagem era preenchida, criando potencial para conflitos em torno dos terrenos de oleaginosas e outros alimentos, em especial nos anos de seca.

Inevitavelmente, uma população em rápido crescimento sobreexplorou o que ainda era, ecologicamente falando, um meio ambiente pouco produtivo, excepcionalmente vulnerável a mudanças climatéricas, mesmo que pequenas. Alguns bandos expandiram-se para terras mais secas, ainda menos produtivas. O cenário estava pronto para uma crise grave. Por volta de 11000 a.C. a crise chegou, numa série de secas intensas que duraram várias gerações.

A Seca de Mil Anos

Possuímos um registo notavelmente completo dos primeiros sintomas desta crise, a partir de uma povoação com uma ocupação longa, junto ao rio Eufrates na Síria.

Nos anos 70 o governo sírio empreendeu um plano hidroeléctrico ambicioso para aproveitar as águas do Eufrates, um projecto que envolvia a construção da Barragem de Tabqa através do rio e a criação do lago Assad. A inundação ameaçava muitos sítios arqueológicos, entre os quais um aterro com 11,5 hectares de ocupação chamado Abu Hureyra.[8] Felizmente para a ciência, o arqueólogo britânico Andrew Moore pôde examinar as profundezas da antiga aldeia antes de esta ser inundada. As suas escavações meticulosas fazem a crónica das cruéis dificuldades que assaltaram os natufenses e os seus contemporâneos durante a Dryas Mais Jovem.

Abu Hureyra principiou por volta de 11500 a.C. como uma pequena aldeia de casas simples parcialmente escavadas no chão, com tectos de ramos e camadas de juncos suportadas por postes de madeira. Moore escavou as casas com o maior cuidado, distinguindo o solo mais duro, intacto, do preenchimento mais fofo dentro das depressões das cabanas. Depósitos de cinza espessa e terra arenosa representavam gerações de ocupação doméstica, que Moore e os seus colegas examinaram a pente fino. Passaram depois grandes amostras por água numa máquina de flotação, que separou milhares de minúsculas sementes e outros restos de plantas, assim como espinhas de peixe e pequenas contas, da sua matriz circundante.

Graças à máquina de flotação, Moore adquiriu 712 amostras de sementes, cada uma com perto de 500 sementes de mais de 150 plantas comestíveis diferentes. Isso permitiu ao botânico Gordon Hillman reconstituir os hábitos de recolha de plantas de uma aldeia de há 13 000 anos, situada num lugar estratégico. Mais abaixo encontrava-se a planície aluvial do bem irrigado Eufrates, enquanto acima uma estepe de prado afastava-se do povoado, como sucede hoje. Florestas abertas de carvalhos, pistácio e outras árvores de oleaginosas ficam a uma curta distância a pé. Hoje

O Longo Verão

teríamos de caminhar pelo menos 120 quilómetros para oeste a fim de encontrar a floresta mais próxima.

Sabemos que a floresta ficava muito mais perto em 11500 a.C., porque Hillman encontrou caroços de fruta e sementes de lódão-bastardo, ameixoeira e nespereira nas amostras botânicas da povoação, assim como asfódelos de flor branca, outra planta que floresce nas mesmas florestas. Ninguém poderia ter aproveitado esses frutos florestais em escala alguma a menos que estivessem à mão. O pistácio abundava na aldeia. Hoje os pistácios mais próximos encontram-se nas terras altas, a 90 quilómetros. Hillman crê que as pistácias cresceram outrora em compridas fileiras em socalcos baixos do rio temporário a pouca distância da aldeia.

Durante a Primavera e o Verão, os habitantes tinham acesso fácil ao trigo e a duas espécies de centeio, cereais silvestres que cresciam nos limites dos carvalhais e serviam como importantes alimentos básicos. Hoje, em condições favoráveis, esses cereais não cresceriam a menos de 100 quilómetros do local.

Durante cinco séculos a população de Abu Hureyra dispôs não só de grande profusão de plantas facilmente aproveitáveis à mão de semear, como também uma reserva segura de carne. Oitenta por cento da carne provinha de gazelas do deserto. Os caçadores não se davam ao trabalho de abater animais individuais. Em vez disso, eliminavam manadas em massa, matando animais de todas as idades, incluindo os mais jovens, durante algumas semanas no início do Verão, quando as gazelas se deslocavam para o vale fluvial a norte, em busca de pastagens luxuriantes. Às vezes massacravam manadas inteiras.

Todas essas fontes de alimento – migrações de gazelas, apanhas de cereais na Primavera, e a abundância de oleaginosas no Outono – deram à população de Abu Hureyra uma dieta relativamente previsível, um conjunto estreitamente ligado de alimentos facilmente acumuláveis que lhes permitia habitar o mesmo local durante gerações. A precipitação variava de ano para ano, mas em geral as condições climatéricas eram altamente favoráveis. Em anos abundantes, os seus silos continham comida suficiente para ajudá-los durante uma seca temporária ocasional, ou insucesso da colheita de oleaginosas. Mas a sua dependência de

A Seca de Mil Anos

alimentos que exigiam trabalho intenso tornou quase impossível para todos, excepto algum destacamento de caça ou uma família que colectasse vegetais, deixar a aldeia durante qualquer período de tempo. Tendo esquecido de há muito a mobilidade dos kebarenses, a capacidade dos povos de Abu Hureyra de se adaptar a condições muito mais secas ficou limitada. Tinham passado um limiar de vulnerabilidade ambiental.

Depois de 11000 a.C., as estratégias clássicas de flexibilidade e mobilidade social já não bastavam, não só para os habitantes de Abu Hureyra, mas também para milhares de pessoas a viver noutras partes do sudoeste da Ásia. As pessoas já não podiam mudar-se simplesmente para localidades melhor irrigadas, ou recuar para outras menos favorecidas. Em muitas partes do Crescente Fértil, viviam em paisagens populosas, ainda que produtivas, em povoados ocupados durante muitas gerações, no interior de territórios onde outros se amontoavam nas imediações e onde as fronteiras eram rigorosamente definidas – talvez por um leito fluvial ou pela borda de um vale, um carvalhal, ou um rio temporário seco. A própria continuidade dessas comunidades, as suas fortes raízes nas zonas de cereais silvestres ou carvalhos, foi criada não tanto pelo crescimento populacional, mas pelas mulheres e as suas actividades de preparo dos alimentos. Esse trabalho dava de comer a muito mais pessoas, mas tinha um custo – a perda de mobilidade, de uma flexibilidade social que era tão antiga como a própria humanidade. Os novos acampamentos principais permanentes eram extremamente vulneráveis a mudanças climatéricas súbitas, especialmente aos ciclos de seca maiores.

Esta perda de mobilidade não foi um resultado da agricultura, como geralmente se crê, mas uma consequência de dois mil anos de maior precipitação a partir de 13000 a.C. Um conjunto de circunstâncias únicas levou um número relativamente pequeno de bandos de caçadores-recolectores como o de Abu Hureyra a uma relação completamente nova com o seu meio ambiente e com os outros. Nós, seres humanos, somos como aranhas, agindo dentro de teias invisíveis que tecemos: teias de interacção entre elas próprias e mundos de significado cujos horizontes definem a acção, a experiência e a memória. A teia havia-se conservado essencialmente idêntica durante dezenas de milhares de anos. Agora era diferente. Pela primeira vez as pessoas viviam lado a lado em povoações apinhadas, não durante poucas semanas, mas gerações a fio. Mesmo que quisessem, não podiam mudar-se. As relações entre famílias, entre parentes, entre novos e velhos, tornaram-se infinitamente mais complexas. O mesmo aconteceu com as rela-ções espirituais das pessoas com a sua terra e com os carvalhais, pistácias e áreas cerealíferas que os seus antepassados tinham explorado antes deles, e que os seus descendentes iriam por sua vez receber. Estas primeiras aldeias desenvolveram sociedades que prefiguraram as comunidades agrícolas que algumas gerações mais tarde se espalhariam rapidamente ao longo do sudoeste asiático.

Então, por volta de 11000 a.C., uma seca prolongada e cada vez mais severa abateu-se sobre Abu Hureyra, desencadeada por um dramático acontecimento geológico a milhares de quilómetros, na América do Norte.

Mil anos antes, a subida da água do Lago Agassiz sobrepôs-se à capa de gelo Laurentídea em recuo, ganhando-lhe 1100 quilómetros. Na sua extensão máxima, o lago cobriu partes do Manitoba, Ontário e Saskatchewan no Canadá, e do Minnesota e Dakota do Norte, nos Estados Unidos. Uma saliência meridional da Laurentídea, conhecida por Lobo Superior, formou a sua margem oriental. Esta península de gelo impedia que as águas do lago irrigassem, a partir do leste e na direcção sul, o que é agora o vale do rio São Lourenço.

O Lago Agassiz era o maior dos muitos lagos resultantes do degelo situados ao longo das margens meridionais da capa de gelo Laurentídea. O lago sustentava moluscos que se davam bem com o frio, que prosperavam em águas de temperatura à volta de cinco graus, e era um tamanho reservatório de água que exercia uma profunda influência no clima da capa de gelo circundante. A superfície fria do lago provocava uma corrente mais

A Seca de Mil Anos

Lago Agassiz

forte para o sul, a partir dos perenes centros de alta pressão localizados sobre o gelo a norte. Essa corrente, por sua vez, impedia os ventos mais quentes e a chuva do sudoeste. Como resultado, a Laurentídea recebia uma precipitação mínima. A combinação de aquecimento global e escassa acumulação de neve significava que as margens da capa de gelo, e o Lobo Superior, recuaram inexoravelmente. O Lago Agassiz foi crescendo, inchado por água glacial, de degelo. Por volta de 11000 a.C. as suas águas expandiram-se tanto para leste que quase contornaram a borda sul do lobo.

A subida continuou. Um minúsculo regato de água doce cresceu ao longo do lobo esvaziado e das suas morainas, entrando

O Longo Verão

pelo que é hoje o Lago Superior. O regato logo se tornou um curso de água estreito, atalhando rapidamente para o terreno mole. Em breve o jorro se transformou numa torrente impetuosa, e depois num dilúvio. Uma enorme inundação de gelo glaciar derretido irrompeu pelo rio São Lourenço. Em alguns meses, talvez semanas, o Lago Agassiz deixou de existir, excepto na forma de uns poucos restos, como o actual Lago Winnipeg.

Durante meses a imensa erupção de água doce correu para o Mar de Labrador. O gelo derretido do Agassiz flutuou acima da densa e salgada Corrente do Golfo, formando uma tampa temporária que impediu eficazmente a água quente de arrefecer e baixar. Como um interruptor eléctrico, as águas fugitivas do Lago Agassiz desligaram a esteira transportadora do Atlântico. Investigações recentes também sugerem que o gelo derretido do Antárctico pode ter tido um papel importante, mas exactamente qual continua a ser matéria controversa.[10]

Durante dois mil anos, desde o fim do Heinrich 1, o *downwelling* de água salgada no sul do Mar de Labrador e ao largo da Islândia havia impulsionado para norte e leste a água quente da Corrente do Golfo, mantendo a Europa alguns graus mais quente do que todas as latitudes equivalentes. Agora a circulação do Atlântico conhecia uma paragem súbita. Em poucas gerações as temperaturas desceram rapidamente, e mais uma vez as capas de gelo escandinavas expandiram-se. Em pouco tempo formou-se uma calota glaciar marítima, impedindo que a Corrente do Golfo arrancasse novamente, ajudando a desencadear um regime climatérico de frio intenso na Europa.

Os climatologistas chamam a este evento que durou mil anos Dryas Mais Jovem, do nome de uma pequena flor polar então muito abundante, cujo pólen está muito presente nos depósitos encharcados da altura. Centenas de datações por radiocarbono cuidadosamente calibradas situam o evento entre cerca de 11500 a 10600 a.C.

Mudanças climatéricas impressionantes propagaram-se pela Europa. Os Países Baixos viram as temperaturas de Inverno cair regularmente para menos de vinte graus negativos. Podia haver neve em qualquer altura de Setembro a Maio, enquanto os Verões eram frescos, com 13 e 14 graus de média. Através de grande parte da Europa, a cobertura florestal retraiu-se, para ser substituída pela *Artemisia* e outros arbustos típicos de condições severas de frio. Flutuações drásticas de temperatura, largas oscilações climatéricas anuais e intensas tempestades de Inverno castigaram a Europa.([11]) Núcleos lacustres do sul da Suécia denotam um arrefecimento rápido no começo da Dryas Mais Jovem, cerca de 11000 a.C., seguida de um aquecimento muito gradual.

O frio manteve-se por dez séculos. Depois, tão abruptamente como se interrompera, a Corrente do Golfo começou de novo. Simulações por computador executadas sobre alterações ambientais nos Países Baixos sugerem que o aquecimento recomeçou depois de uns meros cinquenta anos. Talvez uma série de Verões invulgarmente quentes tenha derretido o gelo sobre a água doce, agora a diminuir. Ou possivelmente uma evaporação de vapor de água no Atlântico tropical, longe das capas de gelo, causou um tal aumento da água salgada que o *downwelling* recomeçou nas bordas da zona de gelo. A circulação retomada teria calmamente corroído a capa de gelo.

Muito para ocidente, no Canadá, as águas do Lago Agassiz haviam evaporado, originando alguns lagos menores, e com elas desaparecia o obstáculo à progressão da chuva para norte até ao remanescente da capa de gelo laurentídea. Depois de aproximadamente um milhar de anos, uma outra investida do gelo na Bacia Superior bloqueou novamente a bacia do São Lourenço, dando origem a um novo lago.

As condições glaciares renovadas a norte e o desligamento da circulação atlântica tiveram um efeito climático imediato muito para sudoeste, na Anatólia e no Levante. As condições anticiclónicas mais frias da Última Idade do Gelo regressaram, embora de uma forma um pouco menos intensa. Uma seca dura e prolongada tombou sobre o sudoeste da Ásia durante dez séculos.

A seca afectou Abu Hureyra quase imediatamente.([12]) Em cerca de 11000 a.C., a população parou de recolher frutos e

O Longo Verão

oleaginosas da orla da floresta, talvez porque os pomares já não estivessem próximos da povoação. Ao mesmo tempo, concentraram-se cada vez mais nos cereais silvestres, incluindo o avencão e as sementes de asfódelo. Gordon Hillman, que estudou a flora de Abu Hureyra, assinala que essas sementes e plantas prosperavam à medida que as margens da floresta recuavam perante a seca prolongada. Ao mesmo tempo que a canópia da floresta diminuía, as gramíneas rasteiras recebiam mais luz solar.

Quatrocentos anos depois, em 10600 a.C., o asfódelo e os grãos de cereal silvestre desapareceram de Abu Hureyra. Mesmo os frutos de pistácio são menos comuns. Claramente a paisagem circundante já não podia sustentar uma tão densa população das aldeias. As amostras botânicas revelam que os habitantes em desespero recorreram a alimentos menos agradáveis, como os trevos resistentes à seca e aos medos, muito pouco nutritivos e que exigiam uma preparação muito mais demorada antes do seu consumo para eliminar as toxinas. Toda a gente tinha de trabalhar muito mais para obter alimentos básicos, e tinha de comer um leque de vegetais muito mais amplo. Até plantas de fundo de vale escassearam, como se o Eufrates agora só raramente inundasse as suas margens.

Tal como muitos outros povoamentos do sudoeste asiático, Abu Hureyra fica numa região onde alterações nos padrões de precipitação, mesmo que pequenas, podiam desencadear enormes mudanças na vegetação. Com a passagem do tempo, a paisagem foi-se tornando cada vez mais seca e as florestas ficaram fora do alcance de uma viagem a pé, mesmo que proporcionassem colheitas económicas em campos circundantes. As áreas de oleaginosas podem também ter ficado em territórios vizinhos fora dos limites, numa altura de intensa competição por alimentos. Não há sinais de conflito armado, como baixas de guerra nos cemitérios locais; aparentemente só uma aceitação resignada de a comida ser escassa e uma maior dependência do parentesco para ajudar a enganar a fome.

A princípio a população adaptou-se às condições mais áridas recorrendo a gramíneas de semente pequena e outros alimentos substitutos. Cerca de 10000 a.C., deram o lógico passo seguinte – tentar cultivar cereais para ampliar a colheita silvestre. As pri-

A Seca de Mil Anos

meiras sementes domesticadas surgem na aldeia – centeio, espelta (uma variedade de trigo grosseiro) e lentilhas – mas não eram suficientes para alimentar a todos. Depois de anos de uma vida confortável, a aldeia crescera para talvez trezentos ou quatrocentos habitantes, densidade populacional muito além dos constrangimentos exigidos por uma existência móvel. Uma povoação permanente como Abu Hureyra já não era viável na ausência de colheitas de oleaginosas e perante uma seca severa que tornava raros mesmo os alimentos menos agradáveis. Podemos imaginar os meses frios de Inverno, famílias com fome amontoadas nas suas habitações, com pouca lenha e numa zona árida já sem floresta. Apesar das experiências com cereais, Abu Hureyra era uma comunidade sob pressão da seca prolongada. Poucas gerações depois do início das experiências, a aldeia foi abandonada. Não temos maneira de saber se o abandono foi deliberado ou gradual. Mas com os parentes incapazes de providenciar socorro, as reservas de alimentos a desaparecer e nenhum fim à vista para o estado de seca, a velha estratégia da mobilidade foi a única alternativa, a despeito das contrariedades.

Abu Hureyra tem um dos mais antigos registos de cultivo de cereais do mundo, mas não foi o local das primeiras experiências do género, que ocorreram a alguma distância dali. Nos anos 20 o egiptólogo Henry Breasted, da Universidade de Chicago, cunhou um termo memorável, Crescente Fértil, para o grande arco do sudoeste asiático onde a agricultura e a civilização começaram primeiro. Uma das extremidades fica no vale do Nilo, a outra no sul da Mesopotâmia, para além dos rios Tigre e Eufrates. No meio, o crescente forma um arco pelo Levante e o vale do Jordão, o sudeste da Turquia, e através dos planaltos iranianos e o norte do Iraque. A caracterização perspicaz de Breasted resistiu à prova do tempo.

Espécies de plantas silvestres ancestrais de algumas das culturas mais úteis do mundo floresciam dentro do Crescente Fértil, e ainda o fazem hoje. Tal como os auroques e javalis, cabras selvagens e ovelhas. Uma vez domesticada, esta notável diversidade de plantas e animais úteis proporcionou aos recolectores tornados agricultores uma fonte equilibrada de matérias-primas

O Longo Verão

como a fibra vegetal e animal, o óleo e o leite e, por fim, os meios de construir os transportes.

Mas onde, nessa imensa área, se domesticaram os primeiros cereais? Há mais de um quarto de século, o agrónomo Jack Harlan da Universidade de Illinois estudou culturas de espelta selvagem nas Montanhas Karacadag da Turquia oriental. Recolheu espelta à mão com tamanho sucesso que pôde demonstrar que um pequeno grupo familiar podia juntar em três semanas cereal silvestre suficiente para se sustentar durante um ano.[13] Enquanto os natufenses a sul recolhiam quer cereais quer oleaginosas, os ainda desconhecidos caçadores-recolectores de Karacadag sobreviviam de espelta selvagem, o antepassado do trigo domesticado actual. Seleccionando cuidadosamente as plantas mais produtivas, modificaram involuntariamente, em poucas gerações, os genes da espelta. Sabemo-lo pela investigação de ADN do geneticista norueguês Manfred Heun e seus colegas. Ao analisar o ADN de 68 estirpes de espelta cultivada (*Triticum monococcum monoccocum*) e de 261 famílias de espelta selvagem (*Triticum monococcum Boeoticum*) que ainda crescem no sudoeste asiático e em outras regiões, puderam identificar um grupo geneticamente distinto de 11 variedades selvagens que eram muito similares à espelta domesticada.[14] Essas são, presumivelmente, as antepassadas distantes do trigo actual. Esse grupo selvagem particular cresce perto da moderna cidade de Diyabakir, próxima das Montanhas Karacadag. Essa geografia não prova, é claro, que as pessoas que aí viviam foram os primeiros agricultores, mas os sítios arqueológicos da zona contêm de facto as sementes das variedades selvagem e domesticada da espelta.

A espelta domesticada é geneticamente semelhante à versão selvagem. A linhagem ancestral é até mais próxima do tipo selvagem: as duas variedades distinguiam-se por diferenças em *loci* genéticos. Essas poucas alterações, resultantes de ciclos repetidos de sementeira, desenvolvimento e recolha de espelta selvagem com foices de lâmina de pedra tiveram um enorme valor para os agricultores. As sementes mais pesadas e as massas mais densas das sementes contribuíram para uma cultura domesticada mais produtiva. A maior resistência da ráquis, o eixo que une a semente e o caule, permitiu aos agricultores apanhar a colheita

A Seca de Mil Anos

madura quando queriam, em vez de programarem a apanha para o momento breve em que as sementes caíam ao chão ou podiam ser sacudidas para um cesto de recolha. É provável que os primeiros lavradores tenham exercido uma forte pressão selectiva sobre o genoma do trigo. Gordon Hillman e Stuart Davis desenvolveram um modelo matemático ao recolher, à mão e por outros processos, torrões de espelta selvagem na Turquia oriental, e usando seguidamente os números da produção e das perdas para calcular a quantidade de tempo necessária para que toda a cultura adquirisse a ráquis resistente do trigo domesticado.[15] Descobriram que se a cultura fosse colhida num estado de quase amadurecimento, com foices de lâmina de pedra (encontradas com frequência nos primeiros locais agrícolas) ou simplesmente puxando o caule pela raiz, então a domesticação completa teria sido conseguida em apenas vinte a trinta anos. Mas se as culturas fossem colhidas menos amadurecidas, o processo teria sido mais demorado, talvez dois ou três séculos.

A espelta foi domesticada muito rapidamente na Turquia oriental, tal como o grão-de-bico e a ervilhaca amarga. A cevada, o trigo *emmer*, as ervilhas, as lentilhas e o linho foram domesticados num período muito curto no resto do Crescente Fértil. Outro cereal silvestre, o *Aegilops squarrosa*, cresce nas margens do Mar Cáspio. Quando este cereal se hibridizou com o trigo *emmer* domesticado que se expandia para oriente a partir do Crescente Fértil, o resultado foi o trigo de pão, a mais valiosa de todas as culturas antigas. Como a espelta, essas culturas precisavam de poucas mutações genéticas para se tornar domesticadas, um processo que ocorria quase como efeito colateral de uma estratégia local para enfrentar secas longas e duras.

Todos os caçadores-recolectores sabiam que as sementes germinavam quando enterradas ou lançadas em terreno húmido. Logo, era um passo lógico espalhar sementes para aumentar áreas naturais de cereais silvestres, na esperança de obter mais grãos. Obviamente, é irrelevante procurar o primeiro grão domesticado ou a primeira foice com lâmina de pedra. Mas sabemos o suficiente para ter a certeza de que a transição foi rápida. No período de poucas gerações, o hábito do plantio e colheita repetidos modificou a composição genética dos cereais silvestres e alterou o curso da história. As secas selvagens da Dryas Mais Jovem foram quase certamente o propulsor da mudança.

Deixámos Abu Hureyra por volta de 10000 a.C., abandonada pelos seus habitantes numa altura de agravamento da seca. Não sabemos o destino deles; podemos somente conjecturar que se dispersaram por povoados menores, próximos de reservas de água fiáveis – em oásis naturais – onde se podia encontrar alimentos. Aí podem ter continuado a plantar cereais para suplemento da sua dieta de plantas silvestres. Após algumas gerações, à medida que as hortas cultivadas começaram a produzir safras maiores que as das áreas de gramíneas selvagens, esta estratégia ocasional transformou-se em agricultura qualificada. Quando o aquecimento se reiniciou no final da Dryas Mais Jovem, a agricultura era a base da vida. Por volta de 9500 a.C., um povoamento novo e muito diferente ergueu-se no aterro abandonado.

Esta nova Abu Hureyra era uma aldeia muito maior, uma comunidade estreitamente ligada de casas de argila rectangulares de um piso, separadas por ruelas e pátios apertados. A população dependia quase completamente da agricultura de cereais. Até que ponto era dependente é-nos demonstrado pelo estado dos ossos das mulheres.([16]) Todos os dias as mulheres da comunidade passavam horas de joelhos, curvadas sobre as mós, os dedos dos pés flectidos. Usavam o peso do corpo para moer o grão, e os dedos dos pés eram a base para executar o movimento. As horas de moagem no pilão causavam uma enorme tensão nos joelhos, pulsos e zona lombar. Inevitavelmente, muitas mulheres desenvolviam artrites nas costas, ossos dos dedos dos pés deformados e outras mazelas do trabalho repetitivo, ao passo que os homens não. Mas os esqueletos, quer de homens quer de mulheres, revelam vértebras superiores alargadas, resultado do hábito de levar cargas pesadas à cabeça.

A Seca de Mil Anos

Não era novidade alguma as mulheres colherem e confeccionarem vegetais. A julgar pelas sociedades de caçadores-recolectores actuais, era o que as mulhesres faziam enquanto os homens caçavam e pescavam. A vida na nova Abu Hureyra manteve essa divisão básica do trabalho. Os homens caçavam gazelas, cuidavam do gado e pescavam. Talvez ajudassem a limpar a terra agrícola. Mas plantar, mondar e colher estavam entregues às mulheres, assim como a trabalhosa incumbência de preparar o grão e as oleaginosas lhes coubera na aldeia antiga. A tarefa agora muito mais onerosa de preparar a comida prendia as mulheres aos povoados permanentes e punha um travão na mobilidade contínua que havia caracterizado as sociedades de caçadores-recolectores durante milhares de anos.

Nos primeiros setecentos anos do segundo povoamento de Abu Hureyra, os homens continuaram a caçar gazelas às centenas a cada Primavera, como os seus antepassados. Por volta de 9000 a.C., a comunidade mudou bruscamente para o pastoreio de cabras e ovelhas. Não sabemos o porquê dessa mudança. Talvez tenha sido o resultado da caça excessiva. Mas as necessidades dos rebanhos maiores juntaram uma dinâmica nova ao ritmo da vida quotidiana. Por mais dois a três mil anos, a população de Abu Hureyra viveu por sobre o aterro da sua antiga cidade, agrilhoada aos campos e pastagens que os seus antepassados haviam cultivado. Aqui e noutros lugares do sudoeste asiático, os elos entre os vivos e os mortos foram fortalecidos. A vida girava como sempre ao redor do ciclo imutável das estações, mas agora o plantio e a colheita, a vida e a morte, ocorriam num mundo onde os antepassados de alguém eram os guardiães da terra e os intermediários entre a geração actual e as temidas forças sobrenaturais que traziam a chuva ou a seca, a vida ou a morte.

Abu Hureyra estava longe de ser um caso único. As mesmas experiências tiveram lugar em dúzias de aldeias, grandes e pequenas, sem dúvida ajudadas pelo velho costume da troca de informações entre os viajantes, acerca de recursos alimentares, e da mexeriquice sobre quem estava a fazer o quê. Lares individuais e comunidades inteiras tentaram cultivar plantas silvestres para aumentar a produção das colheitas. Inevitavelmente os cultivadores desencadearam mudanças genéticas no *emmer*, centeio e

O Longo Verão

outras plantas que num período de poucas gerações transforma-
riam os recolectores em agricultores. E quando o interruptor do
Atlântico distante se abriu novamente, cerca de 9500 a.C., e a
Corrente do Golfo recomeçou o seu fluxo, as novas economias
propagaram-se rapidamente muito para além de algumas centenas de comunidades no sudoeste asiático e revolucionaram a vida
humana – no fundo tudo porque o Lago Agassiz galgou as suas
margens.

• PARTE DOIS •

Os Séculos do Verão

É quente de mais o olhar do céu às vezes
E de amiúde a tez dourada lhe esmorece;
E todo o encanto um dia emurchece
Por acaso, ou no decurso errante do destino sem freio;
Mas o teu Verão eterno não cessará...

WILLIAM SHAKESPEARE, Soneto 18

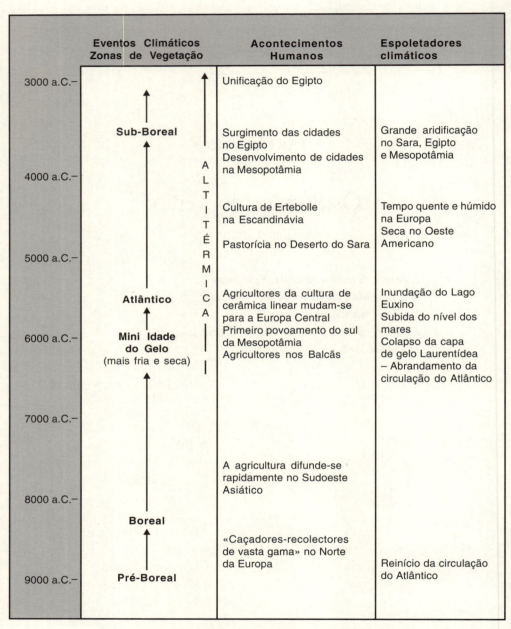

Tabela 2 mostrando acontecimentos climatológicos e históricos principais

6

O Cataclismo
10000 a 4000 a.C.

Mar algm em que o viajante vomite
Levanta piores vagas que o Euxino.

BYRON, *Don Juan*, v.5

A cada Outono os agricultores em Abu Hureyra e em dezenas de outras comunidades do Vale do Jordão escrutinavam nos céus a ocidente os primeiros sinais de nuvens. Limpavam as suas hortinhas, situados junto a lugares onde cresciam cereais silvestres. Tanto os homens como as mulheres revolviam o solo com simples paus de cavar, preparando a terra para as sementes. As nuvens juntavam-se todas as tardes, com a promessa de uma chuvada, mas desapareciam perto do pôr-do-sol. Então vinha o dia em que o céu escurecia e caíam as primeiras gotas. A chuva batia a terra seca pela noite dentro. Na manhã seguinte o povo acordava com o perfume glorioso da terra acabada de molhar. Todas as famílias saíam para os campos, espalhando as preciosas sementes e cobrindo-as a seguir com uma camada de terra acabada de remexer. Num ano bom, os rebentos brotavam do solo, verdes, humedecidos por chuvas bem espaçadas. Mas às vezes dava-se a

O Longo Verão

primeira chuva, sem seguimento durante semanas, e a colheita despontava, para fenecer depois.

Era sempre assim com a agricultura de subsistência. Mesmo nos tempos bons, o agricultor vivia de colheita para colheita, de chuva para chuva.

O fim da Dryas Mais Jovem trouxe temperaturas muito mais quentes e aumentou a precipitação nas terras do Mediterrâneo oriental. Os ventos de nordeste, gélidos e secos, dos séculos frios, deram lugar a ventos ocidentais húmidos provenientes do Atlântico e do Mediterrâneo. Logo se desenvolveram novamente florestas viçosas da Anatólia ao Vale do Jordão, tão ricas de pistácios e bolotas como as de um milénio antes. Mas tinham menos interesse para a sociedade humana. Os caçadores e recolectores tinham-se tornado agricultores.

Por uma vasta área, do vale do Jordão no sul até ao sudeste da Turquia, a norte, passando pelos planaltos iranianos a leste, numerosas comunidades sobreviviam agora não de cereais silvestres e outras plantas, mas de trigo *emmer*, centeio e cevada. A caça, especialmente a da gazela e do veado, e as plantas silvestres continuavam a ser importantes, mas os homens eram agora produtores de alimentos.

Eles tinham também domesticado animais.

A história da domesticação está registada em ossos fragmentados de cabras e carneiros selvagens, caçados às centenas por caçadores das costas meridionais do Mar Cáspio e dos planaltos iranianos do Crescente Fértil. Milhares de ossos partidos de animais, num acampamento de Verão em Zawi Chemi Shanidar nas montanhas do Curdistão, revelam que os habitantes mataram numerosos carneiros selvagens imaturos em 10500 a.C.([1]) Isso implica uma selecção cuidadosa. Talvez os caçadores cercassem os terrenos de pasto dos animais para poderem apanhar prontamente determinadas presas. Por volta de 8000 a.C., os habitantes de Ganj Dareh, povoado num vale próximo, criavam cabras, entretanto domesticadas. Sabemo-lo pelo grande número de ossos de machos ainda não adultos e, na maior parte, de fêmeas mais velhas. Esse padrão de matança deve-se ao abate do excedente de animais jovens quando atingem a maturidade. As

O Cataclismo

fêmeas são conservadas para efeitos de criação, até à velhice e infecundidade.

Como se chegou à domesticação? Só podemos especular. As condições áridas entre 11000 e 9500 a.C. concentraram o povoamento humano à volta de reservas de água permanentes, como os lagos, rios perenes e nascentes, onde se podem encontrar as mais diversas espécies de plantas comestíveis. A caça aí se reúne também, quer pela água quer pelas pastagens mais abundantes. Inevitavelmente, os animais e os homens acharam-se juntos, tanto que os caçadores conheceriam intimamente manadas individuais, e talvez conseguissem identificar animais específicos.[2]

Cabras e carneiros selvagens foram os primeiros animais a ser domados. Ambos são gregários, altamente sociáveis, e seguirão um líder dominante ou deslocar-se-ão em grupo. Também toleram a alimentação e a reprodução num ambiente confinado. Com o tempo, ter-se-ão acostumado à visão de caçadores nas proximidades. A caça selectiva ter-se-á concentrado nos machos e nos animais velhos, poupando os jovens para preservar a manada. Fazia certamente parte da sabedoria antiga que se conseguia dominar as deslocações de uma manada controlando os movimentos de alguns membros-chave. A certa altura os caçadores descobriram que a manada podia ser confinada ao interior de um grande cercado. Ou talvez tenham capturado grupos de animais jovens, conservando-os cativos para consumo posterior. Os animais cresceram e reproduziram-se. Logo passou a haver um excedente de machos, que eram abatidos, sendo as fêmeas conservadas para criar mais animais. Os mesmos processos genéticos que resultaram no trigo domesticado seleccionaram neste caso com base na docilidade, produtividade e criação em cativeiro. Quando os caçadores isolaram manadas selvagens com um património genético mais vasto, para criação selectiva sob supervisão humana, criaram cabras domésticas que forneciam leite regularmente, o qual depressa se tornou fundamental na aldeia, e as ovelhas com a sua cobertura de lã.

A domesticação animal desenvolveu-se simultaneamente em vários locais, até à época do reinício do aquecimento, cerca de 9000 a.C., quando a agricultura se apoderava de uma área muito maior do que ocupara durante a Dryas Mais Jovem. A agricultura

O Longo Verão

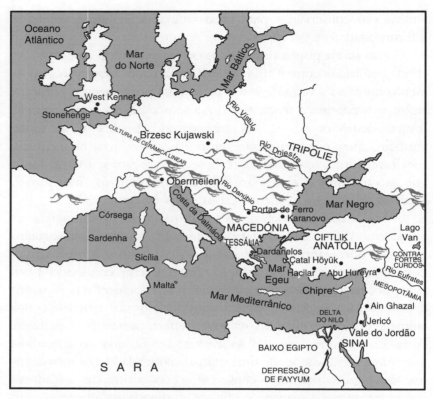

Mapa representando os sítios mencionados no capítulo 6
e a expansão dos agricultores na Europa

e a criação de animais não são necessariamente actividades compatíveis, nem as culturas conduziram aos animais domésticos. Os criadores de gado, com as suas necessidades insaciáveis de pastagens e água, estão sempre em movimento, enquanto os agricultores se mantêm perto das suas terras. A tensão entre os nómadas e os aldeões estabelecidos desenvolveu-se logo que se domesticaram animais, pois as secas impeliram os pastores e os seus animais para as terras colonizadas. Quer o cultivo de plantas, quer a domesticação de animais, resultaram da necessidade de assegurar reservas de alimentos seguras numa época de seca intensa. E com o crescimento da população das aldeias, aumentou a pressão sobre as gazelas e outros animais de caça, ao ponto de

O Cataclismo

muitas comunidades adquirirem animais domesticados para garantir uma fonte segura de carne e outros produtos.

Assim que a população se dedicou à agricultura, as comunidades das aldeias ficaram presas à sua terra. Essas aldeias pequenas, sobrepovoadas, eram de longe maiores e mais estáveis que os acampamentos natufenses de mil anos antes. Num curto período, alguns desses povoados alcançaram dimensões impressionantes.

Grande parte das aldeias agrícolas cobria cerca de um hectare, no máximo. Num contraste acentuado, a povoação agrícola de Jericó, em expansão, no Vale do Jordão, abrangia pelo menos quatro hectares. Um acampamento temporário natufense havia florescido desde pelo menos 10000 a.C., perto das nascentes borbulhantes de Jericó, um oásis natural durante a seca da Dryas Mais Jovem.([3]) Em breve uma comunidade agrícola muito maior se ergueu junto das nascentes, um denso aglomerado de casas em forma de colmeias separadas por pátios e ruelas estreitas. A grande aldeia comprimia-se atrás de uma enorme muralha de pedra, com uma torre de alvenaria, limitada por um fosso aberto na pedra, com quase três metros de profundidade e mais de três metros de largo. Só a construção da muralha terá requerido um investimento formidável de trabalho comunal, uma impressionante tarefa política e social para levar a cabo. Se as muralhas foram construídas como defesa contra os vizinhos, ou contra as cheias, é uma questão controversa, mas vale a pena notar que Jericó fica num ponto estratégico séculos mais tarde, quando as rotas comerciais do deserto para o oriente encontravam redes de comércio costeiras. Talvez que essa posição estratégica tenha conferido a Jericó uma importância fora do vulgar. Mas mesmo que a comunidade tenha enriquecido do comércio de longa distância, deve ter gerado grandes excedentes locais de alimentos para arcar com construções defensivas. Tal implica amplas colheitas, muita chuva para sustê-las e uma relação cuidadosamente mantida com a terra.

Por trás dessa relação está uma nova preocupação com os antepassados e com a fertilidade da vida animal e humana. Novas crenças espirituais floresceram em Jericó, onde a população enterrava os seus mortos sob o chão das suas casas. Os sobreviventes costumavam decapitar os falecidos e enterrar os seus crânios em poços nas habitações, sozinhos ou em esconderijos. Familiares enlutados modelavam os traços do morto na sua caveira, em gesso pintado antes do enterro, talvez como comemoração formal dos antepassados. Aqui e noutras paragens, havia muitas formas de adoração dos antepassados. Em Ain Ghazal, nos subúrbios de Amã, na Jordânia, sobrevive um esconderijo de impressionantes figuras de barro – com os corpos parcialmente decorados, os pescoços alongados, os olhos fixando atentamente o espectador. O arqueólogo Gary Rollefson acredita que as figuras pertenceram outrora a uma espécie de santuário, adornado com insígnias e roupas, talvez como representações simbólicas dos antepassados.([4])

A relação com a terra mudou provavelmente a um nível profundo, antes do começo da agricultura, nas sociedades em que a povoação permanente substituiu os acampamentos de caça temporários e em que territórios bem definidos sustentaram a vida humana com cereais e oleaginosas silvestres. Esses territórios tornaram-se terras tribais, investidas de uma continuidade histórica. Os antepassados transformaram-se em guardiães da terra e intercessores entre as caprichosas forças da natureza, o reino do sobrenatural e o mundo dos vivos. O poder dos antepassados vinha do solo, que estava inerte, ganhava vida, produzia colheitas, parecia morrer e depois repetia o mesmo ciclo, tal como a vida humana. Quando a agricultura começou, estas relações tornaram-se pontos centrais profundos da sociedade e da crença espiritual.

Assistimos à mesma preocupação com os antepassados e com a fertilidade do solo a norte e a ocidente, onde a agricultura se

O Cataclismo

expandiu rapidamente quando começou o aquecimento. Logo no início, os métodos agrícolas conseguiram uma sofisticação considerável, envolvendo a alternância dos cereais e legumes para assegurar maiores produções e suster a fertilidade da terra.

Por volta de 8300 a.C., desenvolveram-se aldeias camponesas no planalto da Anatólia, na Turquia central, algumas junto a reservas de obsidiana brilhante, um vidro vulcânico fino muito apreciado para a produção de ferramentas e adornos.[5]

A obsidiana fora famosa desde os dias de Plínio, o Velho. Ele relatou a sua descoberta por um tal Opsius, na Etiópia – uma pedra milagrosa que «reflecte sombras em vez de imagens». A sua textura sensual provém de um passado violento. A obsidiana forma-se quando a lava líquida escorre para um lago ou mar e arrefece rapidamente, produzindo uma pedra vítrea. O ferro e o magnésio coloram a pedra de tons que vão do verde-escuro ao preto. Por vezes antigas bolhas de ar criavam brilhos de distinto dourado, verde ou amarelo na pedra fundida. São raros os afloramentos de obsidiana; as suas pedras eram muito apreciadas pelo brilho e pelas lascas pontiagudas que delas se podia extrair.

As aldeias próximas dos cursos de lava comerciavam grandes quantidades de obsidiana com comunidades mais ou menos longínquas, sob a forma de núcleos laminados preparados. Pequenas quantidades de obsidiana da Anatólia viajavam centenas de quilómetros ao longo da costa mediterrânica oriental e chegavam muito a sul, até ao Golfo Pérsico. Felizmente, cada reserva de obsidiana produz vidro com elementos muito particulares. Usando espectrómetros, os peritos podem relacionar até minúsculos fragmentos de obsidiana com afloramentos específicos e reconstituir as complexas redes de troca que ligavam aldeias separadas por centenas de quilómetros. Inevitavelmente, os chefes de alguns povoados conseguiram o controlo do comércio local de obsidiana. As suas comunidades tornaram-se mais complexas do que as simples aldeias camponesas que eram agora comuns na Anatólia.

O grande sítio de Çatal Höyük na Turquia central cobre 13 hectares.[6] As casas da povoação, de tijolo seco pelo sol, com telhados planos, erguiam-se em socalcos por cima uns dos outros, as paredes nuas formando o muro exterior do aglomerado. As

O Longo Verão

pessoas entravam nas casas através de escadas a partir dos telhados, chegando a uma sala principal bem estucada, com bancos, uma lareira e um forno de parede. Çatal Höyük não era uma povoação vulgar. Era maior que Jericó, e os seus habitantes enriqueciam com a cultura de cereais, a criação de gado e, principalmente, o comércio a longa distância de obsidiana negra obtida no cone em pico de Hasan Dag e outros vulcões a cerca de 130 quilómetros para leste. A comunidade era cuidadosamente planeada e muito compacta. Todas as casas tinham a mesma planta geral. Até as entradas das casas e os tijolos eram padronizados.

As escavações originais em Çatal Höyük, em 1967, revelaram 139 salas, das quais 40 pareciam ser alguma forma de santuário – espaços laboriosamente decorados, enfeitados com estatuetas exóticas, que tendiam a misturar-se com áreas residenciais. O arqueólogo James Mellaart descobriu que as pinturas nas paredes dos santuários não eram decorações permanentes, mas eram apagadas periodicamente com uma camada de tinta branca, para serem pintadas por cima pouco depois. Os artistas desenhavam padrões simples e geométricos, flores, plantas e outros símbolos, assim como mãos humanas enquadrando motivos geométricos e naturalistas. Deusas, figuras humanas, touros, pássaros, leopardos e veados integram as paredes. Três santuários apresentam paredes decoradas com abutres a atacar corpos humanos, como se estivessem limpando os cadáveres acabados de desenterrar dos mortos. Num dos casos, as pernas do abutre são humanas, sugerindo um ritual desempenhado com aparência de abutre. Esqueletos das casas provêm de corpos descarnados, como se os mortos estivessem expostos em recintos mortuários afastados da comunidade. Mais tarde, os parentes recolhiam os ossos e enterravam-nos em panos ou peles debaixo das plataformas das casas ou santuários.

Uma pintura na parede representa os edifícios rectangulares comprimidos de Çatal Höyük em primeiro plano, enquanto o Hasan Dag de dois picos vomita lava à distância. O fogo jorra do cume. Hasan Dag era a fonte da obsidiana mágica que trazia prosperidade a Çatal Höyük. A origem vulcânica da obsidiana

O Cataclismo

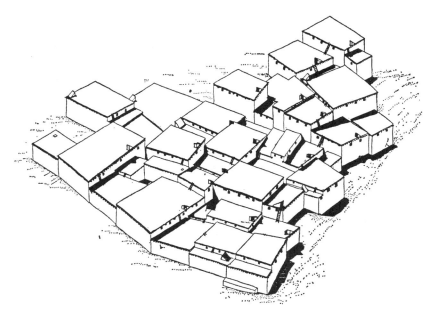

Casas de telhados planos em Çatal Höyük. *Cortesia de Grace Huxtable*

pode tê-la ligado ao reino das divindades e aos antecessores descarnados adorados nos santuários da aldeia.

Cabeças de touro e deusas adornam os santuários de Çatal Höyük, talvez divindades masculinas e figuras de fertilidade. Um dos santuários continha o relevo pintado de uma deusa grávida, de vestido semelhante a um véu. Mellaart acredita que o povo concebia os seus deuses em formas humanas, dotados com atributos sobrenaturais de um mundo animal familiar. Touros e carneiros simbolizavam a fertilidade masculina, e os leopardos o poder da vida animal e humana. Em muitas pinturas os leopardos assistem a deusa enquanto ela dá à luz.

A vida e a morte situam-se no centro do culto à deusa de Çatal Höyük. Ela está grávida ou dá à luz, está acompanhada por animais, até pelo abutre, símbolo da morte. Na agricultura, as actividades femininas de plantar, colher e preparar os alimentos adquiriram uma associação simbólica com a fertilidade e a abundância, com a vida e a morte. Talvez a deusa fosse uma divindade da criação, um símbolo dos ciclos intermináveis da nova

O Longo Verão

vida camponesa e da passagem das estações. A terra era a mãe, o útero da existência, o lugar onde os antepassados viviam.

Talvez, então, o maior legado da grande seca e do aquecimento que se seguiu não tenha sido a produção de alimentos mas um modo de vida completamente novo, de laços íntimos com a terra. As populações estavam assim expostas como nunca às duras realidades das mudanças climatéricas de curto prazo – os ciclos de enchentes e secas que são parte essencial dos acasos da vida de um agricultor de subsistência.

As mesmas preocupações com a existência humana interminável, cíclica, com a fertilidade e os antepassados enterrados no solo, progrediram largamente, à medida que as aldeias de agricultores foram ganhando raízes no sudoeste asiático. Por volta de 6000 a.C., os camponeses viviam nas costas férteis do Lago Euxino, vasto e salobro, a norte do planalto da Anatólia. Muitos tinham-se mudado para norte e oeste, através de uma planície estreita que separava o Euxino das águas em subida do Mar Egeu, onde assentaram ao longo das costas ocidentais do lago e nas terras ricas da bacia do Danúbio. Para além das suas aldeias, espraiavam-se as riquezas ilimitadas da floresta europeia primordial, que tinha colonizado o terreno ondulado outrora ocupado pela tundra da Última Idade do Gelo.

Ao mesmo tempo que as aldeias agrícolas despontaram pela costa do Euxino, acontecimentos no outro lado do mundo assinavam a sua sentença de morte.

Cerca de 6200 a.C., enormes acumulações de água de degelo iam escavando o gelo em recuo da Laurentídea no norte do Canadá.([7]) A uma dada altura, a enorme capa de gelo implodiu, libertando uma gigantesca descarga de gelo derretido que se dirigiu em torrente para o Golfo do México, a sul. Outra torrente de água doce precipitou-se para o Atlântico Norte, possivelmente tão forte como a produzida pelo escoamento do Lago Agassiz no começo da Dryas Mais Jovem. Quase imediatamente, a esteira

O Cataclismo

Desenho de um abutre devorando antepassados, de Çatal Höyük.
Cortesia de Grace Huxtable

transportadora oceânica abrandou perceptivelmente, e chegou a parar durante quatro séculos. Condições muito mais frias e secas, semelhantes às da Dryas Mais Jovem, abateram-se sobre a Europa. As massas de ar húmido ocidental que traziam precipitação ao Mediterrâneo oriental deram lugar a correntes frias setentrionais. Os Balcãs e o Mediterrâneo oriental sofreram secas severas, tal como quatro mil anos antes. Os 400 anos da Mini-Idade do Gelo foram um acontecimento global, visível no núcleo de mar profundo de Carioco, no sudeste das Caraíbas, nos leitos lacustres do Norte de África, e até no coração da Piscina de Água Quente do Pacífico Oeste, cuja superfície tem actualmente as temperaturas médias mais elevadas do mundo. Núcleos perfurados num antigo recife de coral na Indonésia revelam um arrefecimento abrupto da superfície marinha em cerca de três graus centígrados.

O Longo Verão

Mais importante ainda, o colapso da Laurentídea desencadeou uma rápida subida dos oceanos. Em 6200 a.C., as águas do Mar do Norte subiam anualmente 46 milímetros. Vastas extensões do sul da Escandinávia desapareceram sob a água. A Grã-Bretanha acabou por ser cortada do continente. A sul, o Mar de Marmara esteve perto de extravasar as suas margens.

Durante quatro séculos, o sudeste da Europa, a Anatólia e o Mediterrâneo oriental sofreram uma seca prolongada. Os níveis dos lagos baixaram drasticamente; alguns secaram por completo. Rios e ribeiros definharam face à vaga de aridez que sobre eles se abateu vinda do norte. As florestas de carvalhos e pistácias recuaram novamente através da paisagem ressequida, enquanto as temperaturas caíam velozmente.

A História repetia-se, mas com uma diferença. Durante a Dryas Mais Jovem, muitas comunidades na cintura florestal tinham recorrido ao cultivo de gramíneas silvestres. Em poucas gerações haviam-se tornado agricultores a tempo inteiro, plantando cereais nos solos cuidadosamente seleccionados e bem irrigados que puderam encontrar. Quando a esteira transportadora do Atlântico recomeçou a funcionar, a agricultura expandiu-se rapidamente através do Levante e nas regiões longínquas da Anatólia. Agora, com a seca renovada, centenas de aldeias camponesas viram as colheitas mirrar nos quintais, entre elas Çatal Höyük, rica de obsidiana. Algumas povoações diminuíram para um punhado de habitantes ou recorreram à pastorícia para sobreviver. Outras foram simplesmente abandonadas. Camponeses esfomeados retiraram-se para os poucos rios e cursos de água que ainda corriam, e para as margens de lagos bastante reduzidos.

Muitos deles podem ter-se fixado nas margens ocidentais e meridionais do Lago Euxino, cerca de 900 metros abaixo do planalto agora árido à volta da povoação abandonada de Çatal Höyük.[8] Aí as temperaturas eram muito mais temperadas; vales fluviais abrigados ainda ofereciam solos férteis e irrigados. Amostras de pólenes de núcleos de mar profundo revelam que a pradaria e a estepe cobriam as planícies costeiras do lago. Durante os quatro séculos da Mini-Idade do Gelo, o Euxino foi um oásis gigantesco para agricultores habituados a cultivar somente em

146

O Cataclismo

terra húmida, arável, onde era necessário pouco ou nenhum desmatamento.

Ninguém sabe como eram essas comunidades lacustres. As suas aldeias e cidadezinhas jazem nas profundezas do Mar Negro, demasiado para que façamos mais do que extrapolar a partir do que sabemos dos seus contemporâneos noutras paragens. Eles criavam gado vacum, cabras e ovelhas; cultivavam trigo *emmer*, cevada e legumes; e viviam em povoações coesas, de casas de argila ligadas por ruelas acanhadas, cada uma com os seus fornos, silos e pátios. Nenhuma delas era auto-suficiente. Todo o aglomerado de aldeias encontrava-se ligado aos vizinhos da costa, a jusante ou montante, ou em terreno mais alto, afastado do lago. Devem ter trocado alimentos e rocha vulcânica por ferramentas de pedra, conchas marinhas e outros ornamentos, talvez jóias, recipientes de barro e cestas. Como os seus antecessores na Ásia, devem ter tido laços espirituais profundos com a paisagem que lhes dava as colheitas, sob a protecção de antepassados venerados, tal como desde os primórdios da vida aldeã quatro mil anos antes, muito longe a sul e a oriente.

Pouco mudara com a passagem dos séculos. Os camponeses ainda usavam os artefactos mais simples para trabalhar a terra escolhida com cuidado. Não tinham machados robustos, utensílios complexos para trabalhar a madeira, arados e enxadas para a terra. As suas ferramentas de lavoura eram paus de escavar e foices de pedra. Os homens continuavam a trazer arcos e flechas ou lanças. As mulheres continuavam dia após dia a triturar laboriosamente grãos domesticados e silvestres com os mais rudimentares pilões, almofarizes e mós. E dado que as populações ainda estavam dispersas por terrenos facilmente cultiváveis, tinham espaço para perseguir caça, apanhar peixe com armadilhas e redes e recolher grãos, fruta, tubérculos e oleaginosas na pradaria e na floresta. Os camponeses podiam ser sedentários, mas a sua economia agrícola simples e dependência regular da caça e das plantas silvestres comestíveis conferiu-lhes uma flexibilidade inaudita nas sociedades agrícolas posteriores.

As aldeias do Euxino tinham vizinhos no interior. Antes de 6000 a.C., os agricultores tinham-se mudado para noroeste, da região do Egeu para a Planície Húngara. Aos recém-chegados

O Longo Verão

faltava a tecnologia de machados robustos para desmatar florestas densas, mas em vez disso cultivavam terra arável cuidadosamente seleccionada, geralmente junto de rios ou lagos onde havia boas pastagens por perto, tal como os seus antecessores no sudoeste asiático haviam feito muitos séculos. No sul da Bulgária os agricultores ergueram as suas aldeias à distância de poucos quilómetros, cada qual com os seus próprios terrenos de solos cultiváveis diferentes.([9]) A planície fértil sustentava faixas de povoamento junto de planícies de aluvião e em socalcos próximos, locais estratégicos perto de pastagens e de zonas de pesca e caça. Tem-se a impressão de gente que vivia uma existência camponesa bastante generalizada, onde também exploravam muito cuidado-samente uma vasta escolha de alimentos silvestres. Em muitos aspectos eles ainda eram caçadores-recolectores, mas com a agricultura de subsistência e a pastorícia enxertadas nas práticas antigas. Isso deu-lhes uma flexibilidade que os preparava para más colheitas e até secas prolongadas. Um modo de vida similarmente híbrido era agora dominante numa área muito grande do sudoeste asiático e no sudeste europeu. A Mini-Idade do Gelo consolidou essas primeiras adaptações agrícolas.

Em 5800 a.C., a circulação atlântica reentrou em acção, e os anos quentes recomeçaram abruptamente. Uma vez mais, corren-tes de ar húmido vindas de oeste atingiram o Mediterrâneo oriental e os Balcãs. A Oscilação do Atlântico Norte persistiu num modo «alto», com pressão baixa sobre a Islândia e alta sobre os Açores. Ventos de oeste constantes transportavam calor da superfície do Atlântico para o coração da Europa, mantendo suaves as temperaturas do Inverno e abundante a precipitação do Verão. A Europa temperada entrou num «período climático ideal» que duraria mais dois mil anos.

Os agricultores prosperaram nesse novo clima suave. Nas áreas mais férteis do norte da Grécia e do sul da Bulgária as populações usaram e reutilizaram os mesmos locais durante muitos séculos. O grande povoado de Karanovo na Bulgária acabou por chegar a uma altura de 12 metros e cobria uma área de uns 300 metros quadrados.([10]) Gerações de agricultores viviam nessas povoações longamente estabelecidas.

Então, em 5600 a.C., o Lago Euxino começou a mudar.

O Cataclismo

Imagine-se um lago cujas águas sobem de repente 15 centímetros por dia. Conceba-se viver numa aldeia num socalco fluvial a pouca distância do interior, observando uma cheia inexorável subindo a montante 1,6 quilómetros diários. A inundação nunca se detém, apenas sobe e continua a subir, afogando as culturas, deixando somente as copas das árvores a emergir da água silenciosa e ascendente. Um resíduo castanho avermelhado da água reveste as folhas verdes, que logo desaparecem sob o dilúvio. Canoas paradas nas margens do rio flutuam à deriva. Em alguns dias o vale fluvial plano faz parte de um mar em expansão, cada vez mais salobro.

Tudo o que se pode fazer é fugir para terreno mais alto.

Um dos maiores desastres naturais que afectaram a humanidade sucedeu cerca de 5600 a.C., quando as águas do Mediterrâneo inundaram a bacia profunda do Lago Euxino, 150 metros abaixo do Mar de Marmara, para formar o Mar Negro.

Até há cerca de quinze anos todos assumiam que tinha existido sempre um escoamento ligando o Mar Negro e o Mar de Marmara. A descoberta do cataclismo do Euxino foi uma surpresa total para geólogos e arqueólogos, e até para os oceanógrafos Walter Pitman e William Ryan e o pequeno grupo internacional de cientistas envolvidos com eles na pesquisa do Euxino.([11]) Eles juntaram um elaborado mosaico de pistas provenientes de núcleos de mar profundo, sondas de reflexão sónica da linha costeira antiga, amostras de pólenes e conchas antigas de moluscos. Os núcleos e sondas mapearam partes da linha costeira submersa de um enorme lago de água doce 150 metros abaixo do Mediterrâneo. A equipa identificou depósitos de areia grossa formados por uma descida do nível das águas do mar, assim como uma faixa intacta de dunas de areia submersas pela água que ascendia rapidamente. Houve uma altura em que de repente minúsculas conchas marinhas surgiram nas amostras dos núcleos. Usando datação por radiocarbono com espectrometria de massa com aceleradores, Pitman e Ryan puderam datar a súbita passagem da água doce para salgada à volta de 5600 a.C.

O Longo Verão

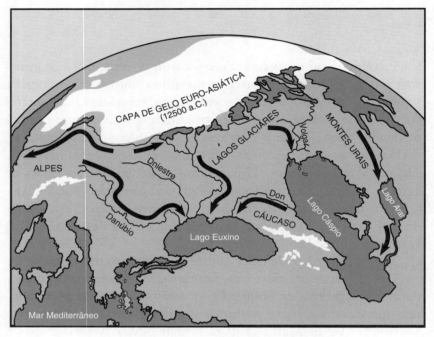

O Lago Euxino e as suas drenagens

O Euxino foi o produto dos glaciares em recuo no extremo norte. O colossal peso das capas de gelo deprimiu a superfície terrestre, deixando um contorno de terras mais altas – efeito algo similar à impressão deixada pelo corpo num colchão. À medida que o gelo se retirava para norte, um fosso de terreno mais alto aprisionava gelo derretido, blocos de gelo e fragmentos rochosos. O mesmo fosso da capa de gelo recuou para norte com o gelo, desviando o fluxo da água para sul, para uma vasta depressão que é hoje o Mar Negro. Durante dois mil anos, correu tanta água de degelo para sul que passou do Lago Euxino para o Mediterrâneo através de uma estreita passagem onde se situa actualmente o Bósforo – a exorbitante quantidade de cerca de 300 quilómetros cúbicos anuais.

Quando veio a Dryas Mais Jovem, o afluxo de água praticamente cessou. Em breve evaporava-se mais água da superfície do lago do que aquela que entrava nele. O canal de passagem

O Cataclismo

colectava lodo e entulho, que gradualmente formavam um rebordo de terra. O Euxino, agora um lago ligeiramente salobro, baixou devagar para um nível 150 metros abaixo do Mediterrâneo. Com a retracção das águas, formaram-se vales fluviais e deltas. Os solos costeiros férteis produziram trigos nativos e outras gramíneas. O peixe abundava nas águas de pouca profundidade. Os sedimentos do Euxino revelam um nível de salinidade muito baixo, portanto a água era agradável para animais e humanos.

Durante a Mini-Idade do Gelo, a superfície do Mediterrâneo estava aproximadamente 15 metros abaixo das linhas de costa actuais. Mas o colapso da capa de gelo Laurentídea acrescentou água aos oceanos, que vinham subindo desde o fim da Idade do Gelo. Em 5600 a.C., o Mar de Marmara estava a transbordar sobre os limites de um rebordo que diminuía. Movida pelo vento e pelas marés, a água do mar fluía e refluía para a barreira de terra, retirando-se depois novamente. Então, inevitavelmente, talvez agitada pela coincidência de uma tempestade e do nível da água impelida mais que o normal pelo vento, alguma dela começou a escorrer no lado oposto. Caiu em cascata pela encosta abaixo e pelas ravinas cavadas pela erosão e entrou no lago bem abaixo. Em alguns dias o curso de água transformou-se numa torrente, e depois numa queda de água agitada correndo a mais de 90 quilómetros por hora. Quanto mais a água golpeava o rebordo, mais depressa corria, escavando um canal com 85 a 144 metros de fundo. Pelo desfiladeiro passou a cada dia água suficiente para submergir a Ilha de Manhattan a uma profundidade de quase um quilómetro. Em breve os deltas férteis e os vales fluviais tinham desaparecido debaixo da água. O maior lago de água doce do mundo subiu a um ritmo médio de 15 centímetros *por dia*.

Em dois curtos anos, o que outrora fora o Lago Euxino foi enchido até ao mesmo nível do Mediterrâneo transbordante; era agora o Mar Negro. O maior lago de água doce do planeta tinha-se tornado um oceano salobro, uma catástrofe ambiental de proporções verdadeiramente monumentais. Pitman e Ryan foram levados a interrogar-se se o cataclismo do Euxino sobrevivera na memória colectiva até vir a ser o Dilúvio bíblico, mas tais relações não são mais do que especulativas.

O Longo Verão

De qualquer modo, as populações que viviam junto ao lago devem com certeza ter pensado que as forças do mundo sobrenatural estavam zangadas, e que os antepassados eram impotentes para apaziguá-las. Numa questão de horas a água lodosa cobriu as praias e inundou os deltas dos rios, submergindo armadilhas piscatórias laboriosamente colocadas nas águas rasas. O lago ascendente abafou os pântanos, arrastou os abrigos das canoas, destruiu quintais cuidados. Milhares de peixes flutuaram mortos na água agora salgada. Aldeãos desamparados observaram as suas casas de telhados de colmo e silos a desaparecer sob a maré salobra. Em alguns pontos a linha costeira galgou vales fluviais tão depressa como podia caminhar um jovem activo. As comunidades próximas do antigo lago tiveram avisos em número vário, mas mais cedo ou mais tarde toda a gente teve de agarrar uns poucos pertences e conduzir os seus bois, ovelhas e cabras para terras mais altas.

Desconhecemos a altura do ano em que a inundação começou, mas os efeitos teriam sido devastadores para uma população presa às suas terras, dependendo da comida armazenada, da caça e da pesca para passar o Inverno. Quer tenham sido apanhados com as culturas a crescer nos quintais ou, pior, na época das colheitas, ou só com alimentos armazenados, os agricultores ficaram apenas com o seu gado e o que puderam tirar da floresta. Também não sabemos quantos terão morrido no cataclismo. Indivíduos ou comunidades que tenham tido a pouca sorte de se encontrar no caminho da torrente, abaixo do rebordo, pereceram sem dúvida rapidamente. É muito provavel que grande parte das comunidades tenha sofrido fome ou doenças relacionadas.

A água estabilizou passados dois anos. Centenas de aldeias ficaram no fundo mar, agora salgado. Povoados mais para o interior estavam agora à beira de baías abrigadas ou expostos à fúria das frias tempestades de Inverno abatendo-se em terra. Mas a vida continuava como sempre, numa paisagem retalhada por rios incontáveis que corriam para o interior, entrando num terreno desconhecido de florestas infindáveis. Muitos camponeses mudaram-se para montante, cuidando dos mais velhos, carregando as crianças mais novas, levando o gado e os animais mais pequenos. Os refugiados dispersaram-se em muitas direcções. Muitos apareceram abruptamente nas planícies búlgaras e depois continuaram pelo Vale do Danúbio acima, para o norte da Planície Húngara. Outros subiram pelo rio Dniepre, e depois para ocidente, para o coração de um continente onde os agricultores nunca antes se haviam aventurado. Em qualquer vale que atravessassem, procuravam os mesmos tipos de solo que sempre tinham preferido, onde houvesse humidade para alimentar as culturas durante a época de maturação.([12])

As comunidades que emergiram na Planície Húngara acharam-se no centro de uma terra fértil já ocupada por sociedades agrícolas bem arreigadas. Parecem ter-se fixado nas partes ocidentais da planície, erguendo povoações em faixas de terreno ao longo dos rios, evitando solos mais pesados e a pressão da floresta densa por todos os lados. Em poucos séculos os forasteiros haviam tomado os solos mais leves numa paisagem insuficiente para sustentar uma alta densidade de aldeias campesinas.

Talvez mesmo antes de 5600 a.C. algumas comunidades agora sobrepovoadas deram o salto da planície para os vales fluviais inexplorados a norte e oeste. Podemos seguir a pista dos seus movimentos ao longo da Europa central e ocidental localizando os seus recipientes de barro muito particulares, decorados com impressões e incisões em torvelinho, e pelos alicerces das casas comunitárias de madeira onde viviam. Os arqueólogos chamam a essa cultura o complexo *Linearbandkeramik*, ou da cultura de cerâmica linear. Num dos movimentos de população mais significativos da história humana, os agricultores deslocaram-se primeiramente para o Alto Danúbio, depois para o Alto Reno e o rio Nekkar, a seguir para jusante do Reno entrando na Polónia, e finalmente para o sul da Bélgica e norte da França. Em poucos séculos, aglomerados de aldeias camponesas tinham colonizado uma faixa de solos loess e vales fluviais facilmente cultiváveis, da Hungria ocidental até os Países Baixos.([13])

O Longo Verão

Os pioneiros penetraram num mundo onde a floresta cerrada se erguia como uma falange verde escura que ocultava igualmente as encostas e os vales. Dentro das sombras profundas, apodreciam troncos e raízes de árvores tombadas no chão da floresta, sem caminhos excepto algum ocasional trilho de caça. O musgo verde-claro atapetava o solo à volta de pequenos lagos e pauis fundos de vegetação ensopada. Uma clareira ocasional deixava passar a luz do sol entre as árvores compactas, onde os bisontes, veados e alces pastavam, desaparecendo silenciosamente quando se aproximava um caçador. A floresta expandiu-se com o grande aquecimento, dos Balcãs ao Oceano Atlântico, da Itália ao Mar Báltico.

Hoje resta pouco dessa vegetação, excepto algumas zonas isoladas na Europa ocidental e na escuridão ameaçadora da floresta de Bialowieza na Polónia, onde os bisontes, alces e outros animais de caça ainda subsistem.([14]) Os grandes carvalhos caíram vítimas da procura insaciável de terra arável, e de lenha e carvão vegetal para a fundição de ferro. Mas há oito mil anos, a floresta estendia-se até o horizonte longínquo, intacta e imperturbada, excepto onde os caçadores queimavam a vegetação rasteira, para atrair a caça com rebentos novos.([15]) Somente poucos milhares de caçadores viviam entre as árvores. Eram gente esquiva, cautelosa, armada com arcos e flechas e um conhecimento íntimo de uma miríade de plantas de bosque – mirtilos do pântano, cogumelos, alho silvestre. Sabiam seguir o veado e o alce furtivamente em pleno Inverno, quando o caçador podia andar por entre as árvores sem barulho. Havia mel silvestre aromático em árvores ocas, em colmeias só conhecidas pelos homens íntimos da paisagem sombria. Eles definiam os seus territórios de caça com sinalizações discretas – árvores apodrecidas com colmeias, raízes de árvores, regatos escondidos e charcos aparentemente incaracterísticos. Então, tal como nos tempos romanos e medievais, a floresta era um lugar escuro e misterioso. Alguns especialistas acreditam que os camponeses se quedavam pelos terrenos de loess mais claros, menos florestados, porque os caçadores da Idade da Pedra não viviam aí. Não sabemos.

Os agricultores colonizaram as novas terras como os seus antepassados, escolhendo minuciosamente os solos cultiváveis, desviando-se das comunidades vizinhas para encontrar terra fértil

O Cataclismo

desocupada. Em poucas gerações, um entrelaçamento de casas de lavoura, lugarejos e aldeias isoladas espraiava-se pelos vales fluviais acima e ao longo da orla florestal.([16]) Cada comunidade apossava-se de terra essencialmente livre. Ninguém a tinha cultivado antes; a produção das culturas era grande, e as colheitas completavam-se facilmente com caça e plantas comestíveis como as bolotas. Não que os forasteiros se estivessem a mudar para uma paisagem vazia: à medida que se instalavam junto a prados aquáticos e margens fluviais, usurpavam os antigos territórios dos caçadores-recolectores indígenas. Podemos imaginar um encontro cauteloso entre várias famílias camponesas erguendo acampamento numa serrania baixa com vista para um rio. Enquanto nivelam um lugar para a sua habitação, alguns caçadores com arcos aparecem como vindos do nada. As duas partes confrontam-se, de armas prontas, cada uma incapaz de perceber o que diz a outra. Talvez os caçadores façam gestos de amizade, ou saudação. Após alguns minutos, os caçadores desaparecem na floresta próxima.

Com a passagem das estações os indígenas observam a partir das sombras, estudando os homens e mulheres que desmatam a terra, mantendo-se cautelosamente contra o vento que leva o fumo acre da erva seca e matagal que os forasteiros queimam no Outono. Eles seguem a pista de gado e de porcos, vagueando na orla da floresta e mais no interior, entre as árvores, mantendo-se discretamente à parte enquanto toda a comunidade colhe bolotas maduras dos grandes carvalhos nos limites do vale. Após algum tempo, os dois grupos voltam a encontrar-se. Os caçadores trazem mel e couros de alce, que pousam no chão fora da aldeia; os agricultores mostram farinha de trigo *emmer* e conchas marinhas. Ao fim de alguns anos estas transacções de géneros tornam-se rotina. Só podemos especular quanto ao que aconteceu com o passar das gerações. Alguns dos caçadores devem ter sido ainda mais atraídos para a órbita agrícola. Talvez tivessem servido como pastores ou capturado alguns animais extraviados pela floresta. Por fim alguns grupos tornaram-se agricultores, pelo menos parcialmente, e o antigo modo de vida recolector passou gradualmente à história. Mas durante séculos houve caçadores na periferia e interacção esporádica entre dois mundos muito dife-

O Longo Verão

rentes. Às vezes deve ter havido violência por roubo de gado e territórios de caça disputados. Em breve a paisagem tornou-se mais sobrecarregada. Devem ter surgido conflitos entre gente com atitudes muito diferentes em relação à terra. Inevitavelmente, porém, os agricultores prevaleceram.

Flomborn e Schwetzingen, dois cemitérios da cultura de cerâmica linear a oeste de Heidelberg no Vale do Alto Reno, no sul da Alemanha, lançaram uma inesperada luz sobre as interacções entre caçadores e agricultores em cerca de 5300 a.C. e durante o século e meio seguinte.[17] Comparando os valores do isótopo de estrôncio nos ossos e dentes de indivíduos enterrados nos cemitérios, arqueólogos americanos e alemães puderam estudar os seus padrões de imigração. O estrôncio entra no corpo humano através da cadeia alimentar, como os nutrientes passam do substrato rochoso através do solo e da água para as plantas e os animais. O esmalte dos dentes forma-se durante a gestação e a infância, por isso a proporção de dois isótopos de estrôncio, 87-Sr e 86-Sr, não se altera durante a vida. Em contraste, a proporção de estrôncio nos ossos muda constantemente por reabsorção e deposição. Assim, indivíduos que se mudam de uma região geológica para outra podem ser identificados pelas diferenças na proporção dos isótopos de estrôncio nos seus ossos e no esmalte dos dentes. Dos homens e mulheres analisados, do cemitério de Flomborn, 64 por cento tinham proporções que os colocavam em regiões geológicas para leste, como se fossem imigrantes. O cemitério de Schwetzingen, a 45 quilómetros, datando sensivelmente da mesma altura, continha muito menos migrantes, quase todos mulheres. Os arqueólogos crêem que a explicação reside nos casamentos entre indivíduos que viviam nas terras altas de ambos os lados do Vale do Reno, cujos níveis de estrôncio são idênticos. Os imigrantes devem ter vindo de grupos de caçadores-recolectores na periferia das terras colonizadas.

Quase invariavelmente, os primeiros assentamentos da cultura de cerâmica linear situam-se nas orlas de vales fluviais e em solos de loess férteis e irrigados. A humidade natural dos quintais desses vales, a sua alta produtividade e a facilidade de os trabalhar à mão, sem ferramentas pesadas, significavam que se podia usar a mesma parcela de terreno muitas vezes, sem sequer fertilizá-la.

O Cataclismo

Mas finalmente o solo ficava esgotado e a aldeia mudava-se para outro sítio, contribuindo de novo para a expansão das novas economias. À medida que cada comunidade desbravava a terra e se estabelecia, logo a geração seguinte se mudava, pelos vales fluviais e através de campo mais aberto, para estabelecer outra aldeia a alguma distância, em terra virgem.

Um visitante teria chegado a uma aldeia de cultura de cerâmica linear através de caminhos tortuosos, que circundava prados aquáticos e densa floresta, passando por pântanos e através de matas de salgueiros junto ao rio. De súbito o forasteiro emergiria numa faixa de terra desbastada, onde cepos calcinados de árvores se destacavam do trigo em crescimento. Os quintais chegavam a poucos metros de uma casa comunitária desgastada, de telhado de colmo, de estrutura assente em postes resistentes. As paredes de vime e argamassa revelavam sinais de reparações constantes, com utilização de argila e estrume de gado vacum dos currais próximos, onde algumas raparigas ordenhavam as vacas. Cem metros adiante, seis homens trabalhavam na estrutura de madeira de uma nova habitação. As estacas estavam no lugar, abrangendo uma área de vinte metros de comprimento por sete de largura. Várias gerações da mesma família viviam numa habitação assim, no Inverno abrigando o gado numa das extremidades.

Uma povoação como esta, há muito tempo estabelecida, teria vários terrenos cultivados pertencentes a famílias diferentes. Sebes de caniçada mantinham cabras e ovelhas vorazes longe das culturas. Os furos dos postes, preservados nos solos arenosos, permitiram aos investigadores modernos localizar as fundações das casas comunitárias e os limites dos campos. Infelizmente os pisos das casas foram removidos ou erodiram sem deixar vestígios. Graças a essas escavações, sabemos que algumas povoações da cultura de cerâmica linear englobavam uma única casa, outras não mais que um punhado de habitações. Algumas alcançaram um tamanho considerável – pelo menos doze casas. Mas se estavam todas ocupadas ao mesmo tempo continua a ser motivo de debate.

As comunidades da cultura de cerâmica linear giravam à volta de lares ou famílias alargadas, cada qual com a sua casa comunitá-

O Longo Verão

ria. Cada uma delas era uma entidade em auto-gestão; mas apesar da separação, as famílias tendiam a construir as suas habitações em aglomerados informais, talvez para facilitar tarefas comunitárias como o desmatamento e a construção de casas. As pessoas também tendiam a instalar-se nas melhores áreas agrícolas e depois a aglomerar-se junto dos parentes e outros vizinhos. Às vezes os agrupamentos formavam longas fileiras. Por exemplo, a oeste da actual cidade alemã de Colónia, comunidades de agricultores assentaram ao longo das margens de grandes rios, desenhando faixas estreitas, com cada casa comunitária afastada dos vizinhos por 50 ou 100 metros.

A gente da cultura de cerâmica linear juntava-se onde a água subterrânea ficasse próxima da superfície, porque o solo húmido era tão importante como a chuva. A cada Outono, depois dos dias secos do Verão, os aldeões desbastavam os arbustos dos seus campos. O céu ficava negro da cinza e do fumo que se infiltravam na canópia da floresta e eram levados pelos ventos quentes de oeste. O desmatamento terminava na altura em que comunidades inteiras se dispersavam na floresta para colher bolotas e avelãs. Cestos e mais cestos de oleaginosas eram transportados de volta à aldeia, onde as mulheres os guardavam em celeiros cuidadosamente preparados.

Os longos meses do Inverno eram a estação calma, mas a melhor para caçar, em que um perseguidor hábil podia mover-se em silêncio pelo meio das árvores, num tapete de neve. Os caçadores localizavam bisontes, veados e alces, procurando-os em clareiras abertas, usando enormes troncos de árvores como camuflagem até conseguirem atirar sem obstáculos.

Em Março todas as famílias estavam nos campos, mondando os quintais e revolvendo o solo com paus de cavar e enxadas simples. Depois espalhavam as sementes no chão desmatado. Em Abril o trigo da Primavera e outros cereais tinham sido semeados, plantados a salvo das enchentes fluviais e regados pelas melhores chuvas do ano. A colheita acontecia no início do Verão, quando as gramíneas selvagens e outras plantas comestíveis sazonavam. Na altura em que o tempo quente secava o solo, a colheita já estava em segurança no armazém. As temperaturas mais altas de Julho, Agosto e Setembro fendiam o chão e arejavam naturalmen-

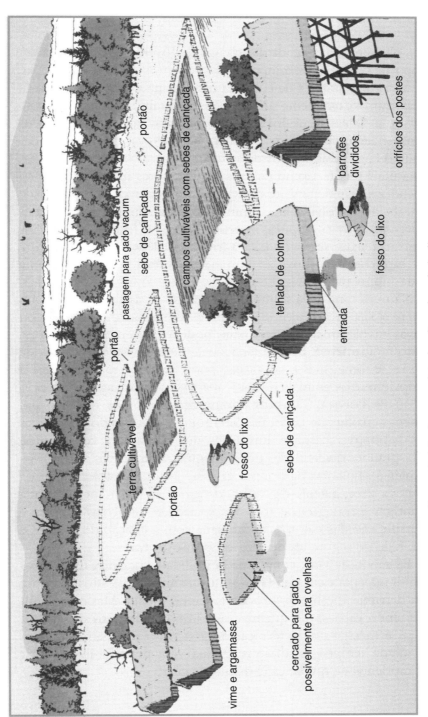

Reconstituição de uma quinta da cultura de cerâmica linear

te o solo antes da chegada das chuvas de Inverno. Nessa altura era tempo de preparar os campos.

As formas simples de cultivo utilizadas pela gente da cerâmica linear eram virtualmente idênticas às que eram usadas no Levante durante a Dryas Mais Jovem, três mil anos antes. Os europeus apenas fizeram mudanças mínimas no ciclo agrícola, nomeadamente o ajuste dos tempos de sementeira para corresponder a um clima mais fresco. Como os seus predecessores remotos, eles não dependiam completamente das chuvas imprevisíveis. A quantidade de trabalho envolvida era diminuta comparada à que viria mais tarde, quando as populações começaram a fixar-se em meios ambientes mais secos onde a agricultura dependia inteiramente dos caprichos da chuva e num desmatamento florestal a uma escala muito maior.

Não era uma vida isenta de fome. Todas as famílias estavam unidas à sua terra cultivada, à mercê de secas imprevisíveis ou chuvas invulgarmente fortes, que podiam eliminar uma cultura muito rapidamente. Sem dúvida havia meses, até mesmo anos, de escassez e fome, mas a população podia recorrer ao seu gado e a veados e outros animais de caça que pastavam e vagueavam pelo rio ou na floresta. Também diminuíam o risco de malogro das colheitas escolhendo os locais com muito cuidado, aglomerando as suas habitações bastante junto das dos parentes e consumindo uma grande diversidade de alimentos alternativos, como os animais e as plantas da floresta às suas portas. Na colonização da sua nova terra, a gente da cultura de cerâmica linear apenas seguia as antigas estratégias de todas as sociedades agrícolas simples – diversificação das culturas, combinada com a criação de animais e uma rede de segurança de caça e plantas silvestres.

Tal modo de vida, com a sua flexibilidade inerente, funcionava bem numa época em que faltavam instrumentos pesados de pedra para derrubar mesmo árvores de tamanho médio. Mas os agricultores eram capazes de queimar os campos, limpá-los de árvores jovens e matagal, tudo técnicas de gestão do meio ambiente em uso desde tempos imemoriais. A sua vida permitia-lhes resistir aos caprichos da mudança climática de curto prazo.

O Cataclismo

Até 4000 a.C., os agricultores ocupavam somente uma minúscula parte do continente europeu. Principiantes num mundo antigo de caça e recolha, separados por grandes distâncias, partilharam muitos dos mesmos métodos agrícolas. Em vários aspectos beneficiaram da flexibilidade da vida de caçador-recolector, com a adição de culturas cerealíferas e animais domesticados. Viviam num mundo longe do sobrepovoamento, onde, pelo menos de início, havia terra suficiente nos solos cultiváveis mais férteis e fáceis de trabalhar. A vida e os seus rituais ainda se centravam na família.

Mas por volta de 3500 a.C., a Europa era uma paisagem alterada. Era uma terra de arquitectura de madeira, de habitações sem alicerces, apinhadas em lugarejos e aldeias – ainda um continente florestado, mas em mutação gradual para se adaptar a novos modos de viver da terra. À medida que a agricultura simples se foi consolidando e as interacções com os caçadores-recolectores indígenas aumentaram, especialmente no ocidente mais povoado, espalhou-se o uso de novas economias. A larga padronização da sociedade da cultura de cerâmica linear deu lugar a uma série de culturas regionais onde os agricultores preencheram lentamente a paisagem e os limites territoriais foram estabelecidos com mais rigor.

As temperaturas quentes e chuvas abundantes aumentaram a produtividade da agricultura, criando um novo contexto político e social em que os agricultores competiam pelas melhores terras e mudavam-se cada vez mais para solos mais pesados. O desmatamento acelerou gradualmente, mas a proporção de terra cultivada era minúscula e não chegou perto dos níveis da Europa moderna até ao primeiro milénio antes da nossa Era. O processo de preenchimento continuou até à Idade Média.[18]

Durante milhares de anos, a maior parte da vivência e dos rituais tinha girado à volta de elos muito antigos entre os vivos e os mortos, os antepassados e a terra. No decorrer do quinto milénio a.C., uma mudança agitou a agricultura. De repente, o ritual tornou-se público. Sabemos isso porque surgiram recintos de terra, abrangendo vários hectares, muitas vezes com múltiplos fossos. Num desses recintos, em Tesetice-Kyovice, no sul da Morávia, um fosso circular de 60 metros de diâmetro rodeava

O Longo Verão

duas paliçadas com quatro entradas opostas. Havia muitas estatuetas de barro partidas nesses fossos e todas as habitações ficavam fora do recinto.([19]) Essas podem ter sido as primeiras arenas públicas para rituais elaborados, de um género desconhecido nos tempos anteriores. Não sabemos a razão dessa mudança. Ela pode ter estado relacionada com uma necessidade de marcar fronteiras territoriais e de investir as terras tribais com a autoridade dos antepassados venerados.

Particularmente no ocidente, a ênfase transitou da família e da aldeia para os enterros como símbolo da comunidade, definido não por inumações individuais com adornos elaborados, mas por túmulos comunitários.([20]) As novas tradições provinham de uma mescla de antigas crenças dos caçadores-recolectores e dos camponeses, reflectidas na construção de casas mortuárias de madeira ou pedra, escavadas sob as elevações tumulares de terra. Esses túmulos eram monumentos aos antepassados, erigidos entre paisagens cheias de lugares simbólicos e imbuídas de um poderoso significado sobrenatural. Agora as pessoas construíam os seus próprios monumentos na paisagem, recorrendo às vezes a afloramentos rochosos como parte da câmara tumular. Às vezes os túmulos situavam-se em terra recentemente cultivada, frequentemente em serranias de grande visibilidade onde podem ter servido de marcos territoriais. Fosse qual fosse a sua colocação, eram parte integral de um cosmos onde os mundos sobrenatural e material se uniam no poder dos antepassados.

Monumentos iguais abundam na Europa ocidental. Por exemplo, as grandes elevações tumulares de Avebury, no sul da Inglaterra, formam um denso grupo na região ondulada do giz.([21]) Em 4000 a.C., mil e seiscentos anos depois da inundação do Euxino, Avebury ainda era escassamente povoada. Então os habitantes começaram a construir túmulos para os seus antepassados. Por volta de 3400 a.C., com as cidades a crescer na Mesopotâmia, um denso aglomerado de elevações tumulares colectivas situava-se à volta de Avebury, algumas com câmaras funerárias interiores feitas de pedra, outras com compartimentos de madeira hoje apodrecida. Várias delas eram pouco mais que pilhas de pedras com rudimentares filas de sebes, hoje identificadas pelas descolorações do solo que subdividem o interior.

O Cataclismo

Os primeiros túmulos colectivos eram estruturas modestas, mas os construtores logo se tornaram mais ambiciosos. Muito famosa é a elevação tumular colectiva de West Kennet, um túmulo bastante erodido de 100 metros de comprimento e cerca de dois metros de altura, situado numa serrania baixa contra a linha do horizonte.([22]) Quando se vai subindo a serrania, a elevação tumular ergue-se repentinamente diante de nós como se ascendesse do submundo. Nos seus tempos áureos, o giz branco da elevação de flancos escarpados devia refulgir brilhante do sol, mesmo ao longe, num dia carregado. Na extremidade oeste, uma passagem com quatro câmaras laterais e um único quarto no fundo, formada por grandes blocos de arenito natural, dá para um pátio de entrada em forma de quarto crescente. Os restos de pelo menos quarenta e seis pessoas de ambos os sexos, incluindo crianças e jovens, jazem nas câmaras, os velhos e os novos colocados em espaços opostos. A julgar por vários esqueletos incompletos, as pessoas enlutadas deixaram os corpos a apodrecer e depois removeram alguns para um enterro noutra parte. Cada geração fazia os seus enterros nas mesmas câmaras, por vezes pondo de lado corpos mais antigos e empilhando os ossos em desordem. Com apenas quarenta e seis pessoas sepultadas em mais de quinhentos anos, é evidente que só indivíduos proeminentes, talvez chefes de clã importantes, eram enterrados nas câmaras funerárias.

Ao fim de cinco séculos, West Kennet foi encerrado com grandes pedregulhos de arenito. Como os outros túmulos colectivos de Avebury, tinha-se erguido em terra cultivada ou nas imediações, cada um desses locais de sepultura ligados a comunidades individuais ou aglomerados de aldeias protegidas pelos antepassados. Volvido pouco tempo, os enterros comunitários deram lugar aos costumes funerários das novas sociedades, onde o poder e prestígio individuais moldavam a vida humana. Os antepassados recuaram para segundo plano.

O Longo Verão

Até aqui descrevemos a propagação dos efeitos das viragens climatéricas de longo prazo – o aquecimento inicial, a Dryas Mais Jovem, e o rápido aquecimento do primeiro Holocénico, culminando na Mini-Idade do Gelo de 6200 a.C., desencadeados pelo colapso da capa de gelo Laurentídea. Vimos como os Cro-Magnons e os seus sucessores, e os caçadores-recolectores do sudoeste da Ásia, se adaptaram facilmente a grandes alterações climáticas graças à sua mobilidade e oportunismo. A equação da vulnerabilidade começou a mudar quando a mobilidade deu lugar ao sedentarismo nas florestas de pistácias e carvalhos do Levante; mas mesmo então, as populações adaptavam-se às duras secas da Dryas Mais Jovem com o simples expediente do cultivo voluntário de cereais silvestres. Em poucas gerações, os recolectores transformaram-se em agricultores, presos às suas terras pela grande produção de cereais, e depois pelos seus rebanhos.

Com o aquecimento retomado, a agricultura espalhou-se com rapidez, mas não universalmente. As primeiras plantações cerealíferas dependiam da luz, de terras bem irrigadas, de preferência sempre húmidas, junto aos rios e aos lagos, em lugares que requeressem um desmatamento mínimo. Os velhos modos de subsistência permaneciam fulcrais na existência humana e ofereciam uma tábua de salvação quando as colheitas se malogravam ou os rebanhos eram dizimados pela seca ou doenças. A caça e a recolha de plantas silvestres, a pesca e a captura de aves, eram uma rede de segurança, que oferecia uma flexibilidade tão poderosa como a mobilidade num meio agrícola em que os vizinhos estavam separados por grandes distâncias, havia muita terra cultivável e os alimentos silvestres abundavam por perto.

Quando o Mediterrâneo inundou o Lago Euxino, centenas de comunidades agrícolas sedentárias ao longo das suas margens mudaram-se rapidamente para o interior, subindo o Danúbio e outros rios, levando consigo os seus métodos agrícolas simples e precavendo o desastre contando muito com os alimentos silvestres sempre disponíveis. Certamente sofreram fomes e mortandade, mas a absoluta flexibilidade da adaptação agrícola inicial permitia as deslocações rápidas, tanto nas costas do novo Mar Negro como no interior. Durante os dois milénios de tempo quente que se seguiram, os seus descendentes contornaram o

O Cataclismo

norte e o oeste, franqueando o coração da Europa temperada, com as suas florestas sombrias e grandes rios.

Mas inevitavelmente, as populações aumentaram nos solos férteis, as comunidades maiores cresceram e a melhor terra arável foi ocupada. Durante o quinto milénio a.C., teve início o processo de preenchimento. As pessoas mudaram-se para solos mais secos e pesados e adoptaram utensílios mais robustos de amanho da terra, como um simples arado primitivo para revolver o solo espesso, arejá-lo e secá-lo. A paisagem comestível fora consumida; agora as pessoas teriam de trabalhar mais arduamente pelo seu pão.

Muitos séculos depois, nos tempos medievais, quase todas as comunidades europeias viviam num nível de subsistência de colheita para colheita, com excedentes apenas para plantar a colheita do ano seguinte. Um ano excepcionalmente seco, chuvas fortes ou uma geada tardia traziam o espectro da fome e da morte. E quando vinha um ciclo de chuvas fortes, como o de 1315 a 1321 d.C., as pessoas morriam aos milhares da fome e das epidemias relacionadas. Séculos antes, agricultores com tecnologia mais simples tinham desbastado a paisagem da sua cobertura florestal, da sua caça e alimentos silvestres, assim removendo a rede de segurança que fazia a diferença entre a escassez temporária de comida e a fome, entre a sobrevivência de uma pequena comunidade agrícola e a sua extinção.

Por volta de 5000 a.C., as principais alterações climáticas que afectaram a humanidade haviam na sua maior parte terminado. Os níveis do mar tinham estabilizado para valores próximos dos actuais, as grandes capas de gelo tinham quase desaparecido e a vegetação do planeta era na prática a de hoje, excepto quando modificada pelas actividades do homem. O Holocénico é o período mais duradouro de clima estável e quente que bafejou a Terra desde há 15 000 anos. Mas isso não significa necessariamente que o clima tenha sido sempre benigno, ou que houvesse chuva em quantidade suficiente em toda a parte.

7

Secas e Cidades
6200 a 1900 a.C.

Eu sou a semente fecunda, engendrada pelo grande boi selvagem, eu sou o primeiro filho de An,
Eu sou a «grande tempestade» que avança do «grande fundo», eu sou o senhor da Terra...
Eu sou o gugal *dos chefes de clã, eu sou o pai de todas as terras.*

O DEUS ENKI, no épico sumério «Enki e a Ordem do Mundo»

A Mini-Idade do Gelo de 6200 a 5800 a.C. foi uma catástrofe para muitas comunidades entre o lago Euxino e o rio Eufrates. Mês após mês, um sol impiedoso cozia terras que já não eram férteis. A poeira caía de um céu sem nuvens em cascata, lagos e rios secavam, e o Mar Morto afundou para níveis históricos. Sociedades agrícolas retraíram-se ou evaporaram diante da seca inexorável. Muitos recorreram à criação de ovelhas quando na estratégia, clássica nos períodos de fome, da procura de *habitat*: mudar-se para áreas menos afectadas pela seca e pelo arrefecimento, onde pudessem sobreviver dos seus rebanhos.

Então, em 5800 a.C., os bons tempos voltaram. A circulação atlântica recomeçou; os ventos de oeste mediterrânicos, carregados de humidade, reactivaram-se abruptamente. Em poucas gerações os agricultores expandiram-se dos seus refúgios para uma paisagem mais quente e irrigada através do Crescente Fértil, até às margens dos rios Tigre e Eufrates.([1])

Alguns agricultores fundaram povoações muito para jusante, onde os dois grandes rios entravam numa planície aluvial de canais vagarosos e inumeráveis regatos. Havia aí água em abundância, facilmente encaminhada para bacias de armazenamento e para os campos. Tudo o que os agricultores precisavam era construir diques simples e canais. Por volta de 5800 a.C., pequenas comunidades agrícolas pontuavam a paisagem do sul da Mesopotâmia.

O sul da Mesopotâmia, «a terra entre os rios» – hoje em dia o sul do Iraque – é um mundo de campos cultivados, pântanos e dunas de areia, grande parte das quais são um ermo desolado de deserto incrustado de sal. Quase não cai chuva que alimente esse terreno. As forças extremadas da natureza confrontam-nos de todos os lados – algumas das temperaturas estivais mais quentes do planeta, ventos gélidos de Inverno e tempestades tumultuosas e enchentes fluviais que num instante podem acabar com uma aldeia. A Mesopotâmia sempre foi um lugar onde até os deuses eram muitas vezes malévolos, e os governantes dados a reacções violentas. Os agricultores, no entanto, prosperavam.([2])

Num período de três mil anos, os minúsculos lugarejos de 5800 a.C. tinham-se tornado algumas das primeiras cidades do mundo. Centros urbanos como Eridu, Nippur, Ur e Uruk estavam rodeados de uma miscelânea verde de campos extensamente irrigados e labirintos de estreitos canais. As cidades erguiam-se aí porque os agricultores ficavam amarrados a lugares onde pudessem irrigar as suas terras, e porque o movimento livre de entraves era impossível, pois grande parte da paisagem era completamente seca. A cidade era uma entidade diferente da aldeia, não só maior no tamanho mas que requeria especialização económica e uma organização social muito mais centralizada do que as sociedades

Secas e Cidades

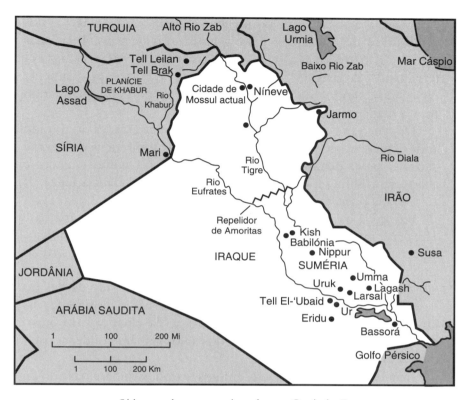

Sítios e culturas mencionados no Capítulo 7

de menor escala. Essa escala de operação conduziu quase inevitavelmente a entidades políticas ainda maiores, a cidades-estados, e finalmente impérios, alianças esporádicas que ligavam as cidades e os seus governantes por vastas áreas.

Durante os anos 20 e 30, o carismático arqueólogo Leonard Woolley desenterrou o zigurate (templo-túmulo), cemitérios reais e instalações residenciais na cidade suméria de Ur.([3]) Woolley conduziu escavações e imaginou em grande escala. Para ele, Ur não era uma cidade morta, mas uma povoação apinhada, de ruas movimentadas. Levava visitantes às escavações por ruelas tortuosas até casas de tijolo abandonadas com 4000 anos. Ele sabia realmente os nomes de muitos dos proprietários individuais das tabuinhas cuneiformes encontradas nas suas habitações.

O Longo Verão

Chamava a atenção para pormenores do desenho do tecto, dos dispositivos de escoamento, até a altura dos degraus. Pelas suas mãos Ur regressava à vida, as suas ruas estreitas e bazares fervilhando de artesãos e mercadores, com burros pesadamente carregados, vindos de montante do rio, longe dali, aguentando com a madeira ou lingotes de cobre.

Há cinco mil anos, Ur era uma das grandes cidades do mundo antigo, prosperando numa área onde o deus Enlil, deus das terras, «fazia o povo deitar-se em pacíficas paisagens, como o gado, e abastecia a Suméria de água, causando uma abundância feliz».([4])

Depois o rio mudou de curso, e Ur morreu.

Fui até lá há uns anos, muito antes de se ter erguido uma base aérea nas proximidades, à espera de muralhas urbanas e edifícios espectaculares, mas havia pouco para ver. O zigurate reconstruído ainda sobressai entre os túmulos poeirentos da cidade outrora vibrante. Trepei até o cimo e contemplei as crostas de sal do deserto, que de todos os lados se estendia até o horizonte. As implacáveis forças da mudança climática, da alteração do curso dos rios e da subida da salinidade dos solos tinham condenado Ur e os seus contemporâneos.

Ironicamente, Ur e os seus antigos vizinhos tinham nascido de respostas humanas às transformações climáticas anteriores. Eram, até certo ponto, um produto da pressão climática, mas devido à sua escala também elas ficaram vulneráveis a pressões ambientais de uma grandeza maior.

A história principia na Última Idade do Gelo, quando o Golfo Pérsico ainda era terra seca; os níveis do mar estavam 90 metros abaixo dos de hoje. O Tigre e o Eufrates corriam por vales fundos para o Golfo de Omã, 800 quilómetros a sul dos seus estuários actuais. À medida que os níveis do mar subiam durante o grande aquecimento, o Golfo Pérsico, acabado de se formar, provocou uma acumulação aluvial maciça na planície mesopotâmica, onde o declive era extremamente baixo. Com uma mera descida de 30 metros ao longo de 700 quilómetros, os rios corriam devagar, abundavam os pântanos e charcos, e mesmo os canais maiores mudavam de trajecto de ano para ano.

Na Mini-Idade do Gelo, o Golfo Pérsico estava só 20 metros abaixo dos níveis actuais. Quando a última vaga do colapso da

Secas e Cidades

capa de gelo Laurentídea fez subir novamente os níveis do mar, o Golfo atingiu um máximo de dois metros acima dos níveis actuais, entre 4000 e 3000 a.C.[5]

Alguns dos ambientes mais extremos da Terra rodeiam a Mesopotâmia – o Deserto do Sara, o nordeste árido do Paquistão e as frias extensões da Ásia Central. Aí colidem três regimes meteorológicos diversos. Os Invernos trazem alguma precipitação através dos ventos oeste húmidos do Mediterrâneo, mas a maior parte da neve e da chuva provêm da penetração a sul da circulação árctica a partir da Europa central e oriental. A circulação de monção do Oceano Índico traz humidade durante a estação quente, mas não chuva. Essa intersecção de fluxos atmosféricos significa que o clima da Mesopotâmia pode alterar-se rapidamente em resposta a fenómenos como o desligamento da circulação do Atlântico Norte ou uma ocorrência acentuada do El Niño que afecte os padrões de monção no Oceano Índico. Algumas dessas viragens rápidas foram breves; outras duraram séculos e mudaram a história.

Ainda nos falta informação definitiva sobre as mudanças climatéricas antigas no sul da Mesopotâmia, onde a acumulação aluvial e o curso alterado dos rios impedem análises de pólen.[6] Mas dispomos de registos indirectos de leitos lacustres noutros locais e de núcleos de mar profundo do Mar da Arábia. Estes revelam que as temperaturas estivais foram superiores e a precipitação maior entre 10000 e 4000 a.C., graças a modificações nos parâmetros orbitais da Terra. Essas alterações expuseram o hemisfério norte a valores de radiação solar 7 a 8 por cento mais elevados que anteriormente. A Mesopotâmia pode ter tido uma precipitação 25 a 30 por cento maior que a actual, grande parte da qual causada pelas monções de Verão, que resultaram na septuplicação da humidade total, devido a uma proporção mais elevada da precipitação em relação à evaporação. Os sistemas dos ventos de oeste e das monções actuavam com forte intensidade. Excepto no período da Dryas Mais Jovem e nos quatro séculos da Mini-Idade do Gelo, as planícies do norte da Mesopotâmia e do delta meridional estiveram bem irrigadas durante seis mil anos.

Quando o aquecimento reatou abruptamente após a Mini-Idade do Gelo, as comunidades agrícolas dispersaram-se pelo norte da Mesopotâmia com os seus rebanhos e manadas. As planícies do norte, como as da Assíria a norte de Mossul no Iraque moderno e as Planícies de Habur a oeste do Eufrates, na Síria, logo ficaram pontuadas por pequenas aldeias camponesas, cada qual com o seu próprio mosaico de campos.([7]) No Inverno, os pastores apascentavam os animais junto aos grandes rios, espalhando-se pelas pradarias na Primavera e começo do Verão, num padrão de movimento sazonal que iria persistir por muitos séculos. Com entre um quarto a um terço mais de precipitação do que hoje, os agricultores podiam contar com as chuvas do Inverno e Primavera para lhes alimentar os campos, assim como com terras irrigadas.

Em poucos séculos, os agricultores e os pastores fixaram-se muito para sul, numa paisagem onde o cultivo, mesmo de solos húmidos, era essencialmente impossível sem rega. Ali a estação mais longa das chuvas era ainda mais benéfica. As temperaturas invernais eram mais baixas, o que significava que as plantas se mantinham dormentes por um período maior. As chuvas duravam até à Primavera e início do Verão, proporcionando uma estação de crescimento das culturas prolongada, ajudada pela altura das cheias de Verão. Hoje, a enchente do Eufrates, determinada pela chuva e queda de neve da Anatólia, chega demasiado tarde no Verão crestado do sul para valer de algo à irrigação das culturas. Antes de 4000 a.C., a estação de crescimento era mais tardia e maior, por isso a chegada das cheias coincidia muitas vezes com a altura em que a água era mais necessária – se os diques e bacias cumprissem a missão de contê-la.

Desde que as chuvas da Primavera e Verão continuassem abundantes, as pequenas aldeias agrícolas e os pastores nómadas podiam sustentar-se confortavelmente, com bastantes excedentes de comida, áreas de pastagens e terra irrigável suficiente.

Nunca saberemos quando os primeiros agricultores se fixaram no sul da Mesopotâmia. Camadas sobre camadas de silte masca-

Secas e Cidades

ram a antiga paisagem. Os primeiros povoamentos conhecidos surgem cerca de 5800 a.C., no final da Mini-Idade do Gelo, minúsculos lugarejos de cabanas de tijolos de argila e de junco, cobrindo não mais de um hectare. Esses agricultores mesclavam-se discretamente na paisagem plana e arenosa. Uma vez abandonadas, as suas casas arruinadas voltavam ao aluvião do qual haviam sido criadas, junto com os restos abandonados das suas obras de rega simples – pequenos canais para desviar a água do rio até bacias de armazenamento naturais e diques baixos que dirigiam a água das cheias na direcção certa. Os arqueólogos identificam este povo pela sua cerâmica característica, pintada de preto e feita de um barro esverdeado de boa qualidade, e designam-no por povo de 'Ubaid, segundo um sítio com esse nome onde foi identificado pela primeira vez nos anos 20.([8]) Os agricultores de 'Ubaid descobriram que podiam alargar a sua reserva de terra arável cavando valas e deixando correr água por elas. Todo o agricultor sabia que as culturas prosperavam quando eram regadas, e tomava a precaução de seleccionar solos férteis com aquíferos elevados. A ideia de irrigação não era nenhuma novidade, mas o sul da Mesopotâmia foi um dos primeiros lugares onde o uso destes processos agrícolas se generalizou por necessidade. Tal como os egípcios em breve fariam no Nilo, os aldeões de 'Ubaid simplesmente prolongaram antigas práticas da agricultura ao trazer água para os seus campos. Preocupavam-se mais com contornos subtis na topografia plana do que com a fertilidade, porque sabiam perfeitamente que campos bem irrigados produziam colheitas abundantes. Durante muitas gerações, os mais velhos tornaram-se especialistas em avaliar quando se devia plantar trigo *emmer* e cevada, ou a altura em que a geada já não dizimaria os rebentos. A julgar por almanaques agrícolas preservados em tabuinhas de argila, eles também tinham aprendido os sinais indiciadores das cheias potencialmente catastróficas e dos anos de pouca água – um saber arcano, transmitido de pai para filho como parte do edifício da sobrevivência.

Trabalhos simples de irrigação e precipitação abundante davam resultado com os agricultores de 'Ubaid. Com a passagem dos séculos, os lugarejos discretos transformaram-se em agrupamentos de pequenas comunidades rurais, localizadas à volta de uma

O Longo Verão

única povoação maior. Por volta de 5200 a.C., seis séculos depois da primeira colonização conhecida, a maior dessas vilas cobria cerca de dez hectares e alojava entre 2500 e 4000 habitantes, muitos deles a viver de alimentos produzidos por outros.

Estas comunidades maiores e os excedentes de comida que as sustentavam exigiam um preço alto em trabalhos penosos. Todos os Outonos e Invernos, bandos de homens e mulheres juntavam--se nos pequenos canais com enxadas e paus de escavar e limpavam-nos de sedimentos e ervas daninhas. Alguns dos canais chegavam a estender-se cinco quilómetros desde o rio até à paisagem árida. Outros grupos de trabalhadores, ao mesmo tempo, iam acumulando argila e silte para as margens dos diques e as bordas das bacias naturais que retinham a água durante as cheias de Verão. Nenhuma família podia trabalhar o aluvião sozinha. Tudo dependia de grupos de trabalho cuidadosamente utilizados e bem organizados, que laboravam para o bem comum.

Durante mais de um milénio, a vida girava à volta da comunidade pequena e dispersa, à volta da família e dos laços de parentesco, que juntavam as pessoas para a irrigação e outras tarefas comunitárias, como era costume desde os primeiros tempos da agricultura. Mas uma segunda camada organizativa também era necessária. Desde o começo, cada comunidade no sul dependia do trabalho comunitário posto a funcionar pelos chefes da aldeia.

O trabalho árduo compensava. Em poucos séculos, as maiores comunidades 'Ubaid podiam gabar-se dos seus edifícios bem construídos e pequenos templos, mesmo se a maioria da população ainda vivia em cabanas com telhados de paus arqueados. A dar crédito a tabuinhas cuneiformes muito posteriores, foi então que as raízes das antigas crenças religiosas mesopotâmicas se consolidaram, que cantos e mitos duradouros santificaram um panteão de deuses e deusas que presidiam aos destinos da humanidade, trazendo chuva, alimentando solos férteis e assegurando colheitas abundantes. Os que intercediam junto do mundo espiritual e presidiam aos rituais que renovavam a vida humana, haviam sempre tido autoridade. O xamã e médium espiritual dos primeiros tempos tornara-se agora um sacerdote ou sacerdotisa permanente, apoiado pelo rápido aumento dos excedentes alimentares.([9])

Por volta de 4800 a.C., algumas destas povoações tinham dimensões impressionantes. Uruk, junto ao rio Eufrates, cresceu depressa e absorveu as aldeias à vista do seu zigurate. A vida centrava-se no templo e no mercado, pois Uruk mantinha relações comerciais com populações afastadas do delta.

Durante os mil anos que se seguiram, a vida foi boa. Todos viviam em comunidades pequenas e dispersas, perto de cursos de água estratégicos ou bacias de armazenamento naturais, onde além do trabalho agrícola podiam pescar e regar a terra sem trabalho excessivo. Então, por volta de 3800 a.C., o clima ficou subitamente mais seco, uma tendência que afectou o sudoeste da Ásia e a região oriental do Mediterrâneo por mais de mil anos.([10]) A insolação, ou o grau de luz que chega à superfície terrestre, declinou pelo mundo fora, um fenómeno bem documentado por anéis de árvores datados por radiocarbono e núcleos de leitos de lagos do sudoeste asiático até ao sul da Califórnia. Essas mudanças deveram-se a alterações no ângulo da Terra com o Sol, o qual determina a quantidade de radiação que chega à superfície. Quase imediatamente, a monção do sudoeste, com a sua precipitação de Verão, enfraqueceu e deslocou-se para sul. As chuvas diminuíram, começando mais tarde e acabando muito mais cedo. Agora as cheias do Verão chegavam *depois* da colheita, reduzindo a quantidade de água disponível para as culturas quase maturadas. As inundações estivais eram muito menores que as cheias precedentes, reflectindo com precisão a diminuição da chuva e neve nas terras altas da Anatólia.

O clima ficou cada vez mais instável. Ciclos de seca abateram-se sobre as aldeias do sul. Choques ambientais repetidos devastaram pequenas povoações dependentes dos caprichosos leitos fluviais e de uma paisagem em constante mutação. Gerações tinham contado pelo menos parcialmente com a chuva para regar

O Longo Verão

as suas culturas. Agora dependiam só da irrigação. Os excedentes alimentares esgotaram-se e deram lugar à escassez.

Os aldeões com fome tinham poucas opções. O seu destino estava ligado às suas terras cuidadosamente irrigadas, agora crestadas e estalando sob o sol impiedoso. Pesquisas arqueológicas revelam que muita gente abandonou simplesmente as aldeias. Podemos imaginá-los desamparados, desesperados, vagueando sem destino pela paisagem em busca de comida. Era essa a reacção clássica, que se mantém hoje, perante a fome. Os antigos lavradores egípcios abandonaram em massa os seus campos, numa busca frenética de alimentos, quando as secas limitaram as cheias do Nilo em 2100 a.C. Quando a monção falhou no fim do século XIX, na Índia, milhares de aldeões fizeram-se à estrada, transformando o Punjab num gigantesco ossário.[11] A catástrofe de 'Ubaid não teve essa escala, mas os efeitos a longo prazo de uma estação das chuvas mais curta repercutiram-se na sociedade do sul da Mesopotâmia durante várias gerações.

Alguns sobreviventes tiveram sorte. As suas comunidades ficavam perto de grandes extensões de pradaria semi-árida, e eles podiam recorrer à criação de gado vacum, cabras e ovelhas para sobreviver. Alguns tornaram-se pastores permanentes, deslocando-se constantemente com os seus rebanhos. Outros conseguiram mudar-se para terrenos mais altos no leste, que eram menos afectados pela seca, e a quantidade de água, adequada, tornou desnecessária a dependência da agricultura de rega. Mas outros ainda continuaram onde estavam, sobrevivendo com dificuldades, a combinar a agricultura de rega com a rede de segurança clássica do agricultor de subsistência. Caçavam animais cujo número baixava, e recolhiam plantas silvestres.

A rede de segurança, porém, não podia sustentar as densas populações que viviam em povoados sedentários ocupados há muitas gerações. Esta gente era vítima do seu sucesso, vivendo numa paisagem cuja capacidade de sustentar os seus habitantes estava reduzida ao mínimo, a menos que uma precipitação e rega amplas fertilizassem o solo. Durante muitos séculos os agricultores mesopotâmicos haviam retirado a água para a rega a partir do Eufrates, através de grandes canais alimentadores que se espraiavam pelas planícies em redor.[12] Os alimentadores eram como árvores em crescimento – ramificando-se em galhos progressiva-

Secas e Cidades

mente menores, como os pequenos canais desviavam a água do curso principal para os campos. Evidentemente, os pontos estratégicos eram aqueles em que os canais principais se separavam do rio, pois era aí que se podia controlar que quantidade de água chegava a quem, especialmente num regime climatérico em que a precipitação variava acentuadamente de um ano para o outro e os níveis das cheias estavam a baixar. À medida que a insolação declinava, era nestes pontos nodais vitais que as populações mais densas afluíam e as primeiras povoações muito maiores se formaram.

Em 3500 a.C., quando as secas se intensificaram, Uruk era muito mais que uma grande cidade. Aldeias-satélite, todas com o seu próprio sistema de irrigação, estendiam-se por dez quilómetros em todas as direcções. Esses povoados menores proporcionavam alimentos e bens para a cidade, mas cada um dependia dos outros para sobreviver. Algumas comunidades especializaram-se na cerâmica, outras na metalurgia ou na pesca, e cada uma delas levava os seus produtos para os mercados de Uruk. Cada vez mais a defesa era uma preocupação, pois toda a gente precisava de protecção contra vizinhos que cobiçavam as suas reservas de água e bens materiais. Ao mesmo tempo, os detentores de terras começaram a fazer colheitas duplas, utilizando arados e animais de carga e diminuindo os períodos de pousio, enquanto simultaneamente investiam um trabalho muito maior nos canais.

Agora os trabalhos de irrigação continuavam o ano inteiro, cuidadosamente supervisionados pelos chefes de clã. Uma nova casta de oficiais administrativos ligou-se aos armazéns dos templos, para manter um registo meticuloso da produção das colheitas e das reservas de cereais – eram os primeiros burocratas. A cada Outono, bandos de homens de famílias alargadas labutavam debaixo do sol escaldante, desobstruindo os canais dos sedimentos e libertando cursos de água bloqueados por juncos e vegetação rasteira. Outros trabalhadores escavavam em fileiras, abrindo novos canais e criando novos campos. Logo que os canais estivessem prontos, cada parcela era completamente molhada, para amaciar a terra endurecida pelo sol. Cada família arava a sua própria terra, mas grandes equipas trabalhavam juntas para partir os torrões duros e nivelar os campos antes da sementeira.

O Longo Verão

Durante o Inverno, as famílias regavam os seus campos a partir dos canais de irrigação aproximadamente uma vez por mês, dependendo da chuva, e mondavam as culturas. Nesses primeiros tempos, as reservas de água eram uma preocupação das famílias e da comunidade, e não do governo central, mas isso iria mudar à medida que a cidade se tornava mais poderosa. Quando vinham as colheitas, todas as pessoas fisicamente capazes trabalhavam nos campos da madrugada ao crepúsculo, até a colheita estar recolhida. Este modelo de «quinta familiar» manteve-se séculos, mas acabou por ser substituído por trabalhos de irrigação muito mais centralizados, que eram uma componente essencial do governo da cidade.([13]) Oficiais omnipresentes recolhiam para os celeiros do Estado a maior parte da colheita como imposto. Cada vez mais, a população dependia do Estado para os alimentos e das rações pagas por serviços prestados.

Não havia descanso após o frenético trabalho da colheita. Antecipando-se às cheias de Verão, centenas de homens trabalhavam febrilmente para desviar água das vilas e cidades em expansão para as bacias de enchentes naturais. Ao mesmo tempo, os oficiais supervisionavam o transporte de reservas de cereais para os grandes celeiros situados bem acima da água das cheias, em túmulos-templos, onde um clero em expansão as administrava.

Tudo isso exigia muitas mãos. O arqueólogo Frank Hole, da Universidade de Yale, julga que esse trabalho vinha dos «sem-terra e dos indigentes», que tinham fugido das suas aldeias tradicionais quando as chuvas não vieram.([14]) Ele acredita que estes se tornaram um reservatório de força de trabalho que podia ser mobilizado para transformar o sistema agrícola baseado na aldeia do agricultor de 'Ubaid num sistema muito mais produtivo, sob a égide das cidades em expansão. Os mesmos trabalhadores, alimentados pelas rações públicas, podiam também construir templos, muralhas urbanas e fazer outros trabalhos comunitários. Todo esse trabalho era levado a cabo em nome dos deuses, que controlavam o destino da humanidade e as forças malévolas do cosmos. As aldeias tinham-se aglutinado em cidades, cada uma delas rodeada por terrenos densamente cultivados, de um verde brilhante, numa paisagem castanha e amarela.

Secas e Cidades

A crise climática acentuou-se. Entre 3200 e 3000 a.C., dois séculos de rápido arrefecimento e seca, talvez desencadeados por um desligamento da circulação atlântica, criaram mais desordem política. Uruk tinha controlado as rotas do comércio com o norte durante muitos séculos, chegando a estabelecer colónias comerciais no norte da Mesopotâmia e no planalto da Anatólia. Com a intensificação da seca, muitas das colónias desabaram. No norte da Mesopotâmia, mas aldeões acorreram às povoações maiores, enquanto a própria Uruk e outras cidades do sul recebiam ainda mais refugiados. Com o aumento da população, novas cidades surgiram em zonas intermédias, até então desabitadas, entre os povoados maiores originais.

Por volta de 3100 a.C., as cidades do sul tinham-se tornado a primeira civilização do mundo.([15]) A civilização suméria era um mosaico de cidades-Estado intensamente competitivas, cada qual governando um interior altamente organizado, dominando territórios que se acotovelavam contra os dos seus vizinhos igualmente competitivos. Cada cidade-Estado tinha os seus líderes seculares e religiosos, a sua divindade padroeira, e milhares de pessoas sob o seu domínio. O zigurate da cidade elevava-se sobre a paisagem plana, sucessor dos santuários muito mais modestos de outros milénios. Ali o Estado conquistava as boas graças das forças de um mundo natural violento e imprevisível, e intercedia junto do seu divino padroeiro. Em Eridu, Enki era o deus da água e de todos os vegetais e animais. Nanna, o deus touro e deus da lua dominava Ur, no sul. Nippur era o reino de Enlil, o deus do vento e divindade da enxada. O seu filho Ninurta controlava as tempestades e o arado. Por toda a parte os deuses simbolizavam o produto da terra e da água.

A ideologia da vida suméria espelhava uma terra de forças violentas e erráticas, onde a chuva chegavam na altura errada e cheias depois das colheitas inundavam aldeias inteiras. Nenhum governante se podia descontrair numa terra que num instante podia transformar-se em deserto, ou perder as suas reservas de água numa questão de dias, como por vezes aconteceu com o

O Longo Verão

Tigre ou o Eufrates que, dilatados pela cheia, mudaram o curso sem aviso. Os próprios sumérios maravilhavam-se com as abundantes colheitas que os seus antepassados retiraram do deserto. Numa lenda da criação suméria, o deus Ninurta represou as águas primevas do submundo, que sempre inundavam a terra. Depois guiou as águas das enchentes do Tigre pelos campos:

Olhai, agora, todas as coisas no mundo,
Exultam à distância com Ninurta, o rei da terra,
Os campos deram trigo em abundância...
A colheita foi guardada nos celeiros e templos.[16]

Nos anos 20 do século passado, Leonard Woolley desenterrou um almanaque agrícola nos arquivos da Ur suméria. Um agricultor ensina o seu filho a estar «de olho na abertura de diques, valas e aterros [para que] quando alagues o campo, a água não suba demasiado nele». O jovem era repetidamente instado a obter as boas graças dos deuses, pois o caudal do rio podia elevar-se sem aviso, ou a água fornecedora de vida podia ser impedida de chegar aos campos. Os sumérios tinham pavor aos anos de pouca chuva: «A fome foi severa, nada se produziu», lembra um antigo mito. «Os campos não estão regados [...]. Em todas as terras não havia vegetação, / Apenas cresciam as ervas-daninhas».[17]

Não se pode levar-lhes a mal. As lições da história estavam por toda a parte à sua volta, em leitos de ribeiros secos e aldeias abandonadas. Os registos dos seus templos continham relatos pormenorizados da experiência passada – os primeiros registos do género no mundo, que remontavam a mais do que o curto alcance da memória geracional. Parecia haver segurança nos números. A cidade, de início uma adaptação a condições climáticas muito mais secas, veio a ser a imagem de marca da civilização mesopotâmica. O arqueólogo Robert Adams, nos seus muito difundidos estudos sobre o povoamento do sul da Mesopotâmia, feitos nos anos 60, descobriu que por volta de 2800 a.C. mais de 80 por cento da população suméria vivia em povoações que abrangiam pelo menos dez hectares, uma forma de «hiperurbanismo» que durou poucos séculos.[18] À volta de 2000 a.C., o número tinha declinado para menos de metade, com a saída das populações das cidades, que novamente sofriam com a seca catastrófica.

As cidades sumérias altercavam constantemente umas com as outras por causa de terra, direitos sobre a água, comércio e questões de poder. Tabuinhas de argila e inscrições cuneiformes vangloriam-se de triunfos diplomáticos, guerras e acordos sujos, em termos que hoje parecem espantosamente familiares. A fundação de novas cidades tinha infringido antigos limites territoriais e aumentado o envolvimento político numa época de declínio nas reservas de água. Algumas rivalidades perduraram séculos e inspiraram uma retórica vibrante dos dois lados. «Que seja sabido que a vossa cidade será completamente destruída! Rendei-vos!» proclamava a cidade de Lagash em 2600 a.C., no pico de uma disputa com a vizinha Umma sobre uma faixa de terra conhecida por «Borda da Planície», o «amado campo» do deus Ningirsu, principal divindade de Lagash.([19]) Mesalim, o poderoso soberano de Kish, a norte, mediou a disputa, dividindo a faixa entre as duas cidades. Com impecável protocolo religioso ele negociou o acordo entre Shara, a suprema divindade de Umma, e Ningirsu de Lagash. O próprio Enlil supervisionou a cuidadosa inspecção do rei à terra e a construção de um monumento para validá-la. Segundo o acordo, Lagash arrendava a terra a Umma em troca de uma «renda de cereais», uma parcela da produção anual.

Como seria de esperar, dado o ambiente político volátil em que o poder de uma cidade oscilava como um pêndulo segundo a capacidade do seu soberano, o acordo gorou-se. Durante gerações a disputa intensificou-se em torno da agricultura, pagamentos pela terra, e uso apropriado dos canais de irrigação. Ambas as cidades procuravam desculpas para ir para a guerra. Os exércitos invadiam, queimavam santuários e vilas, desviavam os canais e partiam carregados com as pilhagens. A rotina da retórica flamejante, ataque repentino e conflito sangrento fazia parte do pano de fundo da vida suméria, onde os exércitos em pé de guerra

O Longo Verão

eram agora um costume, porque na verdade tais conflitos eram de impossível solução num mundo politicamente fracturado. Todos os soberanos sumérios viviam numa voragem de alianças que mudavam, disputas territoriais, diplomacia e guerras. O centro do poder político balançava de cidade para cidade, alimentado pelos egos de governantes grandiloquentes, por vezes megalómanos. Eram conhecidos por *ensik*, representantes terrenos do deus da cidade, os administradores dos Estados reais. A organização da Suméria em cidades-Estado correu bem quanto à organização das produções agrícolas locais, mas tendia a impedir a coligação numa qualquer entidade maior. Com semelhante *puzzle* de pequenos regimes, sem um poder comum para mantê-los em respeito, não existia esperança de resolver conflitos.

A cidade-Estado era produto de um problema a longo prazo, suscitado pela crescente aridez. Ela proporcionava a melhor forma de alimentar o povo e proteger os interesses locais. Nas suas primeiras tentativas, a cidade mesopotâmica era uma solução única para a crise ambiental.

Apesar do seu provincianismo, os sumérios viviam num mundo muito mais vasto do que o dos seus antecessores de 'Ubaid, cujo universo raramente se alargava para lá de umas quantas aldeias vizinhas e algumas comunidades mais afastadas a montante. Uruk rompera esse modelo e tinha forjado uma rede de contactos comerciais tão extensa que alguns arqueólogos se lhe referem como um «sistema mundial» nascente.[20] A Suméria não tinha madeira, metais, nem pedras semipreciosas, mas tinha cereais e outros bens essenciais para oferecer. O comércio desenvolveu-se, em grande parte através de caravanas de burros de carga que cruzavam com facilidade a paisagem semi-árida, com os animais a alimentar-se pelo caminho, de pastagem e restolho dos campos. A cada Verão, grandes balsas de madeira, com a ajuda de peles de cabra insufladas, flutuavam pelo Tigre abaixo, abarrotadas de pedras semipreciosas, barras de cobre e outros artigos. Os pilotos das balsas deixavam-se vogar com a corrente ou remavam pelo rio abaixo na sua embarcação, entregavam a carga e vendiam a preciosa madeira da balsa, antes de regressar com as peles esvaziadas, na garupa de burros de carga. Cinco mil anos depois, o arqueólogo vitoriano Austen Henry Layard utili-

Secas e Cidades

zou o mesmo tipo de balsas para enviar toneladas de esculturas assírias da antiga Níneve para Bassorá, no Golfo Pérsico.[21]

As populações mudaram-se do sul para o norte por muitos séculos. Comunidades de 'Ubaid colonizaram terras nortenhas desde o quinto milénio a.C. Uruk estabeleceu postos avançados de comércio na Assíria e na Anatólia. Os criadores de gado estavam sempre em trânsito a partir das terras áridas ou subindo e descendo os rios. Os senhores sumérios competiam com as cidades em expansão a norte do delta e tão longe como o nordeste da Síria. Atacavam rotas comerciais e anexavam os competidores, mas eram frequentemente incomodados pelas contendas mortíferas e pequenas rivalidades que aconteciam perto de casa. Ninguém conseguiu alinhavar um Estado único até 2300 a.C., quando o Rei Lugal-zagesi de Umma arquitectou um sul unificado, juntando Ur, Uruk e mais tarde Lagash aos seus domínios. Depois ganhou o aval dos sacerdotes da antiga Nippur, o que lhe deu o domínio efectivo, ainda que pouco firme, do sul.

De há muito que havia rivalidade entre as cidades do sul e as do norte, onde houvera estados de território maior durante algum tempo. Um deles era chefiado pela cidade de Kish, cujo rei mediara o conflito entre Umma e Lagash. Os senhores do norte presidiam reinos maiores com mão autoritária, cultivando relações comerciais com cidades como Ebla e Mari, no que hoje é a Síria. Governavam com uma ideologia militarista que fazia da conquista e do domínio princípios centrais da realeza. Com perícia autocrática, controlavam a posse das terras e mantinham economias mais fortemente centralizadas do que as das cidades-Estado do sul.

Por volta de 2500 a.C., as cidades acadianas imediatamente a norte da Suméria começaram a ficar mais agressivas para com os seus vizinhos meridionais.[22] Os governantes acadianos eram especialistas em incursões de longa distância, mais do que na conquista territorial, mas isso mudou depois de Sargão, um monarca competente, fundar uma dinastia real em Ágade, no sul da Babilónia, em 2334 a.C. Nesse ano, o seu exército derrotou uma coligação de cidades-Estado sumérias chefiada pelo Rei Lugal-zagesi de Ur. Ele desbaratou Eridu e trouxe Lugal-zagesi com um cepo ao pescoço até aos portões de Nippur. Tendo sujeitado o sul, esse general consumado subjugou Mari muito ao norte, e a terra da «Floresta de Cedros» e da «Montanha de Prata» em Tauros. Sargão tornou-se o senhor absoluto da Mesopotâmia.

Este império muito maior era ainda mais vulnerável às alterações climáticas bruscas. A sua vulnerabilidade é totalmente evidente a montante, nos locais arqueológicos da planície de Habur, a oeste do Eufrates, na Síria actual.

Em épocas anteriores, Habur fora uma paisagem fértil, nutrida pela chuva abundante e próxima dos alagamentos do Eufrates. Ali, os efeitos da longa seca foram diferidos. Até 2900 a.C., o rio e os seus tributários sustentaram dezenas de pequenas aldeias agrícolas, e disseminaram povoações de comunidades igualitárias, das quais a maior não cobria mais de dez hectares. Três séculos mais tarde, as chuvas enfraqueceram e ficaram mais sazonais. Depósitos de ribeiros nas encostas mostram sinais de uma circulação de água muito mais irregular na planície de Habur e no planalto da Anatólia, a norte.

Tal como no sul, as populações reagiam mudando-se para centros urbanos maiores onde podiam encontrar alimento e trabalho. Três grandes cidades com vilas e aldeias secundárias desenvolveram-se ao longo de Habur, uma delas representada hoje pelo sítio arqueológico de Tell Leilan, escavado por Harvey Weiss.([23]) Tell Leilan começou por ser um pequeno povoado agrícola, entre muitos outros, nos anos de muita chuva. Após 2600 a.C., a aldeia sextuplicou bruscamente, e transformou-se numa cidade próspera cuidadosamente organizada em terra livre. Tell Leilan não só dispunha de uma acrópole, como de um bairro mais baixo, cruzado por uma rua direita, pavimentada com pedaços de cerâmica, com 4,75 metros de largo. Muros de tijolo ladeavam a rua, com casas que abriam para ruelas na parte de trás.

Os anónimos soberanos de Tell Leilan transformaram o seu interior numa paisagem agrícola muito coesa e meticulosamente organizada. Weiss e os seus colegas desenterraram um quarteirão de armazéns com uma área superior a duzentos metros quadrados. Nos armazéns abandonados jazem ainda 188 selos quebrados de portas e potes, entre as sementes de cevada e trigo *emmer* e *durum* cuidadosamente debulhadas e peneiradas, preparadas nos campos e depois entregues à acrópole.

Em 2300 a.C., Tell Leilan era uma das maiores cidades na planície de Habur, cobrindo tanto como 100 hectares. Os acadianos avançaram contra ela a partir da sua fortaleza próxima, em Tell Brak (uma cidade que remontava ao quarto milénio), e depois fortificaram a povoação inteira com muralhas de tijolo maciças e taludes de barro. Com exaustividade draconiana, arrasaram aldeias e vilas próximas e puseram com firmeza a administração da lavoura e dos cereais em mãos oficiais.

Weiss encontrou uma pista reveladora quanto à governação da cidade nas casas e pátios de Tell Leilan, onde quase nenhuma casca de cereal veio à luz. Ele acredita que os cereais consumidos pelos habitantes eram pré-lavados e depois distribuídos como rações pelas autoridades acadianas. Cada trabalhador recebia uma quantidade atribuída de cereal e óleo, apresentada em recipientes de argila de tamanho padronizado, fabricados nos fornos da cidade. Os plebeus pagavam os seus impostos ao Estado em artigos e em trabalho nas obras públicas. Centenas deles trabalhavam nos canais de irrigação e nas condutas de água. Weiss fez cortes transversais num dos sulcos da parte ocidental da cidade, onde descobriu a história do canal – a sua laboriosa escavação em solo duro, cálcico, a construção de represas compactas com blocos de basalto, e as enormes pilhas de silte e seixos flutuantes que eram removidos do fundo. Trabalhos hidráulicos em larga escala e grandes excedentes de cereais garantiam alguma segurança quanto às flutuações de ano para ano das cheias fluviais – desde que houvesse suficiente chuva para alimentar as inundações médias no Eufrates.

O domínio acadiano durou cerca de um século, numa época de clima marcadamente sazonal e talvez algo mais quente do que na actualidade. A erosão estava controlada; as areias transportadas pelos ventos secos não constituíam um problema. Os acadianos governavam um Estado que prosperava com o comércio de longa distância e empregava exércitos poderosos para subjugar cidades

O Longo Verão

rebeldes. Comportavam-se como ardentes imperialistas, com o seu domínio apoiado não só pela força militar e pelo comércio, mas também com ideologias pomposas e produção agrícola intensiva.

Em 2200 a.C. sobreveio o desastre. Uma trincheira no bairro baixo de Tell Leilan conta-nos a história de uma grande erupção vulcânica algures para norte que libertou formidáveis quantidades de cinza na atmosfera. Tal como a vasta erupção do Monte Tambora no sudeste asiático em 1816, causou provavelmente um Inverno extremamente frio e vários anos sem Verão. O acontecimento vulcânico coincidiu com o começo de uma seca de 278 anos que afectou uma extensa região do sudoeste da Ásia. Os mesmos séculos áridos aparecem registados nos núcleos de gelo da Gronelândia e em núcleos tão longínquos como os dos glaciares andinos do sul do Peru. Com espantosa brusquidão, a circulação do Atlântico Norte desacelerou. Os ventos oeste húmidos do Mediterrâneo, que foram um dado seguro durante séculos, eram agora imprevisíveis, um lugar comum da seca severa.

Em poucos anos, os campos de Tell Leilan eram uma zona desertificada, cruzada por canais de irrigação cobertos de sedimentos. Pequenos ciclones de poeira erravam entre a cevada ressequida e os rebentos de trigo. Bois e ovelhas esqueléticos escavavam para achar restolho seco, onde os seus antepassados tinham encontrado ricos pastos primaveris. O império acadiano desmantelou-se como um castelo de cartas quando a sua paisagem agrícola laboriosamente organizada desabou. Tell Leilan tornou--se uma cidade fantasma com os muros a desfazer-se. Harvey Weiss e os seus colaboradores no terreno calculam que entre 14 000 a 28 000 pessoas terão abandonado a cidade em direcção ao sul ou a terras com mais água, um número muito grande para os padrões da época. Próxima dali, Tell Brak encolheu para um quarto do seu tamanho prévio. Estudos arqueológicos extensos ao longo de Habur revelaram uma paisagem que foi abandonada, e assim se manteve três séculos.

O colapso no norte provocou a devastação de uma grande área. Durante milénios os criadores de gado tinham apascentado os animais junto ao Eufrates e ao Tigre no Inverno, para na

Secas e Cidades

Primavera os mudarem para as pradarias. Agora a seca tornara as suas pastagens de Verão num quase deserto. Sempre adaptáveis, os pastores nómadas fizeram o que sempre haviam feito em tempos de seca – mantiveram-se junto a reservas de água seguras e deslocaram-se para jusante ao longo dos rios. Essa movimentação levou-os ao conflito directo com as comunidades agrícolas do sul, que sofriam elas próprias da falta de alimentos. Pode-se imaginar a gritaria e tumulto provocada por rebanhos de cabras vorazes espalhando-se pelas culturas e invadindo os pastos cuidadosamente guardados dos agricultores. Era tão séria a ameaça que o governador de Ur construiu um muro de 180 quilómetros chamado «Repelidor de Amoritas» para controlar a imigração dos pastores. Os seus esforços foram inúteis. O interior de Ur viu a sua população triplicar numa altura em que as árvores de fruto morriam e as autoridades estreitavam freneticamente canais de irrigação para optimizar o fluxo muito reduzido da água. Tabuinhas cuneiformes informam-nos que os oficiais de Ur viram-se reduzidos a distribuir cereais em rações diminutas. A economia agrícola da cidade logo desmoronou.

Os trezentos anos de seca trouxeram perturbações a outras partes no Mediterrâneo oriental. Durante séculos as cheias do Nilo haviam produzido colheitas e água abundantes para os faraós do Velho Reino no Egipto, que se consideravam senhores do grande rio. Em 2184 a.C., as cheias fraquejaram.([24]) Nos 150 anos seguintes, cheias catastroficamente insuficientes causaram fome no Egipto. O governo central ruiu, os faraós seguiram-se uns aos outros em Mênfis, e o Estado desfez-se nas suas províncias constituintes. Passou-se mais de um século até Mentuhotep I reunificar o país, em 2046 a.C. Ele e os seus sucessores, tendo aprendido a lição, investiram fortemente na agricultura e centralizaram o armazenamento, redefinindo-se menos como deuses do que pastores do povo. Tinham-se apercebido de que as doutrinas de infalibilidade real podiam ser uma responsabilidade política e uma literal sentença de morte.

O Egipto sobreviveu porque o povo acreditou que os seus reis haviam derrotado a falsidade e utilizado as suas qualidades divinas e humanas para influenciar a natureza a seu favor. Os melhores e mais poderosos reis egípcios prosperaram porque eram pragmáti-

O Longo Verão

cos que empregaram o seu povo para criar um oásis organizado a partir da abundância natural. Administração firme, governo centralizado e engenho tecnológico, combinados a uma ideologia convincente, asseguraram a sobrevivência do Estado às enchentes boas e más, e ao aumento populacional estável na cidade e no campo.

A civilização mesopotâmica também tinha resistido. Depois de 1900 a.C., a chuva regressou à sua sazonalidade anterior. As populações voltaram a Habur e à Assíria; Tell Leilan floresceu mais uma vez, para se tornar o centro de um Estado amorita. Apesar de todas as perturbações da seca catastrófica e das condições muito mais secas, as instituições e ideologia da antiga Mesopotâmia sobreviveram para se tornar a matriz dos grandes impérios posteriores. Com o auxílio dos deuses, os soberanos da Mesopotâmia domaram um meio ambiente duro, excepto quando os caprichos da circulação atmosférica e oceânica desafiaram o seu engenho e os seus domínios. Mas numa análise final, a estratégia engenhosa da centralização e de uma paisagem organizada era a melhor defesa contra um mundo impiedoso.

8

Dádivas do Deserto
6000 a 3100 a.C.

Criador de tudo e dador do seu sustento...
Valente pastor que conduz o seu gado,
Refúgio deles e dador do seu sustento...

Hino ao Sol por SUTI e HOR,
arquitectos do Faraó Amenhotep III, *c*. 1400 a.C.

O Egipto pode ser a dádiva do Nilo; mas a antiga civilização egípcia foi a dádiva dos desertos.

TOBY WILKINSON, *Genesis of the Pharaohs*, 2003

O vento cresta-nos o rosto quando nos inclinamos sobre a areia picante, espreitando através de uma abertura no pano que nos tapa o nariz e a boca. Milhões de minúsculos grãos estalam contra as portas do Land Rover e fazem troça dos ténues rastos do veículo que se estendem atrás de nós. Sem uma bússola e um navegador electrónico estaríamos irremediavelmente perdidos em poucos minutos. É difícil acreditar que outrora as pessoas caçavam animais e viviam junto a lagos pouco profundos neste

O Longo Verão

mesmo lugar, ou que por aqui vagueavam em vastas extensões de pradaria. Como é que alguém vivia no Sara?

Este mundo de areia e rocha, de afloramentos desgastados e dunas, forçava um universo completamente diferente. O Vale do Nilo, uma terra tão fértil que nutriu a mais duradoura de todas as civilizações humanas, atravessa o deserto da África Tropical até ao Mediterrâneo. Durante milhares de anos, estes dois mundos absolutamente diferentes floresceram ao lado um do outro. Os seus destinos diversos demonstram a vulnerabilidade inerente a qualquer resposta humana à pressão climática.

Sahra': a palavra árabe significa «deserto». É um eufemismo. O Sara estende-se por um sexto da circunferência do globo, do Oceano Atlântico ao Mar Vermelho, uma imensa desolação de dunas de areia, planaltos rochosos estéreis, planícies de areia grossa, vales secos e planuras de sal cobrindo 9 100 000 quilómetros quadrados. Aqui os *ergs*, mares de areia confinados no interior de largas bacias, movem-se constantemente, às vezes formando dunas formidáveis com 180 metros de altura. As temperaturas diurnas podem ascender aos 58° C, e depois cair abaixo do zero à noite. A chuva é, na melhor das hipóteses, esporádica, pode cair em qualquer estação, e totaliza menos de 5 milímetros anuais no deserto oriental. Contudo, existe vida no meio da desolação. Vastos aquíferos subterrâneos jazem abaixo da superfície do deserto, alcançando-a às vezes, criando oásis. Cerca de noventa deles fornecem água suficiente para aldeias camponesas de hoje. Algumas famílias vivem nos numerosos oásis, muito menores, do Atlântico ao Mar Vermelho. Actualmente cerca de dois milhões de pessoas vivem no deserto, a maioria nas suas margens, principalmente pastores e comerciantes. Não passam muito tempo no hiper-árido Sara central.

Há seis mil anos, a população do deserto era muito menor, não mais de poucos milhares, mas os pastores floresciam em paisagens que estão agora esvaziadas de vida. As alterações climáticas

Dádivas do Deserto

do Holocénico deixaram uma marca indelével nesta região e nas suas sociedades.

O Sara é um mundo de areia e rocha, com apenas pequenas áreas de vegetação permanente. Ventos quentes e carregados de areia sopram constantemente sobre uma paisagem com frequência incaracterística, cuja vista, especialmente no rochoso Deserto Oriental entre o Nilo e o Mar Vermelho, pode ser espectacular. Montanhas e terras altas muito erodidas erguem-se no Sara central. As Montanhas Ahaggar na Argélia ascendem a 2916 metros acima do nível do mar. Para nordeste ficam as terras altas de Tassili-n'Ajjer. Um lugar sem vida, poderíamos pensar, mas mesmo o Sara completamente seco de hoje sustenta 70 espécies de mamíferos, 90 formas de aves residentes, e cerca de 100 espécies de répteis. Animais e plantas adaptaram-se a um mundo quase sem água. No momento em que cai qualquer quantidade de chuva, as sementes caídas no chão vêm à vida, crescem velozmente e morrem após um ciclo de vida de cerca de oito semanas. O deserto é um mundo de *habitats* efémeros, que só se desenvolvem depois das tempestades. Os longos períodos de dormência são uma ilusão, pois existe sempre o potencial para o crescimento das plantas. Até pequenos aumentos de pluviosidade anual despertam para a vida grandes áreas nas margens.[1]

O deserto respira como um conjunto de pulmões gigantes, expandindo-se e contraindo-se com mudanças diminutas de padrões de pluviosidade.[2] Nas margens, o deserto absoluto dá lugar a dunas cobertas de vegetação permanentemente enfezada, depois a pradarias semi-áridas e por fim à savana, à medida que a chuva aumenta aproximadamente um milímetro por quilómetro do norte para o sul. Os pulmões inspiram animais e pessoas nos períodos de maior pluviosidade e expiram-nos para as margens a aridez maior regressa. Nenhuma das alterações pluviais durante o Holocénico foi muito ampla – alguns milímetros por ano – mas as consequências são dramáticas.

A bomba funciona sem descanso, década atrás de década, fazendo com que as fronteiras do Sara avancem e recuem tão imprevisivelmente como as ondas numa praia. Desde os anos 80 que satélites meteorológicos em órbita detectam os movimentos norte-sul da zona dos prados do Sael no limite sul do deserto.

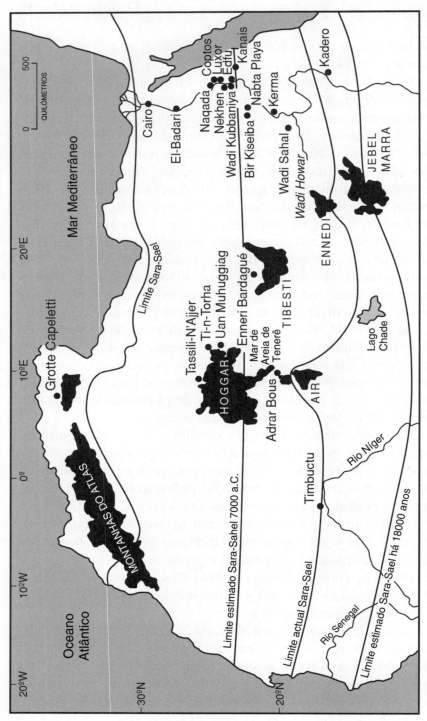

Mapa do Deserto do Sara e Egipto, mostrando sítios e locais mencionados no Capítulo 8

Dádivas do Deserto

Em 1984, o ano mais seco do século XX, o avanço para sul foi equivalente a 15 por cento da totalidade do deserto. No ano seguinte, o Sael expandiu-se 110 quilómetros para norte, reduzindo o tamanho do deserto em 724 000 quilómetros quadrados. Também ocorreram importantes episódios de contracção e expansão durante a década de 90, coincidindo com as alterações na precipitação. As imagens de satélite demonstram como o menor aumento ou descida da precipitação afecta as margens do deserto. Uns poucos milímetros mais de chuva primaveril ao longo do Sael trazem à vida milhares de hectares de paisagem árida, com erva raquítica e até flores do deserto. Poças rasas surgem durante alguns dias ou semanas depois da chuva. De imediato os pastores dispersam-se nas novas pastagens. O seu gado colhe a erva fresca e os arbustos tão rapidamente quanto estes crescem. O ano seguinte, que poderá quase não ter precipitação alguma, irá encontrar o gado com fome amontoado à volta de poços permanentes. Os donos levam-nos para sul, para longe do deserto invasor, para pastar restolho nas terras dos agricultores.([3])

As imagens de satélite fazem a crónica de um deserto vivo, nunca imóvel, sempre a mudar em resposta a pequenos movimentos da Zona de Convergência Intertropical (ZCIT) com as suas chuvas de monção. Um movimento para norte da ZCIT traz a circulação da monção do Oceano Índico para mais perto dos desertos Árabe e do Sara. Quando a ZCIT e as suas chuvas de monção se deslocam para sul, o Sara torna-se mais seco.

Estas alterações foram mais acentuadas no passado. Entre 20 000 a 15 000 anos atrás, o Sara da Última Idade do Gelo era extremamente seco, com as margens muito para sul das actuais. Até tão tarde como 9000 a.C., zonas tropicais de alta pressão reforçadas por ar polar estenderam a sua influência seca sobre a ZCIT e as suas monções. As trocas de calor entre o Equador e o Pólo Norte abrandaram drasticamente, acelerando as correntes de jacto de altitude elevada e intensificando os anticiclones tro-

O Longo Verão

picais. Consequentemente, o grande aquecimento foi um período de extrema aridez no Sara. Durante três mil anos, quase não viviam homens no deserto.

Depois de 9000 a.C. e do fim da Dryas Mais Jovem, as chuvas recuperaram. A ZCIT moveu-se para norte, trazendo precipitação para o centro e sul do Sara. Só o norte continuou seco, provavelmente porque a corrente de jacto se mudou para norte, acentuando a seca nessas regiões. Entre cerca de 8000 e 5500 a.C., os lagos da África Oriental e do Sael expandiram-se em grande escala. A chuva na África Oriental e no Sara aumentou anualmente entre 150 e 400 milímetros. Um ciclo asiático de monções mais forte criou um mundo do Sara completamente diferente do da actualidade.

Até cerca de 2550 a.C., quando o faraó egípcio Khufu e os seus sucessores estavam a construir as pirâmides de Gizé junto ao rio, o deserto sustentava muitos lagos de água doce, alguns bastante grandes. Os crocodilos e os hipopótamos floresciam no norte do Mali, onde a precipitação é agora de uns meros cinco milímetros anuais. As ossadas desses animais implicam um terreno bem irrigado com bastante vegetação. O Lago Chade e outras bacias lacustres sustentavam ricas comunidades de plantas e fervilhavam com peixe. Os poderosos pulmões do deserto aspiravam das suas margens não só animais e plantas como também bandos de caçadores da Idade da Pedra, que se fixavam à beira dos lagos e nos oásis do deserto e se dispunham por mais terreno aberto quando havia água permanente. Eles procuravam e colhiam uma notável variedade de alimentos, «especialidades regionais [que] impressionariam até o melhor *chef* francês» como notou, talvez com entusiasmo excessivo, o geólogo Neil Roberts.([4])

Apesar de toda esta fartura – é fácil exagerá-la – somente poucos milhares de pessoas habitavam o vasto deserto entre o Atlântico e o Mar Vermelho, quase todos mantendo-se junto dos lagos e de outras fontes de água permanentes. Como todas as sociedades que viviam em terras semi-áridas, os caçadores andavam em movimento constante, deixando pouco que os arqueólogos possam estudar, excepto mais de trinta mil pinturas e gravuras nas áreas montanhosas nos confins do deserto, e a leste do Nilo. A maioria da arte provém de Tassili n'Ajjer, na Argélia, onde há

Dádivas do Deserto

mais de oito mil anos os artistas descreveram animais como o búfalo, o elefante e o rinoceronte – todos agora extintos localmente – com espantoso realismo. Homens armados com clavas, lanças, machados e arcos cabriolam à volta das suas presas. Vívidas gravuras na pedra, do Deserto Oriental, feitas cerca de 4000 a.C. ou antes, também representam uma época em que o Sara foi mais húmido, pois os animais gravados incluem o elefante e a girafa.([5])

Então, depois de 3500 a.C., a arte modifica-se abruptamente em Tassili-n'Ajjer. O búfalo e outros animais hoje extintos desaparecem, substituídos por espécies de caça familiares ao lado de gado domesticado. Os bandos de caçadores do Sara tinham adoptado a pastorícia.

O antigo Sara compreendia muitos meios ambientes – mares de areia, montanhas escarpadas, pradarias semi-áridas e oásis. Depois havia o Nilo, o único rio do Norte de África que atravessa o Sara de sul para norte. Outros rios do Sara foram importantes no começo do Holocénico, incluindo um que deve ter corrido entre o maciço de Tibesti, no coração do deserto, para o Mediterrâneo. Mas só o Nilo sobreviveu à intensa seca que se abateu sobre o Sara depois de 4000 a.C., correndo pelas extensões menos hospitaleiras do deserto, como fizera centenas de milhares de anos. O Nilo era um elo através do deserto, um oásis e refúgio, um mundo muito diferente do das paisagens áridas que rodeavam a sua planície aluvial serpenteante.

O Vale do Nilo corta o Sara oriental como uma seta verde atirada em direcção ao Mediterrâneo. No fim da Idade do Gelo, o grande rio corria por uma funda garganta, dirigindo-se a um oceano muito mais baixo do que actualmente. Com a subida dos níveis do mar depois da Idade do Gelo, e com os lagos da África Oriental a transbordar sobre o Nilo Branco, o rio ficou mais lento. As enchentes estivais depositavam fundas camadas de sedimento fértil no vale outrora estreito. A cada Verão a enchente anual

O Longo Verão

cobria grande parte da planície aluvial, criando uma manta de retalhos de pântanos, poças e charcos onde os peixes e as plantas comestíveis abundavam.

Mesmo nos milénios áridos da Última Idade do Gelo, uma pequena população de caçadores habitava junto ao rio. Tinham uma vida na melhor das hipóteses insegura, pois as enchentes do Nilo variavam dramaticamente de ano para ano. Em épocas de seca severa, os terrenos pantanosos desapareciam, privando os recolectores de vegetais essenciais. Por isso as pessoas exploravam uma vasta gama de recursos alimentares. Por exemplo, 13 000 anos antes dos faraós, os habitantes de Wadi Kabbaniya, um minúsculo acampamento de abrigos de caniço a jusante de Aswan, viviam de peixe-gato encurralado nas poças rasas deixadas pela enchente em recuo do Nilo, e de tiriricas selvagens, uma espécie de junça que ainda cresce no rio actualmente.[6]

As mesmas sociedades de caçadores versáteis mantiveram-se no Holocénico seco e imóvel, mas as populações cresceram lentamente ao longo de um rio agora muito mais dócil, em todo o trajecto do delta do Nilo junto ao Mediterrâneo até ao Sudão. Com a expansão natural dos pântanos e baixios, existia suficiente peixe e reservas de plantas comestíveis silvestres para que alguns grupos, como no Egipto central e ao longo do Nilo Branco no Sudão, pudessem viver no mesmo local durante muitos meses do ano. Alguns desses povoamentos eram tão permanentes que havia cemitérios, que ficavam em poços pouco fundos, cobertos com blocos de pedra. No entanto as enchentes variavam de ano para ano, e crescentes populações ficavam circunscritas dentro de pequenos territórios. Muitas discussões terminaram com certeza em violência. Alguns dos mortos encontrados nestes cemitérios pereceram de feridas infligidas por extremidades de setas de pedra, encontradas nos seus ossos.[7]

Em 9000 a.C., talvez vivesse no Vale do Nilo um milhar de pessoas, entre o Mediterrâneo e a actual Cartum, subsistindo na sua maioria de peixe e plantas silvestres. A Planície aluvial viçosa deu bruscamente lugar a vastas extensões desérticas entremeadas de erva seca e vegetação enfezada. Para posteriores gerações de egípcios, essa fronteira entre o rio e as terras áridas separava o seu mundo do dos estrangeiros. Mas a formação da sua civilização recebeu uma influência subtil dos forasteiros.

A terra dos estrangeiros, o Sara oriental a ocidente do Nilo (a não confundir com o Deserto Oriental na outra margem), é uma das paisagens mais secas do mundo. Muito dela não tem cobertura vegetal de espécie alguma durante centenas de quilómetros. Cientistas alemães liderados por Rudolph Kuper passaram anos a estudar as complexas mudanças ambientais que transformaram essa terra brutal desde a Idade do Gelo.([8]) As suas provas vêm de sedimentos complexos de lagos e ribeiros há muito desaparecidos, e de amostras de carvão vegetal e ossos de animais encontrados em antigos sítios arqueológicos.

Antes de 4000 a.C., segundo os antigos leitos lacustres, as partes egípcias do Sara oriental tinham uma precipitação ligeiramente maior que a actual. Acácias, tamargueiras e outros arbustos cresciam nos lugares mais bem irrigados, o posto avançado mais setentrional da savana tropical que se espalhara 500 a 600 quilómetros para norte dos seus limites actuais. Tiras de vegetação tolerante à seca cresciam na paisagem, um pouco como a que se encontra na região do Sael hoje imediatamente a sul do deserto. A vegetação mais densa fica em pontos baixos de um terreno variado, onde forte escoamento de águas se acumulava nas raras tempestades. Uma vegetação semelhante floresce hoje no sul da Líbia, onde a precipitação anual de entre 25 e 50 milímetros produz alguma pastagem e lenha para os criadores de gado nómadas.([9])

Antes de 4000 a.C., o Sara oriental era uma paisagem perfeitamente viável para os pastores, especialmente se passassem pelo menos uma parte do ano nas orlas do Vale do Nilo, onde os pastos abundavam, e se estivessem preparados para se manter constantemente em movimento à procura de pastagens e água muito distantes. Alguns lugares davam áreas mais densas de tamargueiras durante as épocas mais húmidas, especialmente nos

O Longo Verão

fundos dos rios temporários e à volta de poças sazonais. Até mesmo um ligeiro aumento da chuva criava extensas áreas de gramíneas e ervas efémeras, assim como água permanente durante os meses húmidos.

A vegetação irregular do Sara egípcio deu lugar a uma cobertura de erva muito mais ampla para sul, principiando mais ou menos na zona da actual fronteira entre o Egipto e o Sudão. Aí desenvolviam-se as acácias, que são sempre um sinal de aquíferos mais altos. A cobertura do solo era na prática idêntica ao terreno de vegetação rasteira/savana do Sael, que hoje floresce a sul do Sara. Durante este «óptimo» climático, algumas áreas do deserto sudanês estavam surpreendentemente bem fornecidas de água. Wadi Howar, a leste do Nilo e sudoeste do seu braço de Dongola, era um rio perene entrançado com numerosos lagos ao longo dos canais principais, ligados uns aos outros durante as cheias. O peixe-gato, o sargo e a perca do Nilo abundavam, migrantes vindos do Nilo numa altura em que o rio temporário desaguava no grande rio.

Uma mistura ecléctica de animais de caça viu a luz nos sítios arqueológicos investigados pelos alemães, incluindo o elefante e o rinoceronte, o órix e os crocodilos de lagos pouco profundos. Os habitantes desses sítios criavam cabras e ovelhas, mas dependiam sobretudo do gado vacum.

Muitos investigadores escreveram sobre um Sara onde grandes manadas de gado pastavam alegremente, quase de certeza porque a imagem que têm de gado a pastar formou-se nos prados europeus. A realidade era uma dura vida de pastorícia, subsistindo em tiras marginais do deserto. Esses não eram os bois lustrosos e bem alimentados da minha juventude europeia, ruminando contentes em pastagens viçosas, mas gado magro, desfavorecido. Ao contrário das cabras e ovelhas, o gado vacum tem a mobilidade para mudar de um terreno de pasto para outro sem sofrer baixas substanciais. A aridez do ambiente exigia um nomadismo de deslocação rápida, numa procura constante de reservas de água, pois o gado tem de ter água regularmente, de preferência a cada 24 horas, no máximo de três em três dias. Bebem constantemente nos ambientes quentes e secos, não para evitar a desidratação, mas para refrescar os seus corpos com enormes volumes de água.

Desde que um animal tenha dois quilos de bom alimento por dia, não perde peso. Garantir que o gado consiga erva ou forragem adequada requer uma gestão cuidadosa. Os pastores têm de levar os animais para pastar ao fresco de manhã cedo. Nas horas quentes do meio do dia, os animais procuram a sombra, se houver alguma, e ruminam o bolo alimentar, por isso necessitam nessa altura de ter comida adequada no seu sistema alimentar. De volta ao acampamento, os pastores encerram os animais mais novos, até que as vacas tenham partido. Chegada a noite, até o gado em liberdade regressa à base, pois as mães procuram os seus bezerros para os alimentar. Fornecer água às manadas também consumia muito tempo, quer nos poços naturais, quer em poços escavados em cursos de água secos.([10])

O gado do Sara tinha uma existência dura. Todas as manadas passavam a maior parte da vida sob grave pressão ambiental, e comendo vegetação pobre. Os ossos do gado encontrado nos sítios alemães são de animais magros, pouco desenvolvidos, com uma altura de ombro de cerca de 115 centímetros. A mesma raça atrofiada sobreviveu muitos séculos. O crânio completo de uma vaca doméstica do terceiro milénio, de Wadi Sahal no deserto sudanês, é de um animal pequeno, de longas hastes, o mesmo dos que foram enterrados em sepulturas na capital real de Kerma, junto ao Nilo, em 1500 a.C.([11])

Apesar de todos os desafios, a pastorícia no deserto tinha uma longa história. Mas como e porquê começou?

O pai das manadas de gado do Sara foi o boi selvagem primitivo, o auroque. Júlio César observou a propósito do auroque europeu que «mesmo quando são apanhados muito novos, os animais não conseguem ser domados ou acostumar-se aos seres humanos».([12]) A última manada de auroques selvagens extinguiu-se nas florestas sombrias da Polónia em 1627, mas os cientistas polacos conseguiram recriar uma manada pouco antes da II Guerra Mundial. Produziram um animal vivo, de cor

O Longo Verão

castanha avermelhada, com um temperamento inconstante, não dissemelhante do seu feroz antecessor.

Os homens de César caçavam e capturavam o auroque nas florestas temperadas, bosques e matas da antiga Gália. Os caçadores romanos tinham de espreitar as suas presas de uma distância curta, e segui-las pela calada. O auroque era desconfiado, assustava-se com facilidade e era rápido na investida. Mas o que acontecia em terreno mais aberto, onde não há onde se esconder? Há muitos anos andava eu à procura de antigas aldeias campone- sas nas margens do rio Zambeze na África Central quando dei por mim a vaguear inadvertidamente entre uma pacífica manada de elefantes que pastavam. Eu não tinha experiência do mato e não me eram familiares os sinais reveladores da presença deles – ramos arrancados, excrementos frescos e o ribombar suave dos seus estômagos cheios de gás. Ao vê-los fiquei paralisado. Olha- ram-me indiferentes e continuaram a comer. Reencontrei silencio- samente o meu caminho e deixei-os em paz. Só mais tarde me apercebi que os elefantes não se tinham alarmado com a minha presença, já que eu estava perfeitamente visível e caminhando devagar entre eles, sem ser uma ameaça oculta. Aqui talvez resida uma pista de como os caçadores sarianos conseguiram domesticar o auroque.

O biólogo Michael Mloszewski passou longos períodos a observar manadas de búfalos selvagens (*Synceros caffer*) na África central.([13]) Os búfalos selvagens deambulam nos bosques e pradarias, assim como em ambientes muito mais secos. As maiores manadas floresciam em zonas de água abundante, enquanto os búfalos das imediações mais secas andam em grupos mais pequenos e mansos, reflectindo a necessidade de continuar com a manada na sua constante busca de água e boas pastagens. Mloszewski não só observou as manadas, como caminhou entre elas, como eu fizera com os elefantes do Zambeze. Ele achou os búfalos receosos de carnívoros e outras ameaças possíveis ocultas pelas árvores ou pela erva alta. As manadas ficavam muito mais descontraídas quando um predador potencial estava à vista, andando devagar entre elas. Provavelmente as antigas manadas de animais de caça, até mesmo os auroques, segundo todos os relatos um animal tão imprevisível como o reconhecidamente irascível

Dádivas do Deserto

búfalo, podem ter-se comportado assim, permitindo aos caçadores mover-se livremente entre eles desde que se conservassem completamente visíveis. Essa liberdade de movimentos era essencial a quem não dispunha, para perseguir animais de grande porte, senão da mais simples das tecnologias do arco e flechas. A única maneira que tinham de ferir mortalmente uma tal presa era acercar-se até poucos metros de distância. Espreitar a caça exigia árvores e uma cobertura de ervas altas, uma raridade no Sara. Felizmente o gado habituara-se a reconhecer apenas certos comportamentos como perigosos: os predadores mantinham-se escondidos, os outros herbívoros não. Se ficassem à vista, as pessoas podiam caminhar entre os animais, desde que tomassem o cuidado de nunca os encurralar ou de separar uma mãe da sua cria. Podiam então apanhar a sua presa com relativa facilidade, talvez disfarçados engenhosamente para se aproximarem o suficiente e desferir uma estocada mortal.

Andrew Smith, arqueólogo na Universidade da Cidade do Cabo, estudou grupos de pastores de gado no interior e à volta do Sara.[14] Escavou pequenos sítios de acampamentos usados por grupos de caçadores que abatiam antílopes e bois selvagens no Sara por volta de 6500 a.C. Em 6000 a.C., durante a Mini-Idade do Gelo, as condições no Norte de África e pelo sudoeste asiático tornaram-se de novo mais secas. O deserto avançou, as nascentes e ribeiros secaram e as pradarias semi-áridas definharam. Foi com estas condições, segundo Smith, que alguns bandos do deserto domesticaram gado selvagem.

O Sara nunca foi bem irrigado. Animais e pessoas estavam a mudar-se constantemente, à procura de alimentos e água. Quando as condições pioravam, acha Smith, as pequenas manadas de auroques do deserto tornavam-se grupos ainda menores e mais coesos. Os animais hesitavam em abandonar as fontes de água, tornando mais fácil aos caçadores mover-se entre eles e abatê-los à vontade. Em consequência, o gado e os homens aproximaram-se. Os caçadores ganharam uma familiaridade tão completa com o comportamento do auroque que começaram a controlar os movimentos de manadas individuais, impedindo-as de se mudar de um lado para o outro e assim assegurando a continuidade do seu abastecimento de carne. Ao eliminar os animais mais bravos,

O Longo Verão

logo conseguiram o controlo genético da manada, o qual levou a rápidas mudanças fisiológicas e comportamentais nos animais. O gado recém-domesticado era mais fácil de controlar e pode ter tido uma taxa de reprodução maior, que terá produzido maiores quantidades de leite. A fazer fé em pinturas rupestres no interior longínquo do deserto, os criadores de gado cedo começaram a seleccionar a cor do couro e a forma dos chifres.

A maioria dos especialistas concorda que os caçadores do Sara domesticaram o auroque independentemente dos do sudoeste da Ásia. Fizeram-no graças a uma combinação de seca, profunda familiaridade com a presa e, como sempre, brilhante oportunismo humano face a um dos mais intratáveis animais da Idade do Gelo.

Não sabemos ao certo quando as pessoas primeiro domesticaram o gado no deserto, mas pode ter sido desde 7500 a.C., a julgar por um amontoado de ossos nos sítios de Bir Kiseiba e Nabta Playa, no deserto egípcio.([15]) O gado vacum foi certamente domesticado por volta de 5500 a.C.([16]) Ele está presente no Enneri Bardagué, no Maciço de Tibesti, cerca de 5400 a.C. Encontraram-se ossos de gado vacum domesticado no sítio Capeletti, nas Montanhas Aurès da Argélia, onde datam de entre 4600 e 2400 a.C.; o número de ossos sofre um aumento acentuado com o passar do tempo, dando a entender que o gado vacum estava a substituir rapidamente a caça como principal origem da carne. Depois de 5000 a.C., ossos de cabras e ovelhas e de gado vacum mais pequeno surgem em Nabta Playa, os primeiros quase de certeza importados do Vale do Nilo, pois nem as ovelhas nem as cabras são naturais do Sara.

Os arqueólogos Fiona Marshall e Elisabeth Hildebrand acreditam que o gado vacum foi domesticado algures no Sara oriental cerca de 7000 a.C., possivelmente por bandos de caçadores-recolectores fixados em fundos de bacias do deserto, onde a vegetação atraía muitos animais de caça.([17]) A domesticação dos auroques garantiu uma reserva alimentar muito mais fiável, armazenada viva e prontamente acessível. Sabemos também que muito antes da sua domesticação o gado bovino selvagem possuía uma relevância simbólica: os enterros acompanhados de cornos de gado bovino tornaram-se importantes na região antes de 10000 a.C.

Dádivas do Deserto

O Sara tornou-se de novo um pouco mais húmido após 5000 a.C., numa altura de precipitação mais abundante na maior parte do sudoeste asiático. Arbustos e ervas semelhantes aos do Sael expandiram-se para norte, criando vastas zonas de terrenos semi-áridos que podiam ser usadas para apascentar gado vacum e rebanhos. Ao mesmo tempo, as populações de animais de caça aumentaram. Em poucos séculos, os pastores espalharam-se rapidamente pelo deserto – do vale do Nilo para a confluência do Nilo Branco e do Nilo Azul, depois muito para oeste, entrando pelas Montanhas Aïr e até tão longe como a região de Timbuctu do actual Mali. Apesar destas enormes distâncias, o equipamento dos pastores manteve-se notavelmente semelhante, incluindo pontas de flechas muito bem feitas e utensílios para trabalhar a madeira como machados e goivas, assim como vasilhas para guardar o leite das suas manadas. Isso não nos deve surpreender, pois como os caçadores da Idade do Gelo na Sibéria e no Alasca, esta gente não dependia da tecnologia mas da informação, do conhecimento de onde se podia encontrar água e pastos e de redes sociais que ligavam acampamentos de pastores autónomos, distantes entre si centenas de quilómetros. O mesmo tipo de laços sociais funciona no Sara até hoje.

A paisagem do Sara compreendia duas áreas principais – planícies abertas e montanhas, ambas utilizadas por grupos de pastores. Durante os séculos húmidos abundavam os lagos pouco profundos e as populações tendiam a viver junto deles. A chuva caía entre Julho e Setembro nas margens meridionais do deserto, onde hoje as moscas tsé-tsé portam a doença do sono, fatal para o gado. Os pastores podem ter-se mudado para sul durante a estação seca, quando as tsé-tsé se retiravam. Entretanto, os que viviam perto das montanhas praticavam uma forma diferente de migração sazonal, mudando-se na estação seca para vales mais bem fornecidos de água e para terreno mais aberto durante as chuvas. A própria natureza do meio ambiente, com a sua precipitação localizada e água e pastos imprevisíveis, significava que todos tinham de percorrer distâncias consideráveis ao longo do ano.[18]

Manter gado no Sara era um jogo de números cuidadosamente calculados, no qual os pastores aumentavam o tamanho da manada nos anos bons e presumiam que iriam perder a maioria dos animais nos anos a seguir, devido à seca ou às doenças. Um pastor avisado dispersava os seus animais por vários campos, para se acautelar das epidemias e também para se assegurar contra os caprichos das chuvas locais, que podiam variar drasticamente em apenas 25 a 35 quilómetros. É um facto inelutável da biologia que as vacas dão à luz um número igual de filhos machos e fêmeas, o que quer dizer que um pastor acaba por ter um excedente de machos bem acima das exigências da reprodução. Os bezerros são abatidos, ou então castrados, engordados e conservados como reserva de carne em tempos de escassez de leite. O excedente é um instrumento social sem preço, usado para pagar esposas, cimentar elos sociais e cumprir obrigações cerimoniais. Simbolizava assim a riqueza e o orgulho, o prestígio social e relações familiares e pessoais com gente que vivia noutros campos, a distâncias enormes. Os touros tornaram-se símbolos de liderança viril, dos chefes importantes. Não foi coincidência que os poderosos soberanos do reino sudanês de Kerma tenham sido enterrados com sumptuosas oferendas de gado 2500 anos depois. O gado era riqueza, e a própria majestade.

Os egípcios chamavam à sua terra natal *Kmt*, «a terra negra», devido ao seu aluvião escuro, que contrastava com a «terra vermelha» dos desertos circundantes. Por volta de 4000 a.C., as populações do Vale do Nilo haviam aumentado para densidades muito maiores que as do Sara. Mil anos depois, quando a civilização egípcia principiou, talvez meio milhão de habitantes vivesse entre o Mar Mediterrâneo e a Primeira Catarata, 700 quilómetros a montante. O ritmo da vida do vale dependia não da pluviosidade do deserto mas dos caprichos das cheias. Em cada Verão, quando chegavam as águas da enchente do Nilo, impulsionadas pelas chuvas tropicais muito a montante, o rio transbordava as margens e transformava o vale num grande lago raso. As aldeias ou mantinham-se secas nos terrenos mais altos, ou tor-

Dádivas do Deserto

navam-se ilhas sobre colinas baixas acima da enchente. À medida que a corrente abrandava, o rio largava sedimentos nas terras inundadas, e depois baixava.

Comparado a rios turbulentos como o Tigre na Mesopotâmia ou o Indo no Paquistão, o Nilo era relativamente previsível. Uma cheia normal proporcionava uma boa estação das colheitas em cerca de dois terços da planície de aluvião. Uma subida que só chegasse a dois metros abaixo da média podia deixar até três quartos de algumas províncias do Alto Egipto totalmente sem irrigação. Apesar de todas essas incertezas, o Nilo era um formidável oásis em 4500 a.C., com muito solo fértil, amplas pastagens e muitos hectares de poças, charcos e pântanos onde o peixe fervilhava e abundavam alimentos comestíveis. Comparados aos seus contemporâneos no sul da Mesopotâmia, que todos os anos passavam meses trabalhando nos simples canais de irrigação dos quais dependiam, os egípcios levavam uma vida fácil.

Durante o início do quinto milénio a.C., as comunidades badarianas (chamadas assim devido a um povoamento junto à aldeia de el-Badari) prosperaram numa longa faixa do Nilo entre as actuais cidades do Cairo e Luxor.([19]) Os badarianos levavam uma vida relativamente confortável no fértil vale do Nilo. Os seus equipamentos eram leves e portáteis; conhecemo-los de povoamentos e cemitérios perto do rio e dos seus recipientes de argila finos e extremamente polidos. Como muitos agricultores de subsistência, os badarianos davam muita importância à decoração corporal como forma de exibir estatuto pessoal e afiliação social. Moíam os seus pigmentos em paletas de pedra, artefactos que se tornaram uma marca da vida egípcia nos dois milénios seguintes. O arenito de sedimento para essas paletas vinha das Montanhas Negras do Wadi Hammamut, no Deserto Oriental, uma rota natural para o Mar Vermelho.([20]) Os badarianos eram também um povo de criadores de gado que muitas vezes enter-rava animais domesticados, cães e antílopes da savana ao lado dos mortos humanos. Tinham contacto regular com os criadores de gado do Deserto Oriental, que se moviam entre as terras colonizadas do vale e o universo mais vasto das pradarias do deserto, onde vagueavam livremente com as suas manadas. Esses contactos duraram séculos, assinalados por artefactos badarianos in-

O Longo Verão

confundíveis na costa do Mar Vermelho, provenientes do que eram então regiões muito mais bem irrigadas do Deserto Oriental. No auge badariano, nómadas do deserto, e talvez alguns criadores de gado dos vales, que eram agricultores a tempo parcial, podiam movimentar-se facilmente nas pradarias do deserto, especialmente durante a estação das chuvas, quando havia água permanente disponível. Uma existência assim era provavelmente comum ao longo do Nilo, até muito ao sul, na Núbia. Em muitos lugares povos do vale como os badarianos integraram o deserto na sua rota anual, como parte do seu mundo material e espiritual. Afortunadamente para a ciência, os criadores de gado registaram algo das suas crenças em gravuras rupestres nos abrigos e rios temporários no Deserto Oriental. O egiptólogo Toby Wilkinson, da Universidade de Cambridge, data, de forma controversa, a maioria dessa arte antes de 4000 a.C., muito antes de os faraós governarem um Egipto unificado, com base em similaridades estilísticas avulsas com artefactos contemporâneos através do Nilo.[21]

As gravuras incluem barcos fluviais rebocados por grupos de homens, tal como as barcas funerárias navegavam nas paredes dos túmulos do Império Novo, no Vale dos Reis, vinte e cinco séculos depois. Numa considerável extrapolação intelectual, Wilkinson acredita que essas imagens mostram que a crença egípcia numa vida depois da morte remonta a muito antes do primeiro faraó em 3100 a.C., e que teve origem entre o povo que se movimentava livremente entre o deserto e as terras colonizadas. As gravuras do Deserto Oriental incluem também figuras de deuses, entre os quais a divindade da fertilidade Min, uma das primeiras divindades reconhecíveis do Egipto. Nas paredes de um templo cavado em pedra em Kanais, a oeste de Edfu, no coração do deserto, Min, facilmente identificável pelo falo erecto, a sua imagem de marca, navega na proa de um barco em forma de banana, brandindo um malho. Com ousadia, Wilkinson data essa gravura em pelo menos 3500 a.C., quando o Egipto ainda era um novelo de pequenos reinos. Em séculos posteriores, os faraós levavam cajados e malhos como símbolos do seu papel de «pastores do povo». Se Wilkinson estiver correcto, então esse simbolismo, nascido dos criadores de gado, mostra a dívida dos egípcios para com os nómadas do deserto.

Dádivas do Deserto

Os reis egípcios eram touros ferozes que calcavam os inimigos aos pés, uma cena familiar na iconografia real. Quando o faraó vestia uma cauda de touro no cinto, como um dos primeiros reis, Escorpião, fez num friso em Nekhen, ele assumia os atributos desse formidável animal, assim como proclamava a importância central do gado bovino na vida do Nilo. A famosa paleta de Narmer, de cerca de 3100 a.C., também encontrada em Nekhen, comemora a unificação do Egipto num estado único após anos de conflito. Vemos Narmer, o primeiro faraó, vestindo uma cauda de touro, e um touro, simbolizando o rei conquistador, espezinhando os seus inimigos. Essas cenas desenrolam-se sob o olhar atento de duas divindades do gado.[22]

Todos esses símbolos remetem para tempos anteriores, quando os egípcios eram um povo de pastores movendo-se constantemente entre as pradarias do Sara e o vale. Se as gravuras do Deserto Oriental forem de facto tão antigas como afirma Wilkinson, então temos a primeira prova de que as origens de muitas antigas crenças e ideologias egípcias se situam tanto no deserto como no Vale do Nilo.

Essas crenças podem ter desempenhado um papel mais importante depois de 4000 a.C., quando secas intensas se instalaram sobre o Nilo e a bomba do deserto empurrou os pastores para as margens do Sara e desfez os antigos padrões de migração da gente dos vales. Quando o Sara estava mais bem fornecido de água e as pradarias semi-áridas limitavam grande parte do Nilo, especialmente a sul da Primeira Catarata, Kmt fazia parte de um mundo desértico mais vasto. Muitas comunidades do vale também apascentavam o gado no deserto. Na mesma linha, os pastores mais afastados estavam, com certeza, a par das aldeias e pequenos reinos ao longo do rio, talvez comerciando com eles, e visitando as suas povoações para pedir licença de apascentar as suas manadas no restolho dos campos recentemente cultivados.

Havia terra suficiente, portanto o movimento ocasional das comunidades do vale e dos nómadas para dentro e fora do vale pode não ter levado a uma competição pelas pastagens. Os pastores usavam o Vale do Nilo principalmente como abrigo e refúgio em anos invulgarmente secos.

O Longo Verão

O deus egípcio Mut navega na proa de um barco. Kanais, Deserto Oriental.
Segundo A.E.P. Weigall, *Travels in the Upper Egyptian Deserts* (1909)

A Paleta de Narmer, uma paleta cosmética oriunda de Nekhen, datada de c. 3100 a.C.
A paleta representa o faraó a presidir sobre a conquista do Baixo Egipto, com os
dois animais com pescoços entrelaçados a simbolizar a unidade do novo Estado.
O rei preside no seu papel de grande touro, e é vigiado por duas divindades-touro.
Segundo J. E. Quibell, *Hierakonpolis* (1900), vol. I, pl. 29

Depois de 4000 a.C., os nómadas mudaram-se para sul com o Sael em recuo, para as terras altas da África Oriental, sem moscas tsé-tsé, onde povos de pastores como os Masai prosperam ainda hoje. Também se mudaram para o Vale do Nilo em números muito maiores, num tempo de rápidas mudanças políticas e sociais ao longo do rio.

Dádivas do Deserto

Durante gerações, os nómadas haviam-se relacionado com os agricultores do vale, talvez levando com eles ideias novas como cultos do gado e a noção dos mais velhos como touros fortes e pastores. A aferir pelas sociedades de pastores actuais os seus chefes eram pastores com uma longa experiência e uma capacidade ritual excepcional, que comunicavam com o mundo sobrenatural para prever a chuva. Se acreditarmos nos petróglifos do Deserto Oriental, tais noções de liderança encontravam-se bem enraizadas no Nilo. À medida que a seca se intensificava, os pastores mantinham-se mais próximos do rio. Pastores do deserto e agricultores instalados foram-se misturando e casando; alguns criadores de gado assentaram raízes nos grandes oásis do vale enquanto outros permaneceram no deserto próximo. Mas as noções básicas de liderança forjadas entre os pastores parecem ter-se tornado centrais.

A seca e níveis mais baixos das enchentes desencadearam grandes alterações na vida egípcia. Durante o quarto milénio, a cevada e o trigo assumiram ainda mais importância. Por volta de 3800 a.C., quando o deserto começava a secar, comunidades agrícolas floresceram junto ao rio por todo caminho desde o Sudão até ao Delta. Na Naqada de 4000 a.C., no Alto Egipto, 25 quilómetros a sul da actual cidade de Luxor, pequenos lugarejos ao longo do Nilo, dispostos a um quilómetro uns dos outros, colhiam cereais suficientes nos limites da planície aluvial para sustentar 75 a 120 pessoas por quilómetro quadrado.[23] Derrubando árvores, removendo erva densa, construindo diques, cavando valas de escoamento para limpar terra ainda inundada, os agricultores em breve abriram extensões de terra muito maiores. Na altura em que tinham cultivado quatro ou mesmo oito vezes mais terra, puderam sustentar 760 a 1520 pessoas por quilómetro quadrado, muitas delas não-agricultores, como sacerdotes e comerciantes. Em 3600 a.C., as aldeias tinham-se fundido numa cidade murada, com as casas de tijolos de argila características das cidades egípcias posteriores. Muitas das primeiras vilas do Nilo eram pouco mais que aglomerações de aldeias. Mas residências maiores, mais grandiosas, alojavam uma elite próspera que mantinha contactos com outras comunidades a montante e jusante do rio. Naqada tinha-se tornado a capital de um reino pequeno mas importante.

O Longo Verão

«O Nilo fica muito perigosamente próximo de cada egípcio, e com razão», escreveu o especialista britânico em irrigação William Willcocks, que trabalhou no Egipto durante a década de 90 do século XIX.[24] Ele descreveu o labor frenético de consolidar canais e diques quando vinha a cheia, de dia e noite quando uma brecha na barragem podia inundar uma aldeia em minutos. O Nilo deve ter estado perigosamente próximo do povo de Naqada e outro Estado a montante, Nekhen, cuja ascensão ao poder coincidiu com a secagem do Sara e as secas que afligiram a Mesopotâmia com a viragem para sul da monção estival após 4000 a.C. A partir de 3800 a.C., muito menos água corria para jusante durante a inundação, precisamente quando as populações camponesas estavam a crescer rapidamente. Pode não ter ocorrido fome no Nilo, mas uma sucessão de inundações menores pode ter provocado um ímpeto para povoações maiores e uma agricultura mais rigorosamente organizada. Essa pode bem ter sido a época em que algumas formas simples de rega entraram em cena. Nada havia de novo quanto à gestão da água no Nilo, pois durante milhares de anos os agricultores haviam desviado a água da cheia para os seus campos. A rega era uma invenção local, tal como o era na Mesopotâmia. Com certeza as consequências da mudança para as vilas eram acentuadas – populações locais muito maiores, intensificação do comércio com os vizinhos ao longo do rio e o surgimento dos pequenos reinos, que comerciaram e competiram uns com os outros muitos séculos.

O rio sepultou ou varreu muitas das suas povoações, mas podemos imaginar aldeias de abrigos de junco e cabanas de lama junto a bacias naturais na planície de aluvião, cada qual unida às outras e às pequenas cidades e reinos a montante e jusante. Nekhen, a «cidade do falcão», era já a morada do deus falcão Horus, venerado pelos egípcios durante mais de três mil anos. A cidade de Horus floresceu graças a um comércio dinâmico de louça vermelha. Uma cervejeira próxima da cidade produzia diariamente 1150 litros de cerveja, suficiente para 200 pessoas. As filas curvas de sepulturas cheias de areia das famílias dos governadores de Nekhen ficam perto da cidade, com as suas casas de lama apinhadas e o seu santuário de Horus. Infelizmente antigos salteadores saquearam os túmulos, só deixando uma confusão de jarras de topo negro, pontas de seta de pedra e

Dádivas do Deserto

fragmentos de mobiliário de madeira. Por isso pouco conhecemos dos governantes de Nekhen, excepto símbolos esporádicos de realeza. Uma cabeça de castão, símbolo venerado da autoridade real, representa um soberano em traje cerimonial completo, que usa a Coroa Branca do Alto Egipto e empunha uma picareta, como se estivesse prestes a abrir uma brecha na parede de um canal de rega para libertar água da enchente. Um escorpião baloiça-lhe diante do rosto, talvez uma representação do seu nome. O rei enverga uma cauda de touro ritual, símbolo da autoridade real, que está suspenso da parte de trás do seu cinto. Ele é o «Touro Forte», «Grande de Força», o «Touro de Horus».([25])

Em séculos posteriores os sacerdotes egípcios compilaram listas de reis, que se estendiam retrospectivamente numa linha ordenada (e ficcional) até à época de Menes, o primeiro faraó, e depois mais para trás, até uma era lendária das «Almas Divinas de Nekhen». Talvez Escorpião fosse uma das Almas Divinas. Parte da sua autoridade real derivava de antigas crenças dos pastores, que incorporavam poder no corpo de um touro.

Ainda havia Bat, uma importante deusa do sétimo nomo (ou província) do Alto Egipto. Ela tornou-se mais tarde Hathor, a esposa do Touro de Amenti, a primeira divindade da necrópole, a cidade dos mortos. Hathor era a deusa da fertilidade, a protectora das mulheres e a ama do faraó, que lhe concedeu os poderes sobrenaturais para governar o reino. Talvez os rituais que honravam Hathor na forma de uma vaca celestial tenham tido origem nas crenças das sociedades de pastores empurradas para o Vale do Nilo pelo Sara em processo de seca, séculos antes de o faraó Menes unificar um mosaico de reinos num único estado egípcio em 3100 a.C.

A civilização egípcia juntou-se a partir de muitos elementos antigos, provenientes de velhas percepções da ordem do mundo que giravam à volta da passagem do sol pelos céus e do ritmo imutável do Nilo. Mas muitas das instituições da realeza divina, e da ideologia egípcia, também brotavam de ideias primordiais de chefia e de vida depois da morte alimentadas nas mentes dos povos de pastores que viviam as duras realidades das pradarias do deserto. Quando a savana secou e as pradarias desapareceram, essas ideias ajudaram a cristalizar uma civilização que perdurou mais de três mil anos.

• PARTE TRÊS •

A Distância da Boa à Má Fortuna

Aumenta os teus celeiros, e a Fome, encandeada,
Não se aproximará...
Para deitar a tua semente
Vai nu; despe-te para lavrar e despe-te para ceifar,
Se quiseres colher toda a produção de Deméter
Na estação certa. Assim cada colheita chegará à vez,
E mais tarde, não te verás em dificuldades
E obrigado a pedir a outros homens, e receber
Ajuda alguma.

HESÍODO, *Os Trabalhos e os Dias*, séc. VIII a.C.

	Eventos Climáticos Zonas de Vegetação	Acontecimentos Humanos	Despoletadores climáticos
2003 d.C.–	Pequena Idade do Gelo	Revolução Industrial	Aquecimento depois de 1860 Clima mais fresco e instável – muitos períodos frios
1000 d.C.–	Período Quente Medieval Seca de 910 d.C. na América Central Evento de 536	Dispersão do *pueblo ancestral* Queda de Tihunaco Queda da civilização maia nas planícies do sul, Iucatán	Grandes secas no Oeste da América do Norte, na América Central e América do Sul
1 d.C.–		Império ávaro na Europa de Leste Declínio de Roma	? importante ocorrência vulcânica provocando arrefecimento
	Sub-Atlântica *(mais fresca e húmida na Europa)*	César conquista a Gália Migrações celtas Biskupin Ocupação de Shaugh Moor, Inglaterra	Seca nas estepes do Oriente Arrefecimento repentino (850 d.C.)
1000 a.C.–	Seca no Mediterrâneo oriental	Queda da civilização hitita e micénica Navio naufragado em Uluburun	Grande período de seca – ? eventos El Niño
2000 a.C.–	Seca no Mediterrâneo oriental	Reunificação do Egipto (2046 d.C.) Império Antigo no Egipto termina em crise Império acadiano	Importante evento El Niño? Seca de 300 anos no Mediterrâneo oriental após 2200 a.C.
	Sub-Boreal	Egipto do Império Antigo	
3000 a.C.–		Civilização suméria	

Tabela 3 mostrando importantes acontecimentos climatológicos e históricos

9

A Dança de Ar e Oceano
2200 a 1200 a.C.

E o provento destas árvores nunca esmorecerá nem morrerá,
Nem no Inverno nem no Verão, todo o ano uma colheita
Pois o Vento Oeste soprando sempre quente levará
alguns frutos ao rebento e outros à maturação.

Homero sobre o jardim do rei Alcino, *Odisseia*, Livro 7.

Em 1892, um capitão da marinha peruana, Camilo Carrillo, publicou um curto ensaio no *Boletim* da Sociedade de Geografia de Lima, no qual chamava a atenção para um clima litoral quente anormal que corria pela costa do Pacífico, perturbando as ricas pescarias de anchovas junto à praia. Escreveu: «Os marinheiros Paita, que navegam frequentemente ao longo da costa em pequenas embarcações [...] chamam esta contra-corrente a corrente do El Niño (o Menino Jesus), porque tem sido vista a surgir imediatamente a seguir ao Natal».[1]

Na altura, o El Niño parecia uma mera curiosidade local que perturbava as pescarias e fazia baixar a produção natural de guano de aves marinhas, uma importante exportação peruana à época. Um século de investigações por cientistas de todo o mundo elevou

O Longo Verão

o Menino do Natal à categoria de fenómeno mundial, um baloiço de pressão atmosférica chamado Oscilação Sul que afecta a vida de milhões de pessoas – e afectou durante milhares de anos. O baloiço deriva de uma circulação este-oeste no Pacífico oriental e de uma enorme zona de água quente a oeste. O ar seco desce lentamente sobre o frio oceano oriental e segue para oeste com os ventos alísios do sudeste. Quando ocorre o aquecimento no Pacífico oriental, o gradiente entre este e oeste da temperatura da superfície marítima diminui, os ventos alísios amainam e sucedem-se alterações de pressão entre o Pacífico oriental e o equatorial, funcionando como um baloiço – a Oscilação Sul.

O climatologista George Philander descreve o El Niño como uma dança entre a atmosfera e o oceano.([2]) Os dançarinos, girando imprevisivelmente ao som de uma música que apenas eles conseguem ouvir, formam um par desarmonioso. A atmosfera é ágil e rápida a responder às indicações do seu parceiro desajeitado. Mas o fandango que bailam desencadeia a partir do sudoeste do Pacífico a vaga de água quente que se desloca para leste e dá início ao El Niño. No catálogo mundial de alterações climáticas de curta duração, os eventos «Oscilação Sul-El Niño» (OSEN) exercem uma influência apenas superada pelas normais estações do ano.

O Pacífico é uma máquina de movimento perpétuo. Os ventos alísios que sopram para oeste empurram permanentemente águas superficiais quentes para o ocidente, formando uma zona de água mais quente com uma extensão de milhares de quilómetros.([3]) À medida que a água quente se desloca para oeste, as águas mais frias das profundezas do oceano sobem à superfície perto da América do Sul para ocupar o seu lugar. O Pacífico oriental é extremamente frio, mesmo junto à costa, libertando pouca humidade, e por isso as nuvens raramente aparecem. O literal peruano quase nunca recebe chuva; a península da Baixa Califórnia no México e a Califórnia têm longas estações secas e mesmo anos de seca quase total. No outro extremo, no Pacífico ocidental, o ar húmido aquecido pelo oceano quente sobe, condensa-se e forma enormes nimbos. O calor e a humidade sobem para níveis quase insuportáveis. Finalmente, as nuvens largam aguaceiros dispersos, depois um dilúvio de chuva, e as monções irrompem pelo sudeste asiático e Indonésia. A humidade vivificante rega os

A Dança de Ar e Oceano

campos e enche os canais de irrigação para mais um ano. Um ciclo vasto e perpétuo mantém o Pacífico oriental seco e o ocidente húmido.

Por alguma razão que nos escapa, de tantos em tantos anos (normalmente na Primavera do hemisfério sul) a máquina hesita. Os dançarinos mudam de ritmo. Os sempre presentes ventos alísios do nordeste acalmam e por vezes até cessam por completo. Um evento OSEN vem a caminho.

Quando os alísios esmorecem, a gravidade entra em acção. Os ventos oeste aumentam a leste da Nova Guiné, gerando ondas Kelvin, ondas internas por baixo da superfície do oceano que empurram a água superficial pelo Pacífico tropical. A vaga de água quente acumulada pelos ventos alísios no Pacífico ocidental volta--se e dirige-se de novo para leste. À medida que se desloca para leste, vai cobrindo a água mais fria e aquece drasticamente a superfície do mar. As temperaturas de superfície baixam no Pacífico ocidental, inibindo a formação de nuvens e provocando a seca no sudeste da Ásia e Austrália. Entretanto, no oriente, formam-se nuvens negras sobre o litoral peruano e as Ilhas Galápagos. Uma chuva de cem anos pode cair em meia dúzia de dias. O vasto reservatório de ar quente e húmido sobre a América do Sul incha-se desmesuradamente e perturba os fluxos de ar que circundam a terra. As correntes de jacto precipitam-se para norte, levando chuvas fortes e violentas tempestades para grande parte da costa oeste da América do Norte. Uma das correntes atravessa as Montanhas Rochosas, afastando o ar árctico do Midwest, que desfruta então de um Inverno invulgarmente ameno. A seca atinge o nordeste do Brasil e o sul do Sara. O El Niño assume então proporções mundiais.

Os eventos OSEN também exercem uma forte influência sobre as monções, e sobre os movimentos da nossa velha amiga Zona de Convergência Intertropical. A palavra monção deriva da palavra árabe *mausem* (estação).([4]) A monção é uma estação de chuvas trazida por negros nimbos de Verão a partir do sudoeste. Uma enorme circulação de ar determina a intensidade da monção, que se desloca para norte no Verão do Norte e para sul no Inverno. Num bom ano de monções, as chuvas caem sobre todo o oeste da Índia e o Paquistão de Junho a Setembro, e por vezes até

O Longo Verão

Novembro, com o recuo da monção. Milhões de agricultores tropicais dependem desta circulação. Actualmente, auto-estradas, linhas de caminho de ferro e pelo menos uma infra-estrutura rudimentar, protegem muitas das comunidades das piores falhas das monções. Mas o que acontecia no passado quando as imprevisíveis nuvens negras não se acumulavam e as monções falhavam? Com uma regularidade quase estonteante, os agricultores de subsistência morriam aos milhões. O historiador Mike Davis calculou que entre 30 a 50 milhões de camponeses tropicais entre o Sudão e o norte da China morreram em resultado da seca, da fome e da doença durante o século XIX, mais do que em todas as guerras desse mesmo século.(5) Vinte e uma das vinte e seis secas desde 1877 foram atribuídas a El Niños, as mais severas coincidindo também com pesadas acumulações de neve na Eurásia. Mas os efeitos das ocorrências OSEN sobre as monções variam consideravelmente.

Ninguém sabe quando a dança entre a atmosfera e o oceano teve início na vastidão do Pacífico. Alguns especialistas afirmam que ocorreram OSENs durante a Idade do Gelo, outros que se trata de um fenómeno dos últimos dez mil anos. Não me admiraria se descobríssemos que são extremamente antigos, mas no presente não temos dados climatológicos precisos para documentar El Niños no passado remoto. No entanto, toda a gente concorda que importantes eventos OSEN exerceram uma forte influência sobre as sociedades humanas desde pelo menos há cinco mil anos, quando as primeiras civilizações urbanas apareceram no Egipto e na Mesopotâmia. Nessa altura, a oscilação do aquecimento global natural contribuiu para transformar caçadores--recolectores em agricultores sedentários, e camponeses em citadinos. Ancorados aos seus campos e sistemas de irrigação, as pessoas tornaram-se dependentes de ciclos climáticos muito mais curtos, e já não podiam deslocar-se. Em 2200 a.C., a escala da vulnerabilidade era maior do que nunca, especialmente no Egipto, onde a civilização se baseava na inundação do Nilo e nos poderes divinos dos faraós. Hoje sabemos que nessa altura os eventos OSEN já desempenhavam um papel importante na cena climática mundial.

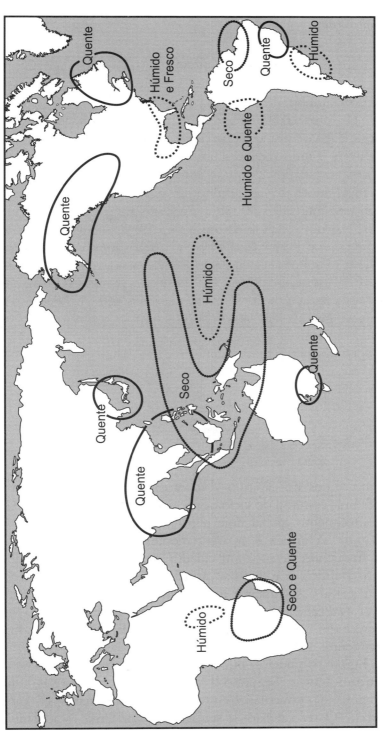

Os principais efeitos globais de eventos OSEN. É razoável pensar-se que o mesmo padrão imperava nos tempos antigos.

O Longo Verão

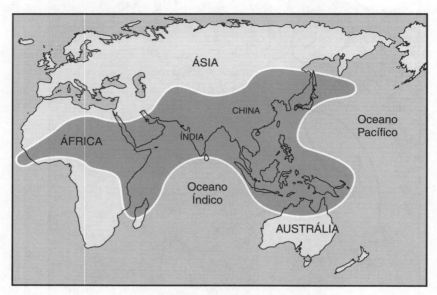

Climas de monção no mundo

Como vimos no capítulo 7, o caos generalizado em toda a Mesopotâmia resultou do ciclo de secas de 300 anos de 2200 a.C., um acontecimento global hoje registado em núcleos de gelo da Gronelândia. A aridez e, aparentemente, uma série de eventos OSEN frequentes derrubaram cidades e perturbaram o delicado equilíbrio político de toda uma vasta área. O mesmo ciclo de secas também levou o sofrimento e a catástrofe ao Nilo. Vale a pena descrever este cataclismo singular com algum pormenor, uma vez que oferece um exemplo revelador da influência dos OSEN sobre acontecimentos longínquos.

No Egipto, o poder político e a autoridade espiritual do faraó eram incontestáveis. Segundo a crença egípcia, as estrelas eram seres divinos, e o governante estava destinado a tomar o seu lugar entre elas. «O rei vai para o seu duplo [...]. Uma escada lhe é erguida para que ele nela ascenda», proclama uma fórmula encantatória num texto da Pirâmide Real.[6] Os faraós eram deuses vivos, a personificação da ordem divina de um mundo próspero sustentado por um rio generoso. Um governante egípcio no auge do seu poder era uma mistura de força e inteligência, sustento e temor, amparo e castigo. Acreditava-se que exercia um domínio mágico sobre as cheias vivificantes do Nilo, e que era incapaz de errar.

Todos os Verões, a chuva diluviana da África tropical desce pelo Nilo. A maioria das inundações anuais tem a sua origem nas fortes chuvas de monção que se abatem sobre as terras altas da Etiópia, a bomba de água que manteve o antigo Egipto em actividade. Uma complicada acção combinada de altas e baixas pressões afecta as condições climatéricas nas montanhas etíopes. Na maior parte dos Verões, um sistema persistente de baixa pressão sobre a Índia e o Mar da Arábia traz fortes ventos do sudoeste para a região do Oceano Índico. A Zona de Convergência Intertropical situa-se mesmo a norte da Eritreia, de modo que chuvas abundantes caem nas terras altas da Etiópia e escorrem para os rios Nilo Azul e Atbara. Estas condições ocorrem desde que a pressão atmosférica seja alta no Pacífico ocidental. Quando a pressão baixa sobre o Pacífico, como acontece durante os eventos OSEN, eleva-se sobre o Oceano Índico. A zona de convergência permanece mais a sul e o enorme sistema de baixa pressão sobre o Oceano Índico vacila, desenvolve-se apenas debilmente ou desloca-se para leste. Os ventos da monção sopram mais fracos ou falham completamente. A Índia e as montanhas da Etiópia são atingidas pela seca. Milhares de quilómetros a norte, o Egipto sofre um mau ano de inundações. Por vezes sofre vários.

Importantes eventos El Niño e as deslocações da zona de convergência afectaram a antiga civilização egípcia desde os seus primórdios. Infelizmente, não temos registos de anéis de árvores para o Egipto do Império Antigo, e dispomos apenas de observações incompletas e de pouca confiança da época. Contam-nos que as cheias do Nilo começaram a baixar por causa das secas que atingiram o Sara depois de 4000 a.C. Entre 3000 e 2900 a.C., o nível das cheias caiu um metro, um terço do escoamento das épocas anteriores.[7]

O Longo Verão

Os faraós do Império Antigo sentiram-se suficientemente alarmados com isso para mandar os funcionários da corte registar os níveis da cheia. Os burocratas fizeram marcas em rochedos e esculpiram colunas em pontos estratégicos ao longo do rio para desenvolver ao máximo a sua arte de previsão de inundações. Os sofisticados sistemas de medição eram uma valia, mas não ofereciam qualquer protecção contra as imprevisíveis oscilações de pressão do Oceano Índico.

Numa altura em que a esperança de vida era baixa e a memória hereditária correspondentemente curta, uma década ou um século de inundações acima da média podiam facilmente fazer cair os funcionários numa falsa sensação de segurança, apesar do aumento da população, do crescimento das cidades e do armazenamento manifestamente inadequado dos cereais. A maioria dos egípcios vivia ainda de colheita em colheita e de cheia em cheia.

Durante quase mil anos, de 3100 a 2160 a.C., os egípcios prosperaram sob o domínio de uma série de reis poderosos e cada vez mais despóticos. Foi a era da construção de pirâmides, dos faraós divinos, que culminou no longo reinado de Pepi II, que subiu ao trono em 2278 a.C. com seis anos de idade e reinou durante noventa e quatro anos. (A duração do reinado de Pepi é questionável, havendo quem aponte para sessenta e quatro anos.)[8] O seu Egipto era poderoso, rico e algo complacente, senhor de vastos monopólios comerciais de madeira de Biblos, na costa do Mediterrâneo oriental, e de marfim e produtos tropicais da Núbia. Mas Pepi reinou durante uma época turbulenta. Trinta anos após o início do seu reinado, um rei da Mesopotâmia, talvez Sargão de Acádia, saqueou Biblos e destruiu assim uma importante fonte da riqueza egípcia. Pepi também não tinha a certeza da lealdade dos seus governadores provinciais (monarcas), responsáveis pela cobrança de impostos e tributos. Enquanto o faraó se mostrou forte e decidido, os monarcas seguiram oportunistamente os ventos da política, enviando os tributos. Isso mudou quando Pepi começou a envelhecer e a desligar-se dos assuntos de Estado. Muito provavelmente existiam disputas em torno da sucessão, uma vez que o faraó sobrevivera a quase todos os filhos. Os monarcas ambiciosos tornaram-se mais ousados, alguns comportando-se como reis independentes, e respeitando menos o seu soberano divino.

A Dança de Ar e Oceano

Quando Pepi II morreu em 2184 a.C., no que talvez tenham sido tempos económicos difíceis, deixou um Estado fraccionado pela discórdia interna, sem uma liderança forte e com o comércio externo em desordem. Nesse momento decisivo, as inundações do Nilo começaram a falhar. Em poucas gerações o Egipto dividiu-se entre as províncias que o compunham. Uma série de governantes fracos e transitórios passaram pela capital real de Mênfis. Os poderes seculares e espirituais dos faraós esmoreceram perante a agitação política, mudanças sociais e o aumento galopante da fome.

Durante séculos, os faraós tinham sido os autores das cheias, mas agora a «ordem certa» de que eles se vangloriavam estava em dúvida. O rei sentia-se impotente, não só tecnologicamente falido mas incapaz de alimentar o seu povo. As vilas e as aldeias estavam sozinhas, no meio de um leito de cheias que parecia transformar-se lentamente em deserto. Enquanto o Nilo descia para níveis nunca antes atingidos, as pessoas em desespero plantavam as suas colheitas nos bancos de areia. Em certos lugares era possível atravessar o rio quase sem molhar os pés. À medida que a fome aumentava, os camponeses aventuravam-se pelos campos numa busca frenética de comida. Apenas os monarcas mais poderosos e competentes agiam com decisão, porque haviam tido a clarividência de armazenar cereais durante os anos maus. Teti de Assiut vangloriou-se nas inscrições do seu túmulo: «Agi [...] como dador de água a meio do dia [...] Construí uma barragem para esta cidade, quando o Alto Egipto era um deserto [...]. Tinha grande abundância de cereais quando a terra era um banco de areia, e alimentei a minha cidade medindo os cereais».[9]

Os monarcas como Teti conheciam bem a vulnerabilidade do seu povo e tinham aprendido com esforço que apenas uma liderança decidida, até mesmo draconiana, era capaz de afastar a fome. Construíram barragens temporárias nas orlas dos terrenos de aluvião para reter o máximo de água possível nos campos. Os cereais eram cuidadosamente racionados e distribuídos nas áreas mais afectadas. As fronteiras provinciais eram encerradas para impedir as deslocações erráticas – uma reacção comum às grandes fomes. Apesar de todas estas medidas administrativas destinadas a prevenir o pânico, a desordem social acabou por eclodir. Multidões iradas mataram os soldados que guardavam os celeiros. Durante um século, o Egipto esteve à beira do caos. No final de uma longa guerra civil, o rei Mentuhotep I, um governante de Tebas, no Alto Egipto, derrotou os seus rivais a jusante e reuniu as Duas Terras (Alto e Baixo Egipto) em 2046 a.C.

Assim começou o Império Médio, dois séculos e meio de prosperidade e abundância. Houve períodos de cheias baixas, mas nenhuma se aproximou das da época da grande fome. A memória desses anos parece ter perdurado: a fome foi recordada pelo vidente Ipiutet algumas gerações mais tarde: «O Celeiro está vazio, / O seu guarda estendido no chão [...]. Os cereais do Egipto são: "Eu vou buscá-los"[...]. O saqueador está por todo o lado e o criado leva o que encontra».([10])

Os faraós do Império Médio desencorajavam ideias de infalibilidade mas mantinham a sua fachada de divindade. Sabiam que o seu Estado se aproximara de um perigoso limiar de vulnerabilidade. Assim, mobilizaram o povo para criar um oásis irrigado, um estado agrícola tão imune quanto possível dos caprichos das inundações. O governo investiu fortemente na armazenagem dos cereais, criou uma burocracia altamente centralizada para alimentar o povo. Os faraós representavam-se agora não como jovens reis-deuses despreocupados mas como monarcas sérios e pensativos com uma grande consciência das suas responsabilidades. Apesar de alguns altos e baixos, a civilização egípcia prosperou quase ininterruptamente até ao primeiro milénio a.C. Os faraós tinham aprendido com a dura experiência das grandes secas, desenvolvido vastos esquemas de irrigação e elaboradas instalações de armazenamento, e renunciado à pretensão de infalibilidade, considerando-a politicamente insensata. Quando um novo ciclo de secas atingiu o Mediterrâneo oriental em 1200 a.C., os aluviões do Nilo diminuíram, mas os egípcios resistiram aos anos maus, tendo no entanto de rechaçar os estrangeiros que fugiam da fome e das más colheitas noutros lugares.

As provas da seca generalizada por volta de 1200 a.C. são também um conjunto de fragmentos e retalhos climatológicos.

A Dança de Ar e Oceano

Alguns especialistas, como o geólogo Karl Butzer, são da opinião de que não houve qualquer importante alteração climática. Mas as provas da agitação social resultante da seca e da fome são flagrantes. Numerosas pequenas cidades prosperavam ao longo do Levante no final do terceiro milénio a.C.([11]) Eram sociedades altamente centralizadas e inflexíveis, cujos governantes controlavam a população através do racionamento meticuloso de víveres armazenados. Num ano de seca, os súbditos podiam ser mantidos na ordem com uma distribuição cuidadosa de cereais. As secas na verdade reforçavam o poder dos que controlavam os celeiros, pois passavam a ter mais pessoas sob a sua dependência e conseguiam adquirir terras e mão-de-obra a preços baixos. Mas quando as secas se sucediam às secas e os celeiros ficavam vazios, as mesmas estratégias deixavam de funcionar.

Como podiam os governantes das cidades responder a tais situações? Procuramos imediatamente inovações tecnológicas – novos instrumentos de lavoura, sistemas de irrigação mais elaborados para fazer escoar nascentes ou outras fontes de água até então pouco exploradas. Elas raramente aparecem, porque a resposta baseava-se na forma como a sociedade era governada e na sua acepção do cosmos e do meio ambiente. Naquela altura, todas as sociedades do Mediterrâneo oriental acreditavam que forças divinas poderosas e caprichosas controlavam o frio do Inverno e o calor do Verão, a cheia e a seca. Assim, a reacção imediata, como na Europa medieval, era aplacar os deuses. Nos anos bons, os agricultores medievais ajudavam a erguer catedrais à glória de Deus e levavam oferendas. Nos maus, faziam peregrinações e juntavam-se a procissões de penitentes. Quando as secas ameaçavam a sociedade, os governantes da Idade do Bronze construíam templos e altares de culto. É isso que encontramos nos níveis mais elevados das cidades abandonadas.

O apaziguamento não resultou. Quando as pessoas fugiram do domínio dos seus líderes desacreditados, os grandes templos caíram em ruína e as cidades transformaram-se em desertos. O colapso social foi completo em todo o sul do Levante. Uma população muito reduzida retirou-se para pequenas aldeias e pastagens perto de nascentes permanentes. Apenas algumas cidades e vilas sobreviveram, todas em margens de rios perenes que podiam ainda produzir cereais suficientes.

Em 2200 a.C., centenas de milhares de pessoas, talvez milhões, ao longo do Nilo e em terras do Mediterrâneo oriental, tinham já ultrapassado um limiar de vulnerabilidade ambiental inimaginável dois milénios antes. Num mundo de esperança de vida e memória histórica muito curtas, ninguém se lembrava das grandes secas do passado nem fazia planos para lidar com possíveis secas no futuro.

Por volta de 1318 a.C., um navio de carga abarrotado navegava em direcção ao ocidente ao longo da escarpada costa sul da Turquia perto do promontório rochoso hoje conhecido por Uluburun. Não temos registos do que aconteceu, mas podemos imaginar o capitão mantendo uma distância segura das rochas enquanto avista as nuvens negras que se acumulavam no mar alto. Talvez tenha tentado rumar para o porto mais próximo, mas torna-se cada vez mais claro que não o alcançarão antes de irromper a tempestade. Subitamente, uma rajada violenta vira o navio sobre o costado, lançando água verde sobre as amuradas. Outra rajada estridente rasga a vela esvoaçante e leva o mastro consigo. A tripulação manobra freneticamente os remos, mas em vão. O navio, oscilando sobre as vagas enormes, é lançado contra o impiedoso promontório de Uluburun. Quando a embarcação colide com as rochas submersas e se despedaça quase imediatamente, os homens, que na sua maioria não sabem nadar, atiram-se ao mar. Minutos depois, o mar está calmo, o céu azul. Apenas alguns restos de madeira flutuam à superfície.([12])

Mais de três mil anos depois, um mergulhador de esponjas reparou numa pilha de «biscoitos de metal com asas» no leito do mar a uma profundidade de 45 metros ao largo de Uluburun. O seu comandante soube imediatamente que se tratava de lingotes de cobre, como os transportados em todo o Mediterrâneo oriental por navios antigos, e deu parte da descoberta ao Museu

A Dança de Ar e Oceano

Subaquático da Turquia em Bodrum. Em 1981, Çemal Pulak e Don Frey começaram as escavações dos destroços, o sonho de qualquer arqueólogo. Centenas de artefactos ricos em informações jaziam em filas intactas ao longo de nove metros numa encosta íngreme do leito do mar.

O navio de Uluburun transportava uma carga de deslumbrante riqueza e variedade. Levava trezentos e cinquenta lingotes de cobre a bordo, cada um pesando cerca de 27 quilos, assim como estanho suficiente para fabricar armas e armaduras de bronze para um pequeno exército. Ânforas enormes seguiam repletas de objectos de cerâmica de Canaã e Micenas. Uma tonelada de resina, usada por sacerdotes egípcios em rituais nos templos, viajava em vasos sírios de duas asas. A carga incluía madeira dura do Levante, âmbar báltico, conchas de tartaruga, dentes de elefante e hipopótamo, jarros de azeitonas e dezenas de contas de vidro azul. O navio de Uluburun transportava artigos de África, Egipto, da costa do Mediterrâneo oriental, da Turquia, Chipre e das ilhas do Mar Egeu.

A julgar pelas madeiras do carregamento, o malfadado navio navegava de leste para oeste ao longo uma bem conhecida rota circular – da costa síria para Chipre, ao longo da costa sul da Turquia, e depois para o Mar Egeu, chegando mesmo ao continente grego. Talvez transportasse uma encomenda real de um monarca para outro. Carregamentos tão valiosos não eram invulgares. Alguns séculos antes, o rei de Alashia (Chipre) tinha escrito ao faraó do Egipto: «Envio-lhe juntamente 500 [unidades] de cobre. Envio-as como oferta de saudação do meu irmão». A carta foi encontrada nos arquivos do palácio de Akhenaton, o famoso faraó herege, em El Amarna, nas margens do Nilo.[13]

O navio de Uluburun partiu para a sua viagem do centro de um mundo mediterrânico oriental profundamente interligado. O Levante, a terra dos cananeus, era o coração desse universo mercantil e político movimentado, lugar de equilíbrios extremamente delicados. Toda a gente sabia que quem controlasse o comércio do Levante controlava o Mediterrâneo oriental. Portos como Ugarit na costa norte da Síria eram cidades poliglotas onde conviviam pessoas de todos os cantos do mundo civilizado. Recebiam caravanas de burros vindas do deserto e das cidades do

O Longo Verão

Mapa do Mediterrâneo oriental em 1300 a.C.

Oriente. Mercadores escrupulosos enchiam de cargas preciosas os navios que navegavam para os limites do mundo conhecido: para a Sardenha, a Sicília e a Itália. Micenenses de Creta e da Grécia misturavam-se livremente com egípcios e nómadas do deserto, mercadores assírios e diplomatas hititas. Calejados navios mercantes de todo o mundo mediterrânico acumulavam-se nos portos movimentados do Levante.

As grandes potências da Idade do Bronze viviam em paz há já meio século quando o navio de Uluburun zarpou do Levante. Ugarit era uma cidade vassala nominal dos militaristas reis hititas, que dominavam um território conhecido por Hatti no que é hoje a Turquia e adquiriam grande parte dos seus cereais do norte da Síria. Os hititas, recém-chegados à cena internacional, tinham ascendido ao poder na Anatólia apenas no século XIV a.C., quando irromperam de detrás das montanhas Taurus e conquistaram o reino Mitanni, na altura uma influente potência política no Levante.([14]) Os hititas estenderam o seu domínio a grande parte do que é hoje a Síria, cujo planalto setentrional se tornou o celeiro dos reis de Hatti. Inevitavelmente, os recém-chegados entraram em conflito com os faraós, que controlavam o sul do Levante desde o reinado de Tutmosis III em 1483 a.C.

O rei Suppiliuliuma dos hititas governava uma civilização próspera e poderosa cuja rivalidade com o Egipto havia culminado num tratado dividindo o Levante em 1258 a.C., após a inconclusiva batalha de Kanesh, que o faraó Ramsés II proclamou grandiloquentemente como uma das suas vitórias mais gloriosas. O reinado de Suppiliuliuma foi o apogeu de gerações de prosperidade e comércio em expansão, que transformaram o Levante num entreposto internacional para o comércio de zonas tão longínquas como a Mesopotâmia, o planalto iraniano, o Nilo e a Grécia.

A vida dos hititas estruturava-se em torno da cultura do guerreiro. Dezenas de milhares de agricultores, que na verdade eram servos, produziam os alimentos de Hatti. A capital hitita, Hattusas, no centro da Anatólia, situava-se na grande curva do rio Halys no meio de uma paisagem impressionante de florestas e desfiladeiros profundos. Havia pouca terra boa para cultivo, o que talvez explique por que razão Hatti se expandiu de forma tão agressiva para as terras férteis do centro da Síria. Independentemente das suas lucrativas rotas comerciais, a Síria era um autêntico celeiro para o estado hitita. Mas Hattusas era vulnerável. Ao contrário dos egípcios, ou dos cada vez mais poderosos assírios a leste, os reis hititas não viviam perto de grande parte das suas provisões de víveres. A própria Hattusas era uma cidade sagrada, um centro religioso adornado de templos e santuários por várias gerações de reis. Os seus cereais vinham do planalto da Anatólia e da Síria, grande parte transportada por mar através de portos como Ugarit para Ura, na costa da Cilícia.

Tanto o Egipto como Hatti tinham contactos regulares com o mundo do Mar Egeu – com os palácios de Creta, ricos em vinho, madeira e azeite. Ainda mais para oeste, os reis guerreiros de Micenas dominavam a Planície de Argos no Peloponeso da Grécia. Os seus navios viajavam até ao Nilo.

O Longo Verão

Depois, subitamente, por volta de 1200 a.C., este mundo cuidadosamente equilibrado desfez-se. O estado hitita e a civilização micénica desmoronaram-se; os assírios e os babilónios passaram por tempos difíceis; as cidades do Levante entraram em depressão económica e foram saqueadas por misteriosos marinheiros conhecidos pelos arqueólogos por Povo do Mar. Apenas o Egipto sobreviveu, mas os seus faraós passaram muito tempo a repelir invasores indesejáveis, alguns da Líbia. Merneptah, o décimo terceiro filho de Ramsés II, gabou-se numa inscrição no Templo de Amun em Karnak: «Líbios mortos, cujos falos incircuncidados foram arrancados, 6239». A civilização do final da Idade do Bronze definhou e, em muitos lugares, chegou ao fim.

Esta ampla derrocada de toda uma civilização coincidiu com outra grande seca.

As grandes secas de 1200 a.C. são tão controversas como as que ocorreram no passado. Em 1966, o historiador Rhys Carpenter escreveu um pequeno livro intitulado *Discontinuity in Greek Civilization*, em que alvitrou que o declínio da civilização micénica no continente grego estava directamente ligado a uma deslocação para norte dos ventos secos do deserto do Sara.([15]) As condições áridas ressecaram completamente o território micénico no Peloponeso, assim como Creta e Anatólia. A seca destruiu a agricultura micénica e hitita e contribuiu para o colapso de ambas as civilizações. O livro de Carpenter lançou as alterações climáticas para a ribalta.

Quase todos os climatologistas rejeitaram a intrigante teoria de Carpenter, considerando-a essencialmente infundada – excepto Reid Bryson, da Universidade de Wisconsin, que encarregou um licenciando, Don Donley, de estudar o assunto. Bryson, Donley e o climatologista britânico Hubert Lamb analisaram os padrões básicos de circulação atmosférica sobre a Europa e o Mediterrâ-

A Dança de Ar e Oceano

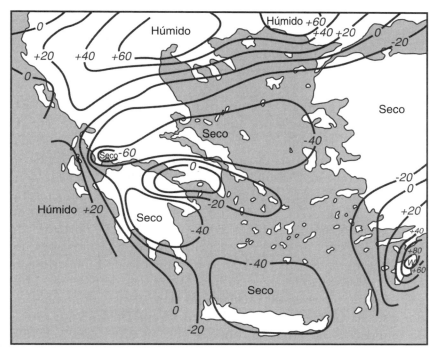

Padrões de precipitação sobre a Grécia e a região do Egeu em 1954/55, mostrando percentagens acima e abaixo do normal. Condições semelhantes ocorreram provavelmente por volta de 1200 a.C.

neo para ver se havia um modo que correspondesse ao cenário climático que Carpenter traçara para o declínio de Micenas.([16]) Descobriram que a Grécia se encontra normalmente na fronteira entre regiões de défice e excesso de humidade. Isso significa que grandes diferenças de precipitação ocorrem de uma zona para a outra. Quando os três investigadores estudaram os padrões de precipitação entre Novembro de 1954 e Março de 1955, viram que as condições invulgarmente secas no Peloponeso do sul da Grécia – 60 por cento de precipitação normal, que ocorreu apenas algumas vezes no século XX – coincidiam de perto com o que Carpenter havia proposto para o território micénico em 1200 a.C.

Em 1954/55 surgiu uma linha de baixa pressão no Inverno a oeste da sua posição normal sobre o Mediterrâneo oriental e uma pressão acima do normal sobre a Turquia. As linhas de tempes-

O Longo Verão

tade que normalmente traziam a chuva para o sul da Grécia desviaram-se acentuadamente para o norte. Atenas e a região da Ática estiveram mais húmidas do que o costume; a Anatólia e o sul da Grécia estiveram muito mais secas.

É interessante correlacionar o que sabemos de acontecimentos históricos em 1200 a.C. com os padrões de precipitação de 1954//55. Hatti foi atingida por uma grande fome. Perto do fim do século XIII a.C., os hititas deslocaram o centro do seu conturbado império do planalto da Anatólia para o norte da Síria, onde os alimentos eram mais abundantes. Em 1954/55, a precipitação na zona diminuiu cerca de 40 por cento, enquanto as temperaturas subiram 2,5 a 4º C acima do normal. Do outro lado do Mediterrâneo, nómadas líbios entraram nas terras povoadas do Egipto à procura de água e pastagens e foram repelidos após um conflito sangrento. Em 1954/55, a precipitação na Líbia caiu para metade. A seca não foi generalizada. Diagramas de pólen de 1200 a.C. mostram provas de precipitação normal nas montanhas do noroeste da Grécia – também foi normal em 1954/55 – e provas de inundações na Hungria, onde a precipitação subiu 5 a 15% acima do normal em 1954/55.

Os três investigadores concluíram que Carpenter provavelmente tinha razão. Se o padrão climático de 1954/55 tivesse ocorrido em 1200 a.C., a agricultura micénica ter-se-ia encontrado numa situação precária em apenas um ano. Um ciclo curto e intenso de três ou quatro anos semelhantes teria sido catastrófico.

Outro especialista do clima, Barry Weiss, prosseguiu mais tarde as investigações de Bryson e Donley, apresentando diagramas de precipitação e temperaturas em 1954/55 para a Anatólia e territórios mais afastados com resultados ainda mais reveladores.[17] O sudoeste da Anatólia recebeu chuvas muito intensas, enquanto o planalto a leste na moderna capital Ancara conheceu tempos muito secos. Alguns lugares receberam apenas 7% da sua precipitação normal. As investigações de Weiss fornecem-nos mais boas razões para pensar que uma grande seca atingiu a região do Mediterrâneo oriental há três mil anos.

Mesmo que não disponhamos de pormenores específicos sobre essa seca, podemos ter a certeza de que as consequências foram devastadoras. A agricultura de subsistência nunca foi fácil

A Dança de Ar e Oceano

na Grécia da Antiguidade. Os agricultores micénicos dependiam das imprevisíveis chuvas do Inverno para cultivar cereais nos vales, e oliveiras e vinhas nas encostas dos vales.[18] O seu instrumento de lavoura mais elaborado era o arado puxado por bois. Homero descreveu uma idade de ouro de plantio e colheita na *Ilíada*, «largos campos» onde «grupos de lavradores faziam deslocar as suas parelhas, conduzindo-as de um lado para o outro» e a terra se revolvia negra atrás deles.

A imagem de fertilidade e abundância estendia-se à colheita. O deus ferreiro Hefesto representou a herdade de um rei no escudo de Aquiles onde,

ceifeiros trabalhavam,
Colhendo o grão maduro, erguendo as suas foices afiadas,
Algumas espigas caem alinhadas com os segadores, fila sobre fila,
E outras em feixes que os homens atam com cordas,
Três deles em cima dos molhos e atrás,
Os rapazes apanhando o trigo cortado, enchendo as mãos,
Oferecendo o cereal aos homens, feixes sem fim.[19]

«Feixes sem fim...» – a imagem evoca um mundo de colheitas inesgotáveis vigiadas por um benigno Zeus. A realidade era muito mais dura: uma paisagem campestre enfeitada de palácios e casas senhoriais, solos pedregosos de fertilidade moderada e excedentes relativamente pequenos de cereais armazenados nos celeiros dos palácios. A maioria das pessoas vivia ao nível da subsistência, tentando tirar proveito de um terreno acidentado onde até mesmo as planícies mais férteis, como a Planície de Argos perto de Micenas, recebiam uma precipitação irregular. O sangue vital da civilização micénica era as suas exportações de vinho e azeitona, madeira e porcelana fina, expedidas por via marítima para o Levante e para todo o Egeu. Indubitavelmente, os micenenses importavam grandes quantidades de cereais, mas ainda assim a população vivia essencialmente de uma colheita para a outra.

Quando houvesse seca, os micenenses podiam facilmente aguentar um ano. Uma série de anos de seca era outra questão. A princípio, os senhores dos palácios podiam racionar os cereais para o interior do país, mas um segundo ano de más colheitas

O Longo Verão

teria perturbado o sistema de racionamento. Se Carpenter e os climatologistas tiverem razão, então as secas severas de 1200 a.C. significaram o desastre para os senhores micénicos, cuja prosperidade dependia inteiramente dos excedentes de cereais cobrados dos seus súbditos e do comércio por via marítima. Os palácios foram queimados e abandonados, a populaça dispersou-se por aldeias pequenas e auto-suficientes.

A civilização desapareceu durante quatro séculos ou mais. O período negro perdurou na memória colectiva durante muitas gerações. No século V a.C., o general ateniense Tucídides escreveu sobre uma Grécia de antanho «sem comércio, sem comunicações por terra ou mar, cultivando apenas o terreno que as necessidades da vida exigiam, desprovida de capital, sem construir grandes cidades nem alcançar qualquer forma de grandeza».[20]

A seca que se abateu sobre Micenas e Creta também devastou a Anatólia e o império hitita. Em 1200 a.C., vários problemas internos atormentavam Hatti. As controvérsias em torno do direito de sucessão tinham criado disputas reais que minaram a autoridade do grande rei. Hattusas foi destruída pelo fogo em 1180 a.C., durante o reinado de Tudhaliya IV, talvez devido a uma guerra civil. Tudhaliya combatia Kurunta, o governante do sul da Anatólia, que procurou separar as suas possessões de Hatti. Quando o fez, Hattusas deixou de ter acesso ao seu principal porto de cereais em Ura. Nessa altura, os hititas já estavam a importar alimentos de outros estados, especialmente do Egipto. A reconstrução de Hattusas e dos seus elaborados santuários absorvera uma enorme quantidade de pessoas, como fazia o serviço anual obrigatório nos exércitos de Hatti – tudo isto além do trabalho de produzir alimentos. Com as súbitas alterações climáticas, as grandiosas ambições do Estado deitaram abaixo o império já doente.

Como todos os monarcas despóticos, os reis hititas sabiam que a fome e a agitação social estavam intimamente ligadas. Assim, pediram ajuda a outros Estados. O faraó egípcio Merneptah registou numa inscrição que enviou um carregamento de cereais «para manter viva a terra de Hatti». À medida que a seca se intensificava, eclodiam novos combates, na sua maioria para repelir frotas e exércitos de pessoas deslocadas e famintas,

A Dança de Ar e Oceano

incluindo o misterioso Povo do Mar, muitas delas do Mar Egeu, que saqueavam e pilhavam o mundo civilizado do Mediterrâneo oriental. Enquanto os exércitos se digladiavam, os escriturários de Ugarit, também ameaçada de ataque, prosseguiam calmamente a sua tarefa diária de cozer novas placas de escrita cuneiforme nos fornos dos arquivos reais. Um conjunto de placas estava ainda nos fornos quando a cidade foi atacada. Uma delas transcrevia a carta de um rei hitita solicitando o carregamento de um grande navio com 200 medidas de cereais (cerca de 450 toneladas métricas). Tratava-se, segundo o monarca, de «uma questão de vida ou de morte: que o rei de Ugarit não se demore».[21] Pouco depois de 1200 a.C., o império hitita dissolvia-se nas partes que o constituíam. O que restou do exército hitita combateu ferozmente o Povo do Mar, mas em vão.

O Povo do Mar deslocava-se por terra e mar, cercando portos e cidades do interior, pilhando os tesouros reais, procurando terras para colonizar. Ninguém sabe exactamente a origem destas pessoas, mas muitas eram sem dúvida refugiados de terras ressequidas, em busca de um lar permanente. Inevitavelmente, chegaram ao Nilo, procurando instalar-se nas terras férteis do delta. Por volta de 1200 a.C., uma coligação de líbios e do Povo do Mar atacou o Egipto a partir da Síria, por terra e por mar – uma horda em movimento, com carros de bois, mulheres e crianças, que planeava não só invadir o vale do Nilo mas também nele instalar-se. Centenas de barcos navegaram junto à costa ao lado dos viajantes em terra. A marinha egípcia enfrentou a esquadra inimiga na foz oriental do Nilo. Os arqueiros lançaram uma chuva de setas sobre os barcos dos atacantes. As inscrições no templo do rei em Medinet Habu, perto de Luxor, mostram arpéus de abordagem fazendo aproximar os navios inimigos, enquanto as flechas aniquilavam as tripulações. Ramsés acabou por levar a melhor, capturando grandes quantidades de gado e matando mais de dois mil atacantes. As mãos decepadas do inimigo foram expostas em pilhas diante do faraó, e o seu número devidamente registado pelos omnipresentes escribas e depois comparado ao total de pénis cortados.[22]

O Egipto sobreviveu ao ataque, e a outro em 1193 a.C., talvez porque os invasores já viessem debilitados das suas anteriores campanhas. Mas os faraós enfrentavam sérios problemas. Como os seus vizinhos, os egípcios foram assolados por cheias baixas e más colheitas, que conduziram a uma inflação galopante e à agitação social. Os trabalhadores da necrópole real perto do Vale dos Reis entraram em greve quando as suas rações não foram distribuídas. A corrupção proliferava, os assaltos aos túmulos atingiram proporções epidémicas e, o que era ainda mais grave, os fornecimentos aparentemente inesgotáveis de ouro núbio vindos do sul chegaram ao fim. É possível que houvesse mais ouro debaixo da terra no mundo dos mortos do que no mundo dos vivos. Os faraós haviam sempre conduzido a sua diplomacia externa com toda a arrogância da riqueza ilimitada. Cortejavam os outros governantes com ofertas de ouro e casamentos. De repente, perderam toda sua influência diplomática. O Egipto retirou-se do palco do mundo, deixando para trás uma paisagem política variada e altamente competitiva onde os faraós já não entravam.

Passar-se-iam séculos antes de voltar a prosperidade, antes de os assírios reunirem forças suficientes para avançar para a costa do Mediterrâneo e uma nova civilização grega se erguer das cinzas da velha.

Por trás destes importantes acontecimentos estavam as forças invisíveis da atmosfera e do oceano, o balanço irregular da Oscilação Sul, as caprichosas deslocações norte-sul da Zona de Convergência Intertropical e a circulação do oceano no Atlântico Norte. As chuvas das monções avançavam e recuavam, trazendo a seca e as más colheitas quando diminuíam ou cessavam por completo. A humanidade novamente vulnerável dançava ao som do clima mundial. Apesar disso, os senhores da nobreza e os grandes reis deleitavam-se com o seu poder e conquistas militares. Milhões labutavam para mantê-los, e aos seus exércitos e cidades, bem alimentados. Os cereais, as matérias-primas, os artigos de luxo – iam todos parar às mãos de uma minoria que dominava milhares de seres anónimos e trabalhadores.

Originariamente, a cidade surgira em parte como um mecanismo para alimentar pessoas, para controlar o seu trabalho e

A Dança de Ar e Oceano

garantir a abundância de víveres. Não há nada que tenha mais êxito que o próprio êxito, mas este também tinha um preço – uma maior vulnerabilidade a importantes ocorrências climáticas de curta duração. Enquanto as chuvas caíssem, as civilizações do Egipto e do Mediterrâneo oriental desfrutavam de tempos bons, por vezes até alucinantes; mas quando as chuvas falhavam, a abundância terminava abruptamente e sem aviso. As cidadelas e os templos continuavam de pé, rodeadas de aglomerados de casas de adobo e bazares movimentados. Mas as caravanas e os navios deixavam de transportar os cereais, e as prateleiras dos armazéns ficavam vazias. Não havia para onde ir, nenhuma rede protectora de alimentos menos desejáveis para sustentar as pessoas até ao regresso de tempos melhores. Os bandos de caçadores podiam partir para longe, para lugares junto de águas permanentes, onde podiam encontrar alimento. As comunidades agrícolas podiam recorrer à caça e a restos de plantas comestíveis para sobreviver. Podiam até dispersar-se em povoamentos mais pequenos num mundo em que a população era ainda reduzida e as fronteiras territoriais menos fixas. Mas no Egipto ou no Hatti, as cidades e vilas continham milhares de habitantes que nunca tinham lavrado um campo, reparado um canal de irrigação ou ceifado uma colheita. A cidade era permanente, inamovível, completamente à mercê das cheias e das secas – do que os habitantes julgavam ser a ira dos deuses, e que hoje sabemos tratar-se da sinfonia infindável da alteração climática.

Quando passaram a viver em cidades e vilas, povoamentos maiores dos quais não podiam sair e que dependiam de paisagens agrícolas geridas pelo homem, as pessoas ultrapassaram um limiar de muito maior vulnerabilidade às súbitas alterações climáticas do que a do passado. Passou a não existir um meio-termo entre a prosperidade e a falência. Evidentemente, as alterações climáticas não «causaram» o fim do império hitita nem a diluição do poder faraónico ao longo do Nilo. Mas todas as fraquezas, injustiças e insuficiências que existiam nessas sociedades foram postas a nu pelas cheias e transformadas em defeitos fatais que libertaram as forças do caos social e empurraram os seus reis para o esquecimento.

10

Celtas e Romanos
1200 a.C. a 900 d.C.

Havia inúmeros corneteiros e tocadores de trompa e [...] o exército inteiro soltava o grito de guerra ao mesmo tempo. Muito assustadores eram também a aparência e os gestos dos guerreiros nus na dianteira, todos jovens e bem constituídos, e todas as companhias da frente ricamente adornadas de colares e braceletes de ouro.

POLÍBIO, sobre os Celtas na guerra

Os destemidos guerreiros celtas, conhecidos por gauleses, que habitavam as terras selvagens a norte dos Alpes, eram os papões do folclore romano. As suas provocações arrogantes incitando ao combate singular aterrorizavam as legiões de Roma. Eram o flagelo das terras povoadas, atacando sem aviso pacatas aldeias agrícolas ou levando os rebanhos em incursões ao amanhecer. Gerações de mães romanas assustaram os filhos com histórias exemplares dessas hordas «bárbaras». Em 390 a.C., os exércitos celtas sitiavam a própria cidade de Roma. Eram inimigos arquetípicos, descritos pelo escritor Amiano Marcelino como «de estatura alta, louros e ruivos, medonhos pela ferocidade dos olhos, adeptos da briga e de uma insolência arrogante».[1]

O Longo Verão

Mapa mostrando populações celtas, sítios arqueológicos e possessões romanas

Os celtas vinham de um mundo estranho aos romanos urbanizados, de um Norte mais frio, húmido e muito mais difícil para a agricultura. Viviam na zona continental setentrional, com um clima muito diferente do mediterrânico. No Norte, a chuva mais forte caía durante o Verão; os Invernos eram secos e, de um modo geral, temperados, mas por vezes extremamente frios. Os agricultores celtas, como os seus antepassados, viviam à mercê dos húmidos ventos oeste que traziam a chuva para o norte da Europa. Inesperadamente, a corrente do vento oeste podia vacilar quando surgiam pressões altas sobre a Gronelândia e o extremo Norte. A seca instalava-se nos campos acabados de cultivar;

Celtas e Romanos

semanas de geadas e neve cobriam as terras altas e as terras baixas de um frio terrível. As pessoas passavam fome e, quando chegava o frio, começavam as mortes. Mesmo no interior das melhores habitações, com as lareiras acesas noite e dia, jovens e velhos tiritavam e por vezes morriam congelados. As duras realidades da agricultura de subsistência e a escassez de alimentos produziam sociedades rudes e belicosas.

Então, como hoje, a Europa tinha um clima de limites variáveis. No Sul fica a zona mediterrânica – temperada, com Invernos húmidos e Verões quentes e secos. O ocidente desfruta de um clima oceânico, com Verões frescos e por vezes húmidos e Invernos relativamente quentes; a maior parte da precipitação ocorre no Outono. A zona continental outrora habitada pelos celtas estende-se pelo Norte e pelo Leste. Zonas imutáveis, poder-se-ia pensar, mas as suas fronteiras, muitas vezes chamadas ecótonos, variaram profundamente ao longo dos últimos três mil anos, devido a alterações na corrente de jacto. (A expressão *ecótono* refere-se a uma área de transição entre duas ou mais zonas ecológicas. Estas regiões agradavam aos povos antigos porque estes podiam ter acesso a diferentes animais e plantas comestíveis em cada uma.)

A fronteira entre as zonas continental e mediterrânica encontra-se actualmente sobre a ponta sul do Maciço Central francês, onde a vegetação muda de temperada para mediterrânica no espaço de alguns metros. A arqueóloga Carole Crumley estudou as deslocações deste ecótono durante os últimos três mil anos, descobrindo que nos séculos mais frios a fronteira descia para sul até à latitude 36° N, ao longo da costa do Norte de África. Os tempos mais quentes empurravam a fronteira para cima até às costas do mar do Norte e do mar Báltico, uma distância de aproximadamente 880 quilómetros – mais de 12° de latitude.([2]) Crumley acredita que estas deslocações norte-sul das zonas climáticas tiveram um efeito marcante, e até agora ignorado, sobre a história da Europa.

O Longo Verão

Aquando da queda dos hititas e dos micénios em 1200 a.C., a Europa a norte da zona mediterrânica era um mosaico de pequenas comunidades de agricultores de subsistência.([3]) Constituía um mundo à parte dos domínios turbulentos das civilizações mediterrânicas orientais. No Norte bem arborizado, as sociedades agrícolas igualitárias de tempos anteriores tinham dado lugar a pequenas e competitivas dinastias de chefes locais. Nesse mosaico de alianças em permanente mudança, os chefes competiam entre si na aquisição de capital de sucesso. Esse capital assumia a forma de adornos de prestígio – âmbar báltico e, sobretudo, bronze polido, usado no fabrico de armas, jóias e algumas categorias de utensílios como machados. O bronze era enterrado com os mortos e oferecido aos deuses. Era o metal da ostentação, chegando ao nosso conhecimento através da grande quantidade de objectos de metal enterrados pelos seus proprietários junto a importantes jazigos de cobre próximos das montanhas Harz na Alemanha central. O bronze polido cintilava à luz do Sol, no campo de batalha, e à luz do fogo, proclamando autoridade, posição social e valentia em combate. Estes povos não tinham reis poderosos nem burocracias centralizadas. A vida girava em torno do campo, da casa e da oficina da aldeia. A maioria das pessoas morava em casas pequenas e redondas, em lugarejos ou aldeias, levando uma vida muito parecida à dos primeiros agricultores mais de três mil anos antes.

A vida na aldeia, por mais pequena que fosse, corria ao sabor das colheitas, com alterações climatéricas de longa e curta duração. Durante milhares de anos, a Gália foi mais seca e quente do que hoje, mas a partir de 3500 a.C. começou a verificar-se um arrefecimento progressivo. A princípio, as condições mais frias tiveram pouco efeito sobre o quotidiano. A maioria das comunidades dependia fortemente do trigo e da cevada. O trigo é especialmente conhecido por não tolerar chuvas fortes, e os Verões frios resultaram em quedas graves na produção de cereais. A cada má colheita, a escassez de cereais era sentida quase imediatamente.

A forte dependência da cevada e do trigo tornou os agricultores de subsistência, que habitavam um clima progressivamente continental, cada vez mais vulneráveis a anos difíceis. Assim, adaptaram-se às condições mais frias semeando novas plantas, em especial o milho-miúdo, cereal de crescimento rápido, com exce-

Celtas e Romanos

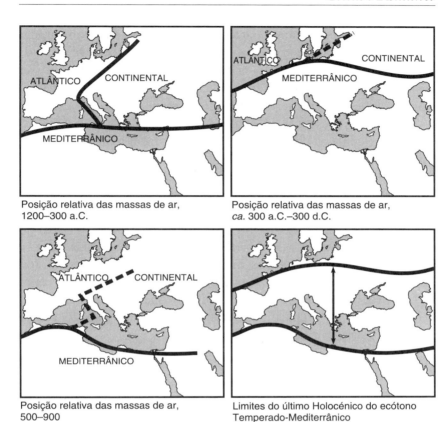

A variação das zonas ecológicas na Europa. Reproduzido com autorização de Carole L. Crumley, org., *Historical Ecology* © 1994 da School of American Research, Santa Fé, Novo México

lentes qualidades de armazenamento e capaz de resistir à seca. Há muitos anos, passei algum tempo com produtores de milho--miúdo na África central. Eles apreciavam o resistente cereal por este tolerar períodos de crescimento muito secos. Em anos bons, o milho-miúdo era bastante produtivo, o que deliciava os agricultores. Eles consumiam o excesso fermentando-o para produzir litros de cerveja, a qual se tornou uma importante moeda social para pagar tarefas comunitárias como a construção de casas. Os agricultores europeus prezavam o milho-miúdo pelas mesmas razões. Este fornecia-lhes não só a farinha para as papas e o pão ázimo mas também a base para bebidas fermentadas, consumidas em banquetes que se tornaram componente importante da vida gaulesa. O feijão celta (a nossa fava) também passou a ser consumido. Esses feijões têm um crescimento rápido e toleram uma grande variedade de condições meteorológicas, especialmente tempos frescos e húmidos.

Os agricultores do Norte adaptaram-se facilmente a um clima raras vezes constante e muitas vezes extremo, com ciclos curtos de condições mais húmidas e secas ou mais quentes e frias que surgiam inesperadamente. Temos conhecimento das alterações de curta duração graças aos pauis dinamarqueses, onde o paleo-botânico Bent Aaby examinou diferentes superfícies terrestres do segundo milénio a.C. e descobriu que os ciclos mais frios e húmidos alternavam com os mais quentes e secos todos os 260 anos, mais ou menos.([4]) Ninguém sabe o que provocava estes ciclos, mas alguns especialistas acreditam que estavam associados a importantes ocorrências vulcânicas, como a erupção do vulcão Hekla na Islândia em 1159 a.C.

Casper Peucer, médico alemão do século XVI, chamava ao Hekla o Portão do Inferno, «porque as pessoas sabem por longa experiência que sempre que se travam grandes batalhas ou ocorre uma carnificina sangrenta algures no mundo, ouvem-se na montanha gritos terríveis, prantos e ranger de dentes».([5]) O sombrio monte, com as suas negras correntes de lava e cume fumegante, sustenta bandos de corvos, tidos pelos supersticiosos como os espíritos dos mortos pairando sobre a entrada do inferno. O Hekla ergue-se a 1497 metros acima do nível do mar, nas terras altas e de escassa vegetação a cerca de 110 quilómetros para leste de Reiquiavique. Já entrou em erupção 23 vezes desde que a Islândia fundou o seu antigo parlamento, o Atheling, em 930 d.C.([6])

O Hekla não está sozinho. Grandes erupções têm assolado a Islândia quatro ou cinco vezes por século desde o século X d.C.

Celtas e Romanos

As maiores lançaram tanta cinza vulcânica para a atmosfera que filtraram luz do Sol bastante para reduzir significativamente a quantidade de calor que chegava à terra. As cinzas das grandes erupções vulcânicas islandesas espalhavam-se como fumo por toda a Europa. Entre 1783 e 1786, erupções violentas dizimaram um quarto da população da Islândia e queimaram tanta erva que três quartos do gado da ilha morreram de fome. Por acaso, Benjamin Franklin encontrava-se em Paris na altura. Ele queixou-se de uma névoa sulfurosa que lhe fazia arder os olhos e que pairou sobre a França durante os meses de Verão. Atribuiu correctamente o fenómeno a uma erupção islandesa – sabemos hoje que foi o vulcão Laki – cujos gases se espalharam lentamente até ao leste e sudeste da Europa. Escreveu Franklin, perspicazmente: «Por isso talvez o Inverno de 1783-4 tenha sido mais rigoroso do que qualquer outro em muitos anos».[7]

As consequências climáticas até mesmo das maiores erupções islandesas parecem insignificantes quando comparadas à erupção de três meses do monte Tambora em Abril de 1815, uma das mais fortes desde o final da Idade do Gelo, e que se elevou a 1300 metros do topo de um vulcão em Java oriental.[8] Pelo menos 12 000 pessoas pereceram durante a erupção; outras 44 000 morreram de fome em consequência da cinza que caiu nas ilhas circundantes. As densas nuvens vulcânicas que subiram para a atmosfera reduziram a absorção da radiação solar em mais de 20%. O ano de 1816 conquistou logo notoriedade como «o ano sem Verão». As temperaturas mensais desse Verão foram entre 2,3 e 4,6° C mais frias do que a média. Tempestades de granizo e trovoadas destruíram as plantações. Grande parte da colheita no sudeste da Inglaterra ficou «em condições tão húmidas, que se tornou imprópria para o consumo imediato». O tempo frio manteve o poeta Percy Bysshe Shelley, a sua esposa Mary e o amigo e poeta Lorde Byron dentro de casa durante as suas férias de Verão em Genebra. O grupo entreteve-se a contar histórias. A invenção de Mary tornar-se-ia o clássico romance de horror, *Frankenstein*.[9]

Consideradas menos fortes do que a do monte Tambora, as erupções islandesas tiveram graves efeitos a curto prazo sobre o clima da Europa, em especial sobre os agricultores de subsistência

O Longo Verão

que viviam de colheita em colheita. Graças a núcleos de gelo na Gronelândia, à datação por radiocarbono e a finas camadas de *tephra* (cinza) vulcânica em turfeiras e outros depósitos que podem ser atribuídas a vulcões específicos a partir dos seus elementos distintivos, podemos por vezes identificar grandes erupções que atingiram zonas consideráveis. Uma distinta camada de cinza oriunda de uma grande erupção do Hekla ocorre no núcleo de gelo GISP–2 da calota glaciar da Gronelândia em 1159 a.C., assinalada em pauis suecos por camadas de turfa indicando condições mais frias e húmidas. Sequências de anéis de árvores irlandesas exibem uma zona marcada de anéis mais finos durante esse mesmo ano.

Poderíamos considerar uma sequência de, por exemplo, cinco anos de Verões mais frios resultantes de actividade vulcânica como um simples desvio no ciclo interminável de plantação e colheita que era a sorte dos agricultores de subsistência. Mas cinco anos eram muito tempo para os que tinham de sofrê-lo. Por mais generosa que fosse a colheita, vivia-se sempre no limite. O historiador Johan Huizinga disse uma vez da Idade Média que «a distância entre a tristeza e a alegria, entre a boa e a má fortuna, parecia ser muito maior do que para nós... O frio cortante e a escuridão temida do Inverno eram males mais reais».[10] O seu comentário aplica-se ainda com maior pertinência aos agricultores de 2 500 anos antes, quando a maioria das comunidades sobrevivia em níveis de quase-subsistência, apenas com os cereais suficientes para atravessar uma má colheita e plantar a seguinte.

Mesmo nos anos bons, o agricultor tinha de encarar o espectro constante da fome no Inverno. Para que as pessoas passassem fome, bastava chuva a mais ou a menos, uma geada tardia ou antes do tempo, ou uma epidemia de doença de gado que dizimasse animais destinados à reprodução e à lavoura. Apenas os antigos laços de parentesco, a reciprocidade social e uma provisão cada vez menor de plantas e animais silvestres salvavam as famílias da fome. A ameaça da fome pairava sempre sobre o Norte, onde séculos de boas colheitas tinham aumentado a produção agrícola e por consequência as populações das aldeias. As comunidades em expansão ocupavam mais regiões arborizadas e campos para pastagens. As pessoas sempre subestimaram a precariedade da agricultura de subsistência. Inevitavelmente, os agricultores em aldeias em crescimento ocupam mais terras, e, à medida que os melhores solos são cultivados, voltam-se para campos marginais, muitos em encostas facilmente atreitas à erosão. Existe um equilíbrio subtil e invisível entre crescimento populacional, boas colheitas e capacidade produtiva da terra. Quase sempre, as pessoas cultivavam as terras até ao limite, e por vezes mais além. Em muitos Invernos, os aldeões passavam fome e muitos acabavam por morrer.

A fome e episódios de subnutrição eram uma realidade da vida da Idade do Bronze. Quando os cientistas examinaram o cadáver congelado de Ötzi, o famoso «Homem do Gelo» de 3100 a.C., morto a grande altitude nos Alpes, descobriram «linhas de Harris» bastante reveladoras nos seus ossos, que resultavam de episódios de subnutrição aos 9, 15 e 16 anos.([11]) Ele também passara por fases de crescimento lento, outro sinal de *stress* alimentar. A sua experiência era provavelmente típica. A margem entre a fome e a abundância era pequena, e a linha facilmente transposta.

A erupção do Hekla em 1159 a.C. pode ter provocado más colheitas e fome numa vasta extensão do norte da Europa.

E o arrefecimento continuava, indiferente às ocorrências vulcânicas. Os agricultores do Norte reagiam cultivando plantas mais resistentes ao frio e dedicando-se à criação de gado. O gado significava muito mais do que carne, peles, chifres e ossos. Era riqueza viva, com um excedente constante de jovens machos para reprodução. Em sociedades com economias cada vez mais diversificadas e o desejo de riqueza e prestígio, o gado tornou-se uma moeda da vida social e política. Como fazem hoje os povos pastores em África, o antigo agricultor europeu aumentava as suas manadas nos anos bons, calculando que isso lhe daria uma garantia contra a mortalidade do Inverno e os anos de seca. Distribuía os animais entre os parentes para minimizar os perigos

O Longo Verão

das epidemias. Cada ano obedecia a um padrão de deslocações e pastagens escrupulosas que exigiam áreas muito vastas e uma utilização muito mais planeada da paisagem do que em épocas anteriores.

Os Verões mais frescos e a expansão da agricultura, juntamente com o aumento do gado e das populações, implicavam uma utilização mais económica do espaço e uma separação cuidadosa de diferentes actividades agrícolas. Depois de 1300 a.C., os agricultores em muitas regiões começaram a abrir longas valas e taludes pelos campos com os seus arados para dividir a paisagem num cerrado sistema de cultivo e pastagem. Ao mesmo tempo, a agricultura e a pastorícia expandiam-se para zonas até então incultas e para terrenos mais elevados.

A maior parte destas paisagens da Idade do Bronze desapareceu ante a agricultura posterior e a indústria do século xx. Apenas algumas manchas desse vasto mosaico de sistemas de cultivo e pastagem chegaram aos nossos dias, podendo ser investigadas pelos arqueólogos. Uma delas fica nas terras altas e ventosas de Shaugh Moor em Dartmoor, no sudoeste da Grã-Bretanha; uma série de pequenos muros de pedra, alguns ligados a fronteiras territoriais pré-históricas mais amplas que cobriam todo o Dartmoor, outras formando áreas mais pequenas de pastagens delimitadas.([12]) Pegadas de ovelhas e gado vacum foram encontradas numa vala.

Durante mais de mil e duzentos anos, os pastores usaram os sistemas de pastagens de Dartmoor, vivendo durante semanas ou meses a fio em pequenas habitações de pedra junto dos campos. A sua actividade acabou por devastar os campos. Originariamente, a região era um mosaico de bosques de amieiros, avelanais enfezados e terras ácidas cobertas de erva nas zonas mais altas. Após dez séculos, a paisagem transformou-se numa charneca degradada pelo pastoreio excessivo. Por volta de 800 a.C., o clima europeu tornou-se subitamente mais fresco e húmido; os pastores partiram e nunca mais voltaram. Nesta altura, o ecótono que separava a zona continental do Norte da região mediterrânica já se havia deslocado bastante para sul, encontrando-se sobre o Norte de África. Durante os cinco séculos seguintes, tudo o que é hoje a França e o sul da Alemanha viveu sob um clima muito instável, com Invernos rigorosos e uma mistura de condições oceânicas húmidas e um tempo muito mais seco e continental.

As sagas nórdicas aludem a um «Inverno-Fimbul», uma época lendária em que o sol, a lua e as estrelas foram engolidos por um lobo. Talvez essas histórias constituam uma lembrança popular das severas alterações climáticas que ocorreram nesses séculos.

Um período breve de frio intenso ocorreu simultaneamente numa vasta zona em 850 a.C., coincidindo com uma súbita redução da actividade das manchas solares, um aumento do fluxo de raios cósmicos e uma produção muito maior de carbono 14 na atmosfera. Todas estas mudanças são indicativas de uma diminuição da actividade solar: durante alguns séculos o sol brilhou literalmente com menos intensidade. A reduzida actividade solar parece ter sido a força motriz por trás da mudança para condições mais frescas e húmidas nas latitudes médias e mais altas. Curiosamente, uma redução semelhante da actividade solar e um aumento da actividade do carbono 14 coincidiram com o auge da Pequena Idade do Gelo muitos séculos mais tarde, o chamado «Mínimo de Maunder» de 1645–1710 d.C.([13])

Não podemos ter a certeza de que exista uma relação entre a actividade solar e as mudanças abruptas como a de 850 a.C., mas existe claramente uma coincidência quase perfeita entre importantes flutuações da temperatura terrestre durante os últimos mil anos e as grandes mudanças de níveis de carbono 14 descobertas em anéis de árvores. Isso sugere que as alterações de longa duração na radiação solar possam ter tido um efeito profundo sobre o clima terrestre ao longo de muitos milhares de anos.

Felizmente para os celtas, as suas estratégias agrícolas e práticas de pastorícia, bastante flexíveis, ajustavam-se perfeitamente a um clima instável. Só agora começamos a perceber algumas das grandes alterações no povoamento humano que resultaram de arrefecimentos abruptos. As pessoas abandonaram as terras mais altas em toda a região montanhosa da Grã-Bre-

O Longo Verão

tanha, e sabemos a partir de diagramas de pólen que ocorreram importantes alterações vegetativas quando as regiões arborizadas deram lugar às pradarias. Estas mudanças deveram-se tanto a uma rápida desflorestação e a uma pastorícia mais intensa como ao arrefecimento das temperaturas.

Nos Países Baixos, a precipitação atmosférica mais elevada resultou em lençóis de água mais altos e numa maior infiltração natural, o que por sua vez fez aumentar o transporte de ferro por água subterrânea. Consequentemente, o minério de ferro em lagos e pauis formava-se mais rápida e extensamente, tornando a matéria-prima para utensílios de ferro mais acessível em poucas gerações, quando anteriormente viera na sua maioria das minas. O trabalho em ferro tornou-se um ofício de aldeia, e o uso de utensílios agrícolas de ferro generalizou-se – um importante desenvolvimento económico.

Na maior parte dos lugares, as temperaturas mais frescas e a ampla precipitação tiveram como consequência fomentar a produção agrícola resultante de novos métodos de lavoura, sobretudo o uso do arado e de utensílios de ferro. A capacidade produtiva dos bons solos aumentou drasticamente, uma vez que a terra era delimitada e continuamente desbravada. Grande parte do que os romanos chamavam a Gália, assim como o sul da Inglaterra, foi então cultivada. Os visitantes faziam comentários sobre a paisagem densamente cultivada. Júlio César, de visita ao sul da Grã-Bretanha em 55 a.C., notou que a população era «excessivamente numerosa, o campo densamente juncado de casas de lavoura».[14] Povoações compactas aglomeravam-se nos solos arenosos e com boa drenagem das margens e vales dos rios Tamisa e Severn.

Os romanos não interferiram muito no padrão básico de ocupação de terras dos indígenas. Apenas no extremo norte, onde a construção da muralha de Adriano consumiu grandes quantidades de carvalhos, é que eles procederam a uma vasta desflorestação.[15] A distribuição de terras arborizadas e não-arborizadas e as divisões territoriais da maioria das herdades e paróquias registadas no «Livro do Juízo Final» de Guilherme, *o Conquistador*, em 1086, já tinham sido estabelecidas havia pelo menos mil anos, ou mais. A Grã-Bretanha ficava a norte dos limites inconstantes dos ecótonos europeus e desfrutava de uma longa continuidade no que dizia respeito à vida agrícola.

Celtas e Romanos

Com o ferro adveio uma nova ordem social, já não igualitária mas mais hierárquica, até mesmo tribal nas suas lealdades. À medida que a paisagem se tornava mais povoada e as fronteiras mais definidas, apareciam cada vez mais armas – espadas acutilantes e escudos, elmos de bronze, até peças de armadura. As incursões e a guerra começaram a fazer parte do quotidiano. Em alguns lugares, a guerra tornou-se endémica, de tal modo que os chefes passaram a construir povoações solidamente fortificadas no cume dos montes, nos promontórios, e até mesmo nas ilhas lacustres. Em 600 a.C., a Europa temperada era já uma paisagem de fortalezas em colinas, muitas ocupadas por grandes comunidades.[16]

Os custos ambientais destas fortalezas no topo das colinas ocorreram-me vividamente quando visitei a reconstrução de uma aldeia fortificada em Biskupin, na Polónia; um povoado de dois hectares na península de um lago, cercado de um talude de madeira cheio de terra e areia. As condições de preservação no solo encharcado eram tão boas que muitos artefactos de madeira e osso, e até fragmentos de têxteis, sobreviveram, assim como madeiras de casas e paliçadas. Dado o tamanho da aldeia, a escala das fortificações sugeria uma obsessão com ameaças externas – literalmente uma mentalidade de fortaleza. Uma única entrada com torre de vigia e portões duplos ficava a sudoeste, enquanto uma estrada acompanhava do lado de dentro o talude, delimitando um sistema de pouco mais de onze ruas feitas de toros de madeira colocados lado a lado. Mais de uma centena de casas feitas de toros horizontais reforçados com tacos de madeira ladeavam as ruas, todas suficientemente grandes para abrigar homens e animais.[17]

Biskupin consumiu uma paisagem inteira de carvalhos. A primeira povoação foi construída quase exclusivamente de carvalho. Em 450 a.C., depois de devastarem as florestas de carvalhos, os habitantes recorreram à madeira de pinho para construir as suas habitações. Os carpinteiros de Biskupin utilizavam mais de 8 000 metros cúbicos de madeira em cada etapa de construção, com

O Longo Verão

consequências devastadoras para o meio envolvente. E depois precisavam também de lenha. Comecei então a perceber a velocidade com que a Europa de há 2500 anos tinha perdido as suas florestas para uma agricultura em rápida expansão e para as exigências predatórias das guerras tribais.

Esses tempos foram provavelmente uma época de tensões crescentes, de guerras cada vez mais frequentes, que despoletaram vários séculos de fortificação frenética. Cada fortaleza era o centro de um sistema económico auto-suficiente, dependente da agricultura de subsistência e da aquisição e armazenamento de grandes excedentes de comida como garantia contra faltas periódicas de alimentos. A vida não girava em torno do comércio de longa distância, embora existissem certamente algumas prestigiosas trocas de presentes, mas em torno da agricultura, da guerra e da pastorícia.

Porquê estas mudanças abruptas no curso da vida agrícola? Por que é que de repente as pessoas trouxeram a guerra para a ribalta? Julgo que a culpa seja de uma combinação de novas ideias e das duras realidades da agricultura de subsistência.

O que fazem as pessoas quando confrontadas com falta de alimentos dentro de limites territoriais apertados? Se são agricultores de subsistência, voltam a recorrer à caça e a plantas comestíveis dentro dos seus territórios. Se isso for insuficiente – o mais provável, quando cada vez mais terras são cultivadas ou pastoreadas – elas tentam mudar-se. Em 400 a.C., porém, a mudança já não era uma opção em muitas zonas do mundo, e então a alternativa à fome era roubar os cereais e o gado dos vizinhos. Das pequenas incursões à guerra endémica são apenas dois passos, quando as populações não param de crescer e a escassez de alimentos se torna mais comum. Inevitavelmente, os valores sociais sofreram grandes mudanças. As doutrinas da guerra e da valentia pessoal passaram para primeiro plano. Estas surgiram não só devido a alterações nas condições sociais e políticas internas mas por causa da seca nas grandes estepes do extremo leste, onde mais uma vez o antigo efeito de bomba dos desertos entrou em acção.

A estepe de prados estendia-se das margens orientais da Europa, através da Ásia Central, até ao horizonte distante,

Celtas e Romanos

delimitada por deserto a sul e florestas frias a norte. As suas fronteiras tinham mudado constantemente de posição desde a Idade do Gelo, expandindo-se e contraindo-se para norte e para sul à medida das alterações dos padrões de precipitação ao longo dos milénios. Como o Sara e a estepe/tundra euro-asiática de há 20000 anos, a estepe de prados funcionava como uma bomba, atraindo povos nómadas durante períodos de precipitação mais elevada e expelindo-os para as margens e terras vizinhas quando chegava a seca. Durante o século IX a.C., o clima da estepe tornou-se subitamente mais frio e seco. No período de algumas gerações, as reservas de água existentes secaram. A seca baralhou por completo as antigas deslocações sazonais de ovelhas e gado vacum.([18])

A estepe mongol parece ter sido a primeira região afectada. Em séculos húmidos era um prodigioso oásis para povos pastores. Os rebanhos prosperavam, as populações aumentavam. Depois, um ciclo de seca obrigava os nómadas a deslocar-se para outro lugar e invadir terras povoadas. No século XVIII a.C., a seca na estepe impeliu os nómadas em catadupa para a China. Foram rechaçados, o que desencadeou um efeito de dominó de migrações populacionais que atirou alguns nómadas montados a cavalo para a bacia do Danúbio e a fronteira leste do mundo celta.

Os cavalos tornaram-se populares na Europa, assim como um complexo conjunto de ideias e estilos artísticos que depressa uniu a Europa central da Borgonha à Boémia. Em poucas gerações, uma aristocracia «cavaleira» de poderosos chefes militares passou a dominar as terras cultivadas do Norte. Pela primeira vez, vislumbramos sinais das sociedades celtas descritas pelos romanos – chefes belicosos que comandavam leais bandos de seguidores por parentesco, prestígio e valentia guerreira. Ostentavam o seu poder através de ciclos de banquetes e trocas de presentes, publicamente. Esta cultura transformou-se num ciclo vicioso de consumo e mais consumo, que abarcou toda a Europa ocidental, o sul da Grã-Bretanha e a Irlanda, distinguida por extravagantes trabalhos em metal, uma arte garrida e aumentos rápidos das populações locais.

Os banquetes celtas ajudavam a manter o equilíbrio social num mundo conturbado de valentia temerária. O escritor grego

Possidónio visitou a Gália no século I a.C. e banqueteou-se com os celtas, cuja hospitalidade era lendária. Ele contou que «quando os quartos traseiros eram servidos, o herói mais corajoso pegava na porção da coxa e se outro homem a reivindicasse eles levantavam-se e travavam um combate singular até à morte». Os chefes celtas honravam os seus bardos, que disseminavam lendas e contos de gestos heróicos, poetas «que profeririam panegíricos em canção». Bem remunerados, entoavam louvores aos seus protectores. Um bardo bem gratificado disse do chefe Louernius que até mesmo «os trilhos deixados pela sua quadriga na terra conferiam ouro e generosidade à humanidade».([19])

Era um mundo de heróis e guerreiros lendários, cujos valores se haviam transformado em parte devido a alterações climáticas ocorridas séculos antes no Oriente. Não é de admirar que a Europa se tenha tornado um continente turbulento, local de constantes deslocações tribais em resultado de vales sobrepovoados e insuficiências locais de terras de cultivo. Estas deslocações culminaram nas grandes emigrações celtas do século IV a.C., que viriam a mudar o curso da história da Europa.

Os extravagantes celtas do Norte rondavam as fronteiras de um mundo mediterrânico em rápida mutação, cujos luxos acabariam por se tornar objecto de cobiça dos chefes guerreiros. Dois séculos antes do início das grandes emigrações, comerciantes gregos de Massília (a Marselha dos tempos modernos) viajavam até ao centro da Europa pelos vales dos rios Rhône e Saône carregados de ânforas de vinho tinto e finos cálices. Os chefes seus clientes recebiam as novidades com entusiasmo. Os banquetes tornaram-se cerimónias elaboradas de mistura de vinhos em tigelas magníficas e a sua ingestão dos cálices delicados do Sul. A embriaguez era sinal de prestígio e distinção social. As peças de consumo de vinho tornaram-se ofertas cerimoniais de grande significado e uma maneira de os chefes poderem demarcar o seu poder sobre vizinhos menores. Quando um chefe morria, era

Celtas e Romanos

enterrado com todos os seus adornos, os seus cálices e tigelas de mistura, em cima de um carro funerário engalanado de ouro, por vezes coberto de uma lâmina de ferro. Tudo realçava o prestígio pessoal, com as famílias ligadas entre si por trocas de presentes e os seus séquitos passando de geração em geração. Enquanto perdurasse o fornecimento de vinhos exóticos, o delicado equilíbrio de poder permaneceria intacto. Quando os empreendedores mercadores etruscos contornaram as rotas gregas e passaram a negociar directamente com líderes celtas mais acima, na região do Marne/Mosela, o centro de gravidade política deslocou-se em direcção ao norte para uma zona onde o rápido crescimento populacional e colheitas incertas ameaçavam muitos grupos.[20]

Em meados do século v a.C., a situação política entre as tribos do norte da Europa era já extremamente volátil. A produção agrícola subira muito. As fronteiras territoriais encolheram; os vizinhos viviam numa justaposição cada vez maior num mundo de sistemas de terras muito cerrados, aldeias fortificadas e conflito endémico. Os chefes competiam entre si num jogo de «Monopólio» de guerras e vaidades. Os jovens irrequietos serviam de carne para canhão em guerras inter-tribais que oscilavam entre o Atlântico e o Reno. Além dos valores, na altura já profundamente arraigados, da conquista, coragem pessoal e guerra, graves tensões ambientais assombravam as comunidades cercadas de vizinhos. Em tempos mais remotos, os agricultores ter-se-iam mudado para terras ainda não desbravadas. Agora tudo o que os seus líderes podiam fazer era enviar os jovens para longe à procura de novas terras. O escritor romano Pompeu Trogus, ele próprio de origem celta, escrevendo quatro séculos depois sobre as emigrações, comentou que os gauleses se haviam tornado demasiado numerosos para a sua terra. Calcula-se que 300 000 guerreiros tenham partido em busca de novas terras.

Segundo o historiador Tito Lívio, os bituriges, da região do Marne/Mosela, eram a tribo gaulesa mais poderosa do seu tempo. Eram agricultores tão prósperos que a sua população explodiu e os jovens turbulentos e indolentes ameaçavam a lei e a ordem. O seu chefe, Ambigatus, «querendo livrar o seu reino do incómodo tropel», escolheu dois parentes e encarregou-os de liderar duas emigrações, uma para o leste, outra para o sul em direcção à

O Longo Verão

Itália. Milhares de jovens atravessaram a Europa em busca de terras para cultivo e pilhagem. Enquanto os anciãos, os escravos, as mulheres e as crianças ficavam em casa a amanhar a terra e a cuidar dos rebanhos, os guerreiros vagueavam livremente pela Europa, mantidos na ordem por banquetes, celebrando a hierarquia e acções em combate. A sua ferocidade era lendária. O geógrafo grego Estrabão comentou que «a raça inteira é loucamente apaixonada pela guerra, bem disposta e facilmente incitada ao combate».[21]

Vagas de tribos do Norte deslocaram-se para sul, sobretudo durante o final do século IV a.C. Famílias inteiras emigraram para o sul do rio Pó para fundar comunidades pequenas e dispersas. Por volta de 390 a.C., enquanto Roma conquistava os seus vizinhos etruscos, bandos de guerreiros celtas irromperam pelos Apeninos e deslocaram-se para sul, chegando aos portões de Roma. Os guerreiros queimaram e saquearam grande parte da cidade, mas a Capital resistiu durante sete meses, até os celtas seguirem viagem. A incursão ficou arraigada na memória romana durante séculos.

Os celtas pareciam estar na Itália para ficar, mas as forças inexoráveis das mudanças climáticas trabalhavam contra eles. Em 300 a.C., o ecótono entre as zonas continental e mediterrânica já se deslocara para norte, pelo menos até à Borgonha dos nossos dias.[22] A alteração trouxe um clima muito mais mediterrânico, com Verões quentes e secos e Invernos húmidos, para os domínios celtas mais meridionais. A agricultura romana, baseada na produção em massa de algumas colheitas, como o trigo e o milho-miúdo, para abastecer grandes populações urbanas, era muito mais adequada ao meio semi-árido do sul da Europa. À medida que o ecótono se deslocava acentuadamente para norte, Roma começava rapidamente a ganhar poder. No século II a.C., os romanos já dominavam as rotas de navegação do Mediterrâneo ocidental anteriormente controladas por colónias gregas. Roma conquistou Cartago no Norte de África, o seu outro grande rival marítimo, tornando-se uma potência imperial em ascensão. As condições climatéricas favoráveis em terras romanas e no Sul da Europa jogavam então a seu favor. A «Paz Romana» penetrou firmemente em terras celtas, nas faldas do ecótono que se

Celtas e Romanos

deslocava para norte. Em meados do século II a.C., as terras celtas no que é hoje o Sul de França eram já uma província romana.

No entanto, os celtas incutiram no espírito romano um profundo terror dos bárbaros do Norte. Essa apreensão aumentou bastante no final do século II a.C., enquanto prosseguiam as deslocações no Norte. Uma confederação de tribos nortenhas deslocou-se para sul e leste a partir da costa do Mar do Norte em 113 a.C., primeiro para o Danúbio e depois para muito perto da Itália. Felizmente, a horda seguiu em direcção a oeste para a Gália e não se aventurou para sul, mas posteriores incursões foram contidas apenas devido a uma vitória romana sobre os teutões perto da moderna Aix-en-Provence em 102 a.C.

As tribos gaulesas que viviam perto das fronteiras do crescente império sofreram uma forte influência romana. A situação política também mudou. Na segunda metade do século II a.C., grandes povoações celtas fortificadas já haviam surgido em grande parte da Europa, da França ocidental à Sérvia, com imponentes fortificações e paliçadas cercando agrupamentos cerrados de casas e oficinas. A produção de contas de vidro, a olaria e a ferraria atingiram proporções quase industriais. Estas *oppida* («vilas» em latim) juntavam grupos mais pequenos e até então migrantes em configurações mais estáveis, estabelecendo também um controlo mais centralizado sobre os excedentes de cereais.

Em 59 a.C., a agitação contínua na Gália deu a Júlio César a oportunidade de acabar com o terror que os romanos tinham dos celtas. Foi-lhe entregue o comando de uma força para conter o avanço para sul de povos germânicos – era esse pelo menos o seu pretexto. Em 51 a.C., tinha já conquistado a Gália, atravessado o Canal da Mancha para a Grã-Bretanha e o Reno para a Alemanha. A conquista da Gália e as suas consequências provocaram rupturas tão profundas no modo de vida celta que gerações se passaram antes que os romanos sentissem necessidade de reorganizar a sua nova província. Quando o fizeram, as condições climatéricas muito mais quentes e mediterrânicas tornaram a agricultura romana bastante apropriada para as províncias reorganizadas à imagem do império.

O Longo Verão

Durante cinco séculos, o domínio romano sobre a Europa ocidental alastrou-se ao norte da Grã-Bretanha, às fronteiras da Escandinávia e ao Reno.

⁂

O clima quente manteve-se durante o apogeu do império romano. A fronteira setentrional da zona mediterrânica encontrava-se então bem a norte. Isso prolongava o período de crescimento dos cereais que sustentavam as guarnições militares e as cidades de Roma, e os recém-chegados aproveitaram esse facto ao máximo. A romanização do Norte da Gália implicou, entre outras coisas, a reorientação da agricultura da mera subsistência para a produção em grande escala tanto para as guarnições militares como para os centros urbanos. Os agricultores tinham também de cultivar mais do que necessitavam para cumprir as suas obrigações fiscais. O produto agrícola tornou-se uma mercadoria; a propriedade privada substituiu a posse em comum dos antigos tempos dos celtas, quando a terra era redistribuída todos os anos.[23]

Os celtas não tinham sido capazes de absorver conhecimentos técnicos suficientes para fazer frente à eficácia da máquina de guerra romana. Também nunca desenvolveram a organização política que lhes teria permitido conquistar e colonizar territórios mais vastos. Ferozmente individualistas e belicistas, as tribos celtas foram assoladas pelo sectarismo e por conflitos internos. Possuíam uma cultura oral e uma forte aversão a deixar fosse o que fosse por escrito. Consequentemente, nunca saberemos a verdadeira dimensão da resistência celta às instituições romanas. No entanto, o Norte da Gália e a Grã-Bretanha nunca foram completamente dominados. As tribos nas fronteiras da zona continental sempre pairaram sobre as margens, prontas para atacar os incautos e aproveitar-se de fraquezas notórias. Os romanos tinham três vantagens – um exército bem organizado, uma impressionante infra-estrutura de estradas e rotas marítimas e uma produção agrícola cuidadosamente orquestrada em todos

Celtas e Romanos

os seus domínios que alimentava os exércitos e os habitantes das cidades. Províncias inteiras, como o Egipto e o Norte de África, alimentavam as turbas de Roma. Em última análise, tudo dependia da capacidade de Roma de produzir grandes quantidades dos cereais que constituíam o alimento básico da sociedade.

O império romano foi um empreendimento muito mais complexo do que os seus antecessores. Como entidade económica, era um sistema muito mais poderoso e integrado de criar riqueza. Apesar de toda a corrupção e intriga política em todas as suas possessões, os imperadores romanos governavam um império de uma maneira geral bem administrado através da força, de uma gestão eficiente e uma justiça severa. O império era no entanto vulnerável às incursões celtas e a revoltas constantes, ao ponto de as margens serem por vezes sacrificadas para preservar o centro. Mas por baixo da panóplia do estado e das suas possessões longínquas residia uma surpreendente vulnerabilidade ao clima. A estabilidade política e o domínio de regiões distantes dependiam em última análise da duração dos períodos de crescimento dos cereais na zona mediterrânica. Enquanto essa zona climática se estendesse bem para o norte, a provisão de víveres encontrava-se razoavelmente garantida e o domínio romano alicerçado em sólidas fundações económicas. O império podia sobreviver a pressões climatéricas que teriam prejudicado civilizações menos organizadas. Os vulgares ciclos de frio e seca, assim como outras flutuações climáticas no oceano e na atmosfera, tinham poucas consequências. Mas os grandes desvios das zonas climáticas europeias, com as suas concomitantes alterações de temperatura e precipitação, afectavam profundamente o domínio romano. Se o período de crescimento dos cereais diminuísse no Norte e surgissem longos ciclos de más colheitas, o domínio da Gália e do ocidente seria posto em causa.

O século III d.C. foi um período de crise em todo o império romano. Os renhidos combates políticos na Europa, o enfraquecimento do poder centralizado de Roma e o papel cada vez maior do exército na política e nos negócios estrangeiros contribuíram para as dificuldades do império. Os povos germânicos ameaçavam as fronteiras a leste, por vezes cruzando-as. Várias gerações de incursões, muitas pacíficas, resultaram em misturas complexas de

O Longo Verão

cultura provincial romana e germânica.([24]) Mas no século V, o império romano no ocidente já enfrentava graves problemas. As tribos germânicas tinham aprendido com os vizinhos e encontravam-se agora mais organizadas. Os francos e os godos invadiam grande parte da Gália, ao mesmo tempo que as condições climatéricas começavam a mudar e a zona mediterrânica recuava para sul. No início do século VI, as condições meteorológicas eram já mais frescas e húmidas em todo o ocidente, tornando qualquer forma de produção de cereais em grande escala muito mais difícil em grande parte da Gália. A fronteira entre as zonas continental e mediterrânica encontrava-se mais uma vez sobre o Norte de África. Chegou mesmo a formar-se gelo no rio Nilo durante o Inverno de 829 d.C.([25])

Os historiadores dividem-se sobre o que terá acontecido quando a influência de Roma começou a entrar em declínio. Uma escola de pensamento acredita que a agricultura entrou no caos. Os mercados militares e urbanos desapareceram. Os campos ficaram por lavrar. Os camponeses desesperados regressaram à agricultura de subsistência. Outros defendem a continuidade – que não houve qualquer convulsão, apenas um regresso a uma maior auto-suficiência. Na Inglaterra, por exemplo, a agricultura tornou-se menos intensiva depois dos tempos romanos, sem populações militares e urbanas para abastecer. Os agricultores preferiam cultivar solos mais leves à medida que regressavam aos padrões pré-romanos de utilização das terras. Ao mesmo tempo, o gado em toda a Europa ocidental tornou-se mais pequeno nas espáduas, talvez porque as práticas romanas de cruzamento de raças tivessem sido abandonadas. Uma agricultura mais intensiva em solos argilosos mais pesados só foi retomada no século VIII, quando as cidades adquiriram uma maior importância e os mosteiros se encarregaram da reorganização em larga escala da produção agrícola que, com efeito, sustentava essas comunidades.([26])

Uma Gália romana enfraquecida sem uma sólida base agrícola não podia esperar resistir à invasão, sobretudo se os cereais já não podiam comprar a lealdade. Com a queda de Roma, a Europa ocidental depressa se transformou numa terra de senhores da guerra e tribos ferozmente competitivas. A elite celta e a igreja

Celtas e Romanos

cristã conservaram os elementos da cultura romana que lhes eram importantes, incluindo o latim. O cristianismo, que se espalhou pela Gália romanizada nos séculos IV e V, era apenas uma de muitas religiões competindo na Europa, entre elas o druidismo celta e, mais tarde, o islamismo. No início do século V, um britânico romanizado chamado Patrício foi raptado por piratas e viveu como escravo na Irlanda. Voltaria para se tornar missionário e bispo, ajudando a converter o país ao cristianismo em 432. Enquanto o resto da Europa caía na confusão e na guerra, a Irlanda conhecia o que por vezes tem sido chamado uma idade de ouro, uma época em que o cristianismo «ardia e cintilava no meio das trevas», como diria Winston Churchill. Por fim, o cristianismo acabou por se estabelecer firmemente em toda a Grã-Bretanha e França e os antigos cultos guerreiros desapareceram.

A deslocação do ecótono no século VI coincidiu com uma grande catástrofe natural. O que talvez tenha sido uma enorme erupção vulcânica em 535 d.C. trouxe o nevoeiro seco mais denso e persistente da história conhecida para a Europa, o sudoeste asiático e a China. Depois de os abundantes excedentes da colheita do ano anterior terem sido consumidos, seguiram-se a fome generalizada e a peste bubónica.([27]) O historiador Procópio escreveu a partir de Cartago que «o Sol emitia a sua luz sem brilho, como a lua durante todo este ano, parecendo-se bastante com o Sol em eclipse, porque os raios que lançava não eram claros nem parecidos com os que costuma lançar». A neve caiu sobre a Mesopotâmia; as colheitas falharam em toda a Itália e no sul do Iraque; a Grã-Bretanha sofreu o seu pior tempo num século. A China passou por uma grande seca, «pó amarelo chovia como neve», e caiu neve no Agosto seguinte, arruinando as colheitas.([28]) Os anéis de árvores na Escandinávia e na Europa ocidental indicam um abrandamento abrupto no crescimento das árvores entre 536 e 545, e a seca encontra-se bem registada no oeste da América do Norte para os anos 536 e 542/3. Os núcleos de gelo

O Longo Verão

dos Andes revelam que a aridez severa também se abateu sobre a civilização Moche do litoral norte do Peru.

O que aconteceu em 535/6 foi a alteração climática mais abrupta dos últimos dois mil anos, talvez devido a uma erupção vulcânica excedendo até em intensidade a do monte Tambora em 1816.

Núcleos de gelo da Gronelândia e da Antártida apresentam camadas de ácido sulfúrico de origem vulcânica durante o século VI, ocorrências que aparentemente duraram alguns anos. Mas as camadas de enxofre não são datadas de modo tão preciso como as dos anéis das árvores. O ácido só pode ter vindo ou de uma enorme erupção que expeliu milhões de toneladas de fina cinza vulcânica para a atmosfera – como as do Hekla e do monte Tambora – ou, segundo alguns cientistas, de um cometa que atingiu um dos oceanos da terra, ou ainda da passagem da terra por uma nuvem de poeira interestelar.[29] A opinião científica actual elege uma erupção enorme, mas até hoje ninguém conseguiu identificar as suas origens. Um dos candidatos é o vulcão El Chichón em Chiapas, no México. Outro possível culpado reside algures na comprida cadeia de vulcões entre Samoa e Sumatra no Pacífico e sudeste asiático.

Qualquer que tenha sido a causa do frio abrupto, existem vastas provas de um abrandamento acentuado do crescimento das árvores em grande parte da Europa e da Eurásia. As temperaturas mais frias coincidem com um período em que a pressão atmosférica se encontrava elevada sobre a Gronelândia e o Norte e baixa sobre os Açores a meio do Oceano Atlântico. Os predominantes ventos de oeste abrandaram e um tempo seco e frio instalou-se sobre a Europa. Seguiu-se uma seca generalizada, abrangendo grande parte da Eurásia.

Entre 536 e 538, o norte da China foi atingido por secas severas, que se estenderam à Mongólia e à Sibéria, onde anéis de árvores revelam algumas das condições mais frias dos últimos mil e quinhentos anos. A seca atingiu a estepe de prados, onde a vegetação de raízes curtas é extremamente sensível a condições áridas. Como já tinha acontecido várias vezes no passado, os nómadas da estepe e os seus cavalos passaram por grandes privações. Os nómadas ávaros deslocaram-se para oeste em direcção à Europa, chegando às margens setentrionais do Mar Cáspio e

Celtas e Romanos

prosseguindo para as férteis pradarias a norte das montanhas do Cáucaso. Mais tarde acabaram por invadir o que é hoje a Hungria, criando um novo império que se estendeu da Alemanha a oeste até o rio Volga a leste, e do Báltico às fronteiras balcânicas do império romano oriental.[30]

A mesma seca que fez deslocar os ávaros causou grande sofrimento nas províncias romanas da Bulgária e da Cítia. A fome também afectou os agricultores eslavos da Polónia e Ucrânia ocidental, que prontamente atacaram os seus vizinhos romanos. Seguiram-se frequentes incursões eslavas. Os ávaros começaram a penetrar em território romano, firmando alianças com os eslavos e outros, e depois voltando-se muitas vezes contra estes. Na década de 70 do século VI, o império ávaro já abarcava mais de dois milhões e meio de quilómetros quadrados, do Báltico à Ucrânia. Os governantes viviam de «pagamentos de paz», impedindo assim que outros invadissem o império. A situação acabou por se deteriorar. Despojado das vastas quantidades de ouro que oferecia em troca de protecção, sofrendo repetidas epidemias de peste bubónica e assolado por guerras constantes, o império encontrou-se numa situação bastante difícil. A base fiscal de cidadãos diminuiu sessenta por cento devido à peste e apreensões de terras eslavas ou ávaras. Na *Crónica de Teófanes*, escrita por volta de 813, lemos que «os bárbaros tinham transformado a Europa num deserto, enquanto os persas tinham entregado toda a Ásia à pilhagem, levado cidades inteiras ao cativeiro e engolido exércitos romanos inteiros».[31]

O outro lado da Europa também passou por anos excepcionalmente frios, sobretudo entre 535 e 555, que coincidiram com um grande surto de peste bubónica. Houve uma «falta de pão» na Irlanda em 538. Em 554, «o Inverno foi tão rigoroso com geada e neve que os pássaros e os animais selvagens se tornaram mansos ao ponto de se deixar apanhar à mão».[32] Durante esses anos, a antiga cidade romana de Wroxeter, próxima da fronteira galesa, encolheu de uma área de 79 hectares, protegida por três quilómetros de fortificações e paliçadas, para uns meros 10 hectares. As casas na nova cidade foram construídas sem respeito pelas antigas linhas de propriedade.[33]

O caos do século VI estabeleceu muitas das fundações da Europa medieval, que viria a culminar três séculos depois num

O Longo Verão

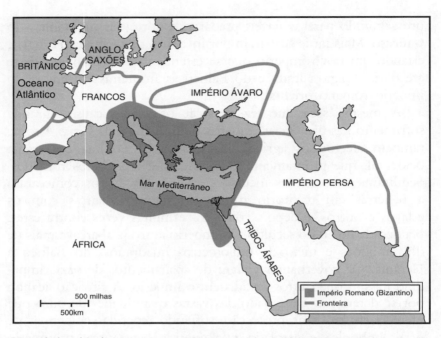

Mapa do império ávaro e outros estados no primeiro milénio d.C. De *Catastrophe*, de David Keys, publicado pela Century Books. Reproduzido com autorização de The Random House Group, Lda.

mosaico de estados feudais e chefes militares unidos apenas pela fé cristã. Mas apesar das façanhas de conquista e aventura, a Europa era um continente de agricultores. Os caprichos das inundações, secas e Invernos rigorosos afectavam a sorte económica de toda a gente, dos monarcas e barões aos artesãos e camponeses. Várias Primaveras húmidas e Verões frios de seguida, uma série de violentas tempestades atlânticas e inundações invernais, uma seca de dois anos – breves variações climáticas como estas bastavam para pôr em risco as vidas das pessoas.

Em 900 d.C., o ecótono mediterrânico já se havia deslocado novamente para norte, numa altura em que as guerras e o caos político dos séculos anteriores começavam a acalmar e os mosteiros introduziam formas mais sofisticadas de agricultura para alimentar as cidades e as suas próprias comunidades. Durante os quatro séculos seguintes, os Verões passaram-se com boas colheitas e alimento suficiente. Verão após Verão, o tempo quente começava em Junho e prolongava-se por Julho e Agosto, ou mais. Os agricultores europeus obedeciam a uma rotina anual profundamente enraizada no passado, cultivando pequenos terrenos muitas vezes divididos em faixas. Durante estes quatro séculos apropriadamente chamados Período Quente Medieval, as temperaturas médias de Verão situaram-se entre 0,7 e 1,0 graus centígrados acima das médias do século xx, sendo mesmo mais quentes na Europa central. Os períodos de crescimento alongaram-se; as vinhas floresceram no sul e centro da Inglaterra. Os senhores feudais franceses tragavam tanto vinho inglês de primeira qualidade que os franceses tentaram negociar acordos comerciais para excluir esse rubinéctar do Continente.

Nesta época devota, o destino de toda a gente encontrava-se nas mãos do Senhor, a última de uma série de divindades que remontava ao Antigo Egipto e à Mesopotâmia, ou até mesmo antes. As pessoas viviam à mercê de Deus, valendo-lhes apenas a sua devoção, expressa em rezas e argamassa. A graça advinha do cântico e da oração, de oblações generosas e, principalmente, de uma vaga de construção de catedrais. Apesar das guerras, cismas e outros conflitos, estes foram os séculos da arquitectura gótica, dos grandes santuários, ímanes da vida medieval. Os grandes sinos dobravam em tempos de júbilo e luto, celebração e crise. Todas as Páscoas, acendia-se uma Nova Luz para assinalar o começo do ano agrícola. E todos os Outonos, carroças carregadas levavam oferendas de comida a Deus. Comparados a séculos anteriores e ao que viria a seguir, estes séculos foram uma idade de ouro climática. É verdade que por vezes faltavam alimentos em certas regiões, que a esperança de vida era curta, e que a rotina do trabalho pesado nunca terminava, mas as más colheitas eram tão raras que camponês e senhor acreditavam que Deus lhes sorria do alto. E de facto parecia sorrir-lhes, enquanto no hemisfério ocidental secas severas destruíam estados e sociedades humanas em todo o tipo de ambientes imagináveis.

11

As Grandes Secas
1 d.C. a 1200

Quando as pessoas têm sede, que se lembrem de mim, pois eu tenho o poder de cobrir o rosto do Sol com uma nuvem negra e enviar um vento de chuva todos os dias. Quando um homem plantar em terra seca, que se lembre de mim. Se gritar o meu nome e me avistar, choverá quatro ou cinco dias, e ele pode plantar a sua semente.

KUMASTAMXO, filho do criador dos índios Iumás, num mito da criação

Podemos imaginar a árida paisagem da Califórnia, há 1100 anos, tremeluzindo sob o intenso calor de Maio. As encostas dos montes, cobertas de erva, estão castanhas. Os veados ·não se mexem por baixo dos carvalhos verdes junto a uma ribeira seca. No alto, ergue-se em arco um céu azul e sem nuvens, de visibilidade tão cristalina que as longínquas ilhas ao largo da costa parecem flutuar sobre uma névoa branca. O Pacífico é de um azul tão intenso que nem a mais leve brisa parece enrugá-lo, com as suas ondas largas e untuosas estendo-se calmamente pela areia da praia. Uma fila de canoas aguarda sobre a linha da maré-alta. Da aldeia ao fundo da baía vem um odor a peixe podre, esgotos e

O Longo Verão

água estagnada, agravado pelo fedor que emana das ripas com anchovas a secar. Mesmo a pequena nascente ali perto deita apenas um fio de água para as famílias da povoação. A vaga de calor dura há vários dias; as tulhas de bolotas estão praticamente vazias. Ano após ano, as ansiadas chuvas não aparecem.

As pessoas na aldeia estão escanzeladas, com sinais claros de subnutrição, mas pelo menos têm peixe junto à costa. Os seus parentes do interior tiveram de recorrer a uma variedade ecléctica de plantas pouco comestíveis nas quais normalmente nunca tocariam. A seca dura desde que há memória. No entanto, no outro lado do mundo, os lavradores prosperam e erguem grandes monumentos ao seu deus.

Durante os cinco séculos do Período Quente Medieval, de 900 a 1300, a Europa desfrutou de um tempo quente e estável, com apenas alguns Invernos agrestes, Verões frios e tempestades memoráveis. Os Verões sucediam-se com dias de sonho, uma luz dourada e colheitas abundantes. Enormes catedrais góticas erguiam-se para o céu em dispendiosas declarações de amor a Deus. Arquitectos, pedreiros e carpinteiros criavam obras de génio, edifícios «de rara delicadeza e luz [...] janelas altas e esguias recheadas de brilhantes extensões de vitrais».([1]) Cada um destes etéreos lugares de culto era um sacrifício metafórico: uma oferenda de pedra e bens materiais prevendo favores celestes. A recompensa esperada era uma colheita generosa, dádiva suprema para uma Europa de agricultores de subsistência que viviam ainda de colheita em colheita. As vinhas floresciam na Inglaterra; os nórdicos navegavam para a Gronelândia e para o Labrador. A escassez de alimentos não era desconhecida, e o trabalho extenuante de amanhar a terra, plantar e colher nunca terminava, mas as verdadeiras fomes eram raras. Tanto os senhores como os camponeses acreditavam que Deus lhes estava a sorrir.

Nas Américas, os mesmos cinco séculos assistiram à seca extrema, fome, guerra no Norte e a queda de duas grandes civilizações no Sul.

As Grandes Secas

As ocorrências climatéricas de curta duração como as secas raramente deixam marcas visíveis. Mas as secas do Período Quente Medieval (ou Anomalia Climática Medieval, como por vezes é denominada) deixaram sinais bem manifestos em todo o Oeste americano, gravados em núcleos de mar profundo, amostras de pólen, anéis de árvores e núcleos de gelo nas elevações dos Andes. Da costa da Califórnia ao lago Titicaca, passando pelas planícies maias, cinco séculos de inesperada aridez semearam a destruição entre sociedades humanas que já viviam à beira do desastre ecológico. As grandes secas do Período Quente Medieval encontram-se tão bem registadas no Novo Mundo que podemos obter informações valiosas sobre o modo como as antigas sociedades americanas indígenas, quer caçadores-recolectores e agricultores de subsistência, quer civilizações elaboradas, lidaram com as pressões ambientais.

A história começa no Sul da Califórnia, onde a sorte produziu um dos registos mais precisos de alterações climáticas de curta duração durante os últimos 3000 anos na América do Norte. Os dados provêm de um núcleo pelágico de 198 metros encontrado numa bacia do leito do mar no Canal de Santa Bárbara. Dezassete metros representam o Holocénico; cerca de um metro e meio de sedimentos ricos em foraminíferos acumulados todos os mil anos. James e Douglas Kennett – pai e filho, oceanógrafo e arqueólogo, respectivamente – usaram foraminíferos marinhos e datações por radiocarbono-EMA para conseguir um retrato de alta resolução de alterações climáticas marítimas na região, a intervalos de 25 anos, durante os últimos 3000 anos. Poucos registos antigos conseguem esta precisão notável.([2])

No Canal de Santa Bárbara, o vento predominante sopra paralelamente à costa, de oeste para leste. A rotação da terra leva estas brisas a deslocar a água para o mar largo em ângulos rectos à direcção do vento, fenómeno conhecido por efeito de Coriolis. À medida que as águas superficiais são arrastadas para o mar largo, as águas mais frias do fundo sobem para substituir as primeiras. A água ascendente é rica em nutrientes, estimulando o crescimento de algas marinhas e fitoplâncton. Os peixes e as aves e mamíferos marinhos desenvolvem-se bem com o fitoplâncton em alguns dos ecossistemas mais produtivos do mundo.

O Longo Verão

As regiões de afloramento costeiro representam apenas um por cento da superfície do oceano, mas em conjunto são responsáveis por cerca de metade das actuais reservas mundiais de peixe.

Durante a Primavera e o Verão, as águas frias ricas em nutrientes ascendem com força ao largo da costa a sul de Point Conception e são transportadas para o mar alto até às mais ocidentais das Ilhas do Canal. Consequentemente, uma espantosa diversidade de vida marinha desenvolve-se junto ao antigo território dos índios chumache. Infelizmente, a produtividade da pesca era muito inconstante por várias razões, entre elas a velocidade do vento e os efeitos de ocorrências OSEN («Oscilação Sul/El Niño»), que traziam condições oceanográficas diferentes para o Canal de Santa Bárbara.

Era pois este o contexto das investigações dos núcleos marítimos levadas a cabo pelos Kennett. Eles descobriram que as condições climáticas foram relativamente estáveis do final da Idade do Gelo até cerca de 2000 a.C., quando o clima se tornou muito mais inconstante. Ao detectar diferenças de isótopos de oxigénio entre os minúsculos foraminíferos das águas superficiais e os das águas profundas preservados nos núcleos, eles puderam medir a intensidade da ascensão natural da água mais fria e rica em nutrientes para a superfície. Através da datação por radiocarbono dos foraminíferos, puderam datar as flutuações dos afloramentos, assim como comparar os períodos frios e secos que estas representavam com registos de anéis de árvores de vários locais do sul da Califórnia. Os Kennett conseguiram um retrato extraordinariamente preciso das mudanças climatéricas na região do Canal de Santa Bárbara depois do ano 1000 a.C. e das secas que se abateram sobre a região durante o Período Quente Medieval.[3]

Entre 450 d.C. e 1300, descobriram os Kennett, as temperaturas do mar desceram acentuadamente, para aproximadamente menos 1,5° C do que a temperatura média à superfície do mar no Canal de Santa Bárbara durante todo o Holocénico. Durante três séculos e meio, entre 950 e 1300, os afloramentos marítimos foram particularmente intensos, tornando a pesca local muito produtiva. Depois de 1300, as temperaturas da água estabilizaram-se e tornaram-se mais quentes. Dois séculos mais tarde, os

As Grandes Secas

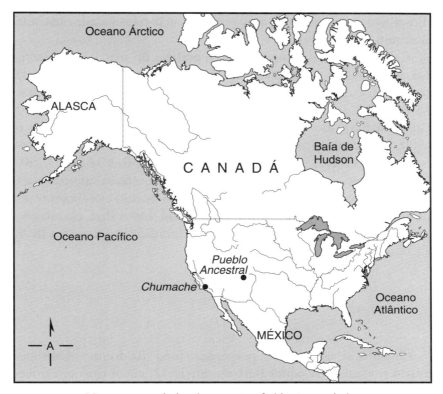

Mapa mostrando locais e povos referidos no capítulo

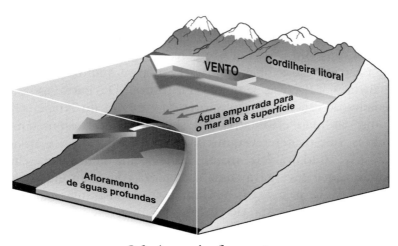

O fenómeno do afloramento

afloramentos abrandaram um pouco e a produtividade marinha diminuiu.

As temperaturas mais frias da superfície do mar e o aumento dos afloramentos coincidiram de um modo geral com as secas de gravidade variável registadas em anéis de árvores das montanhas do sul da Califórnia. O intervalo frio entre 450 d.C. e 1300 assistiu a frequentes alterações climáticas, sobretudo entre 950 e 1500, um período de seca persistente. Os ciclos de secas mais intensos ocorreram entre 500 e 800, 980 e 1250, e 1650 e 1750. Curiosamente, os mesmos anéis de árvores mostram que os totais de precipitação elevada dos meados do século XX ocorreram apenas três vezes neste registo de três mil anos. Para os estados que enfrentam controvérsias sobre distribuição de água, esta deve ser uma notícia reconfortante.

Quando o explorador português João Rodrigues Cabrilho entrou no Canal de Santa Bárbara em 1542, encontrou um povo de pescadores aparentemente prósperos vivendo ao longo de uma costa densamente povoada. «Belas canoas transportando doze ou treze índios cada aproximaram-se dos barcos», escreveu. «Eles têm casas redondas, bem cobertas até ao chão. Vestem peles, comem bolotas e uma semente branca do tamanho do milho».([4]) Cerca de 15 000 caçadores-recolectores chumache viviam ao longo da costa e nas Ilhas do Canal ao largo, muitos em aldeias permanentes de várias centenas de almas. De entre todas as sociedades de caçadores-recolectores da América do Norte, a sua era uma das mais elaboradas. Os chumache impressionaram os espanhóis, que os descreveram como «de boa disposição, afáveis, generosos». Cada aldeia maior tinha pelo menos um chefe hereditário, que envergava «uma capa curta como um gibão até à cintura e feita de pele de urso». Com as suas sofisticadas canoas de tábuas, únicas na costa do Pacífico, e víveres aparentemente inesgotáveis, os chumache pareciam viver num éden à beira-mar. «Poder-se-ia dizer que para eles o dia é uma refeição contínua», comentou o viajante espanhol Pedro Fages.([5]) Teria sido mais correcto dizer que eles viviam na constante expectativa da fome, pois a prosperidade era ilusória. Os chumache tinham padecido bastante durante as secas do Período Quente Medieval, alterando completamente a sua sociedade em consequência disso.

Ninguém sabe quando os chumache se instalaram na sua pátria, mas a sua ascendência remonta a um passado muito longínquo. A julgar pelo número reduzido de sítios arqueológicos, relativamente pouca gente viveu ao longo da costa antes de 2000 a.C., quando a precipitação atmosférica era bastante mais baixa do que a actual. Esses milénios conheceram o «óptimo climático» (por vezes designado o Altitérmico), que trouxe condições climatéricas favoráveis à Europa.([6]) No entanto, estes mesmos períodos não foram «óptimos» noutras partes do mundo – na verdade, representam o Período Quente Medieval, com abundante precipitação na Europa e secas violentas no Oeste americano. Durante esses milénios, as elevadas temperaturas no Pacífico refrearam o *downwelling* natural e mantiveram a produtividade marítima em baixo.

Por volta de 3000 a.C., quando surgiam as primeiras civilizações urbanas no Egipto e na Mesopotâmia e alguns bandos de caçadores-recolectores na América Central começavam a cultivar o milho, algo mudou. Durante milhares de anos, as populações de recolectores no Oeste nunca foram numerosas, mesmo nas zonas onde abundava a água. Depois de 3000 a.C., o clima do Oeste tornou-se muito semelhante ao actual – com as mesmas chuvas imprevisíveis e temperaturas um pouco mais frescas do que as dos quatro mil anos precedentes. Os povos que tinham atravessado o óptimo climático adaptaram-se tão bem a condições muito mais secas que viviam à beira da capacidade produtiva máxima da terra. Agora voltavam os bons tempos, havendo mais para comer numa paisagem já cheia de comida, e a população aumentou rapidamente no interior e ao longo da costa.

À medida que a população crescia, aumentava também a probabilidade de escassez de alimentos. Na Califórnia, chegou-se ao momento em que os alimentos básicos de muitos milénios se tornaram insuficientes para alimentar o número crescente de pessoas.([7]) Estas tiveram de recorrer a alimentos que exigiam

O Longo Verão

mais trabalho, como as bolotas, repetindo o que os seus antepassados distantes tinham feito no sudoeste asiático milhares de anos antes, dedicando-se também a uma exploração mais intensiva dos pesqueiros e mamíferos marinhos.

Antes de 2000 a.C., a maioria das sociedades da Califórnia era nómada, consumindo os alimentos que menos trabalho davam a colher e preparar. Mas as bolotas tiveram o mesmo efeito sobre os californianos que sobre os natufenses do Levante. A rotina diária de pilar e coar as bolotas prendia as mulheres aos seus almofarizes e recipientes. Muitos grupos do Oeste começaram a instalar-se em alguns acampamentos principais, que ocupavam durante meses a fio. O seu mundo encolheu de centenas de quilómetros quadrados para os confins de uma única bacia hidrográfica, uma pequena extensão da costa, ou uma zona do deserto com algumas nascentes perenes. Ao mesmo tempo, muito mais gente chegava à idade adulta, e a taxa de natalidade acelerou.

Estas terras delimitadas eram demasiado pequenas para que qualquer grupo pudesse ser auto-suficiente. Em anos de seca ou em épocas de má colheita de bolotas os vizinhos começavam a trocar alimentos e outras mercadorias em muito maior escala. Com o tempo, os bandos igualitários do passado tornaram-se mais hierarquizados, uma vez que os chefes eram necessários para gerir as relações entre os indivíduos e os seus grupos e entre estes e os bandos vizinhos. Inevitavelmente, algumas pessoas – chefes de clãs, ou indivíduos tidos como possuidores de invulgares poderes sobrenaturais – conseguiam um maior acesso às reservas de bolotas e a outras mercadorias e tornavam-se os líderes de sociedades muito mais complexas, sobretudo em zonas onde a diversidade e a abundância de alimentos sustentavam grandes populações. Em 1500 a.C., os antepassados dos chumache na região de Santa Bárbara já consumiam bolotas e todo o género de alimentos marinhos, vivendo em povoados muito maiores do que em tempos anteriores.

As Grandes Secas

No início da nossa era cristã, os chumache já se encontravam em sérias dificuldades.([8]) Durante muitos séculos, temperaturas mais elevadas tinham reduzido os afloramentos naturais junto à costa, diminuindo assim a oferta de anchovas que sustentava as comunidades em crescimento. Os pesqueiros eram de um modo geral menos produtivos do que em tempos anteriores. Contudo, as populações das Ilhas do Canal e do continente continuavam a aumentar. Inevitavelmente, as fronteiras territoriais entre comunidades vizinhas passaram a ser demarcadas de forma mais rígida. Mesmo em ciclos de anos bons, com precipitação elevada, boas pescarias e bolotas e gramíneas comestíveis em abundância, muitas comunidades ficavam com poucos excedentes.

Depois a situação agravou-se. Os núcleos pelágicos dos Kennett mostram que as temperaturas dos oceanos arrefeceram e os afloramentos aumentaram depois de 450 d.C. Os pesqueiros perto da costa melhoraram drasticamente. Mas com o arrefecimento veio a seca, e existiam então muito mais pessoas para alimentar, o que certamente resultou na pesca excessiva de algumas zonas – como acontece hoje. Durante oito séculos, à medida que o clima se tornava mais imprevisível, as secas intensificaram-se. «El Ninõs» periódicos traziam violentas tempestades e inundações, reduziam os afloramentos e destruíam bancos de sargaço perto da costa onde abundava o peixe. No entanto, as provas arqueológicas sugerem que os efeitos sobre as comunidades do litoral talvez tenham sido relativamente menores.

O verdadeiro problema residia no interior, onde as secas atacavam fortemente os grupos que dependiam de colheitas de nozes, gramíneas e caça. Os grupos do interior em todo o lado sempre tiveram de enfrentar a ameaça constante da escassez de alimentos provocada pela seca. Mas agora existiam muito mais pessoas, fronteiras territoriais mais fixas e uma maior concorrência aos carvalhais. Os chefes competiam pelo controlo de territórios e recursos. Combatiam entre si por comida, à medida que a fome e a subnutrição arrasavam as suas aldeias. Ao mesmo tempo, as reservas permanentes de água diminuíam drasticamente.

Durante milhares de anos, as comunidades do litoral e do interior haviam formado um *continuum* cultural, com os povos do

O Longo Verão

interior inextricavelmente ligados à sorte dos que viviam ao longo da costa. Laços de parentesco e obrigações sociais uniam até mesmo comunidades muito espalhadas em antigas redes de interdependência. Por conseguinte, a falta de alimentos e a competição entre os grupos afectavam toda a gente, quer no interior e no litoral, quer nas Ilhas do Canal. As secas criaram uma nova realidade social: um mundo de forte tensão em que a amizade e a animosidade obedeciam a linhas extremamente rígidas.

Desde os primórdios, quando confrontados com secas ou inundações, faltas de alimentos ou más colheitas de bolotas, os grupos da Califórnia haviam sempre emigrado. Os chumache já não tinham essa alternativa, pois havia demasiada gente espalhada pela paisagem. A arqueóloga Jeanne Arnold conta que muitas povoações na Ilha de Santa Cruz, a maior massa terrestre ao largo da costa, foram abandonadas durante os séculos mais secos do primeiro milénio d.C., provavelmente devido a insuficiente água de superfície. Os antropólogos-biólogos Patricia Lambert e Phillip Walker encontraram sinais claros de estados patológicos devido a subnutrição, como *criba orbitalia*, uma corrosão característica das órbitas dos olhos devido a anemia provocada por falta de ferro.[9] No entanto, as provas mais reveladoras de mudanças sociais provêm das vítimas das guerras.[10]

Quando Lambert e Walker examinaram esqueletos de cemitérios de aldeias do período entre 300 d.C. e 1150, descobriram uma elevada incidência de lesões no crânio, aparentemente infligidas por clavas ou machados, atingindo o auge nos séculos anteriores a 1150. A incidência de lesões declinou depois drasticamente. Lambert examinou também lesões de projécteis feitas com setas e lanças. Descobriu vários exemplos de ferimentos sarados, como seria de esperar quando as pessoas combatem com armas pouco certeiras.[11] Estudos de pessoas mortas ou feridas com setas nas guerras índias do século XIX revelaram-lhe que as lesões mais fatais eram as infligidas no tecido mole do peito e da cavidade abdominal. Foram encontradas algumas lesões feitas por armas de arremesso remontando a 3500 a.C., mas estas tornaram-se muito mais frequentes entre 300 d.C. e 1150. A guerra não era uma propensão inata dos chumache, nem de alguma

As Grandes Secas

forma uma consequência natural da sua cultura; era uma resposta a condições ambientais. O aumento de ferimentos de seta surgiu numa época em que as populações estavam a crescer, as pessoas reuniam-se em povoados muito maiores, e os territórios cada vez mais limitados produziam quantidades irregulares de alimentos e água. A guerra esporádica entre chefes hereditários permaneceu uma faceta da vida chumache durante muitos séculos.

A violência parece ter atingido o seu ponto máximo no período imediatamente anterior a 1150. Depois decaiu drasticamente. Por razões até agora apenas parcialmente entendidas, os chumache afastaram-se da violência e criaram uma sociedade completamente nova. De repente tornaram-se mais sensatos – afirmação por certo ousada mas que não me parece um exagero. Perante a escalada de violência, a fome constante e talvez até mesmo quebras de população locais, parece que os seus líderes terão percebido que se encontravam todos na mesma situação, e que a sobrevivência dependia não da rivalidade mas de um aumento da interdependência. Uma vasta rede de interligações sustentara as comunidades do litoral e do interior durante séculos. No entanto, essas redes ancestrais deixaram em parte de funcionar num ambiente de desconfiança e disputas crescentes por causa dos alimentos. Ao mesmo tempo, a estrutura da sociedade tinha mudado – mais pessoas viviam aglomeradas em povoações relativamente grandes. Os territórios dos grupos eram mais pequenos e estavam sobrepovoados, cada um com os seus próprios chefes, que conquistavam a sua posição através de dotes próprios e da guerra. Quando o mundo de secas imprevisíveis do período entre 300 a.C. e 850 d.C. deu lugar à seca permanente, tudo o que os líderes chumache podiam fazer para se adaptar era colaborar de perto uns com os outros. Já não fazia sentido lutar por recursos que ninguém possuía.

O único recurso que sobrava era o mar. As mudanças coincidiram com o Período Quente Medieval, que ao longo da costa do Pacífico foi uma época de temperaturas da superfície do mar mais frias. A produção marinha subiu em flecha entre 950 e 1300, quando os afloramentos naturais aumentaram junto à costa. Os sinais das resultantes alterações sociais são notórios: uma explosão do número de sítios arqueológicos, povoações muito maiores no litoral e um aumento espectacular do número de ornamentos feitos de conchas e outros artefactos exóticos no interior e nas Ilhas do Canal. Alguns indivíduos ricos, a maioria proprietários de canoas de tábuas, adquiriram grande prestígio. Aquelas embarcações, exclusivas dos chumache, eram feitas de tábuas de madeira flutuante cosidas para formar canoas sofisticadas, capazes de navegar as águas do Canal de Santa Bárbara. Com essas embarcações, os líderes chumache controlavam o comércio de farinha de bolota e conchas ornamentais entre as ilhas e o continente.([12]) Cada chefe mantinha a sua autonomia, mas havia um grau de interdependência económica inexistente em épocas anteriores. A provisão de víveres estabilizou-se e estes eram distribuídos de forma mais justa. Houve uma melhoria significativa da saúde da população, tanto nas ilhas como no interior, apesar de períodos bem documentados de secas graves e episódios de subnutrição. Ao mesmo tempo, todos os chefes e seus parentes pertenciam ao *antap*, uma associação formal que organizava danças e outros rituais validando a nova ordem social, e em que os xamãs garantiam a continuidade do mundo.([13])

Através da inovação e com um pragmatismo de longo prazo, os chumache conseguiram enfrentar as grandes secas. O que os salvou foi a enorme produtividade dos pesqueiros junto à costa, que compensou até certo ponto as condições áridas em terra. Em última análise, contudo, foram a hereditariedade dos chefes, os laços entre as suas famílias, os rituais habilmente orquestrados, e o controlo apertado das relações comerciais, que permitiram aos chumache superar a crise e manter uma das sociedades de caçadores-recolectores mais elaboradas do mundo. Uma sociedade sem classes sociais rígidas, guerreiros ou escravos constituiu uma solução brilhante para um mundo imprevisível e por vezes violento de extremos climatéricos.

O Chaco Canyon ao anoitecer: caminhava no crepúsculo, com as escarpas dos dois lados recortadas a escuro contra a abóbada

As Grandes Secas

celeste. Um silêncio profundo envolveu-me entre os espectros das grandes casas do *pueblo ancestral*, que se fundiam na intimidade da noite. No silêncio imaginei o cheiro a fumo, o latido dos cães, e o murmúrio das conversas da noite – o substrato da vida humana. Uma suave brisa nocturna enregelou-me o cabelo e o passado sumiu. Era difícil imaginar que há mais de cinco mil anos tinham vivido ali pessoas, até serem expulsas pelos caprichos da seca.

Os chumache da Califórnia adaptaram-se à crise do Período Quente Medieval com um reforço da actividade ritual e novos estilos de chefia. No interior, quando as mesmas secas se instalaram na terra do *pueblo ancestral*, a resposta foi bastante diferente.([14])

O *pueblo ancestral*, em tempos chamado *anasazi*, os «antigos» do sudoeste, construiu algumas das maiores povoações da antiga América do Norte há cerca de mil anos. Sempre foi um povo de agricultores de subsistência, vivendo e trabalhando em família mesmo quando residia em grandes habitações de várias divisões. Os agricultores *pueblo* adaptaram-se ao árido planalto de San Juan especializando-se em seleccionar solos com as devidas proprieda-des de retenção de humidade nas encostas viradas a norte e oeste que recebiam pouca luz directa do Sol. Todos os agricultores faziam as suas plantações nas planícies aluviais dos rios ou junto às nascentes dos arroios, onde o solo era naturalmente irrigado. Desviavam a água dos ribeiros e das nascentes, aproveitando cada gota da vazão. Faziam tudo para reduzir o risco de uma má colheita. Por hábito, os lavradores espalhavam as suas hortas pela paisagem para minimizar os riscos de secas ou inundações locais. Aprenderam a reduzir o período de crescimento dos habituais 130 ou 140 dias para talvez 120 dias, plantando em encostas com sombra e em elevações e solos diferentes. Foram dos mais habilidosos de todos os agricultores indígenas americanos.

Durante muitos séculos, as comunidades *pueblo ancestral* empregaram as mesmas técnicas de adaptação ao seu ambiente agreste, sobrevivendo a alterações anuais de precipitação, secas de várias décadas e mudanças sazonais. As chuvas provocadas pelo «El Niño» e outras ocorrências climatéricas habituais exigiam ajustamentos temporários e flexíveis – cultivar mais terras, recorrer mais a plantas silvestres e, principalmente, deslocar-se

O Longo Verão

pela paisagem. Desde que permanecessem nos limites da capacidade produtiva do seu meio ambiente, as pessoas dispunham de muitas alternativas.

A deslocação encontrava-se profundamente arraigada na antiga filosofia dos *pueblo*. Cada comunidade tinha os seus poemas, canções e cânticos. Muitos falavam da sobrevivência em termos de deslocação, como o poema moderno de Simon Ortiz de Acoma Pueblo, conscientemente na tradição antiga:

> *Sobrevivência, sei como por este caminho.*
> *Por este caminho, eu sei.*
> *Chove.*
> *Crescem montanhas, desfiladeiros e plantas.*
> *Viajámos por este caminho, medimos a distância*
> *pelas histórias*
> *e amámos os nossos filhos...*
> *Amiúde nos dissemos*
> *Sobreviveremos por este caminho.*[15]

A estratégia da deslocação funcionou bem durante muitos séculos. As pessoas viviam em comunidades auto-suficientes, mas cada aldeia ou lugarejo, por mais pequena que fosse, mantinha ligações a vizinhos próximos e distantes – através de laços familiares ou amizades individuais. Muitas destas ligações estendiam-se por grandes distâncias, até lugares onde os padrões de precipitação eram bastante diferentes – uma garantia adicional para pessoas habituadas a contar umas com as outras para fazer face a más colheitas. As famílias e comunidades *pueblo ancestral* adaptavam-se constantemente a bons e maus anos de chuva.

Em 800 d.C., muitos *pueblo* já viviam em povoações maiores. Os aldeamentos tornaram-se aglomerações de quartos e despensas construídos em blocos contíguos que formavam comunidades muito maiores do que os lugarejos do passado. A densidade populacional também aumentou, em lugares como Chaco Canyon, no Novo México, e mais a norte no Vale de Moctezuma e na zona de Mesa Verde da região dos Four Corners no sul do Colorado. Alguns anéis de árvores do início do século IX dizem-nos que a precipitação no Norte era mais elevada do que a média.

As Grandes Secas

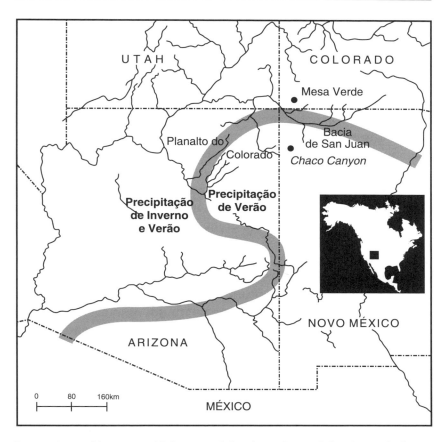

Povoações e sítios arqueológicos, também áreas de precipitação no Sudoeste norte-americano. A linha sombreada assinala a fronteira entre os padrões de precipitação de Inverno e Verão na região noroeste e a precipitação de Verão mais previsível da região sudeste.

Entre 840 e 860, algumas comunidades *pueblo* na região do Vale de Dolores a norte abrigavam dezenas de famílias.([16]) Depois as chuvas falharam, e as antigas doutrinas da mobilidade foram postas em prática. Os habitantes abandonaram os seus grandes aldeamentos e dispersaram-se pela paisagem.

Era diferente no Sul, onde os habitantes de Chaco Canyon aproveitavam a Primavera e infiltrações naturais para plantar milho em lugares favorecidos.([17]) Muitas das aldeias primitivas já

281

O Longo Verão

se haviam tornado pequenas vilas em meados do século VIII. Durante os séculos IX e X a precipitação de Verão foi muito inconstante, mas em vez de se dispersar, e por razões que desconhecemos, o povo de Chaco construiu três «grandes casas» nas confluências de importantes bacias hidrográficas. A maior, Pueblo Bonito, tinha uma parede traseira de cinco andares de altura e foi habitada durante mais de dois séculos. No seu auge, durante o século XI, Pueblo Bonito tinha pelo menos seiscentas divisões e podia albergar cerca de mil pessoas.

Em 1050, cinco grandes aldeamentos dominavam o Chaco Canyon, cuja população tinha aumentado para cerca de 5500 pessoas. O desfiladeiro não é muito grande, mas foi o centro de um importante universo *pueblo ancestral*, a «capital» de pelo menos 70 comunidades espalhadas por mais de 65 000 quilómetros quadrados do noroeste do Novo México e partes do sul do Colorado. Chaco era na altura o centro de uma vasta paisagem sagrada delimitada por comunidades muito afastadas e caminhos cerimoniais. O desfiladeiro era um lugar extremamente importante e sagrado.

Entre 1050 e 1100, as chuvas foram abundantes. Chaco e os seus satélites prosperaram, provavelmente durante muito mais tempo do que teria sido possível em tempos mais secos. O aumento constante da população não era problema desde que a chuva de Inverno fertilizasse os campos. Depois, a partir de 1130, cinquenta anos de seca intensa abateram-se sobre o desfiladeiro. O povo de Chaco tinha apenas um recurso, profundamente arraigado no seu espírito – a deslocação. No espaço de poucas gerações, as grandes casas ficaram vazias. Mais de metade da população de Chaco dispersou-se por acampamentos e aldeamentos longe do desfiladeiro. Pouco depois, toda a gente tinha desaparecido.

Um florescimento magnífico da cultura do *pueblo ancestral* sobreviveu mais a norte na região mais alta e húmida dos Four Corners. Havia muitos vales e desfiladeiros onde a agricultura sem rega funcionava bem, e onde muita caça e plantas comestíveis serviam de reserva durante os meses de escassez. No século XII, centenas de famílias mudaram-se de comunidades dispersas para grandes vilas construídas nas margens dos rios, vales abrigados e em refúgios naturais de rocha nas encostas de grandes desfiladei-

As Grandes Secas

ros, como o Cliff Palace em Mesa Verde, com as suas 220 divisões de alvenaria e 23 câmaras sagradas subterrâneas, ou *kivas*.

Muitos mais agricultores habitavam as grandes bacias hidrográficas a noroeste de Mesa Verde, onde a população aumentou rapidamente de 13-30 pessoas por quilómetro quadrado durante o século X para 130 três séculos depois. Depressa a população em crescimento chegou ao limite da capacidade produtiva da terra. Por exemplo, a cientista do ambiente Carla Van West calcula que a região do Sand Canyon podia ter produzido milho suficiente para alimentar uma população média local de aproximadamente 31.360 habitantes, com uma densidade de 21 pessoas por quilómetro quadrado, durante um período de quatrocentos anos entre 900 d.C. e 1300.([18]) A seca do século XII que provocou o abandono de Chaco, defende ela, teve poucas repercussões sobre o povo de Sand Canyon. Este tinha ainda em volta espaço suficiente para se deslocar. Os agricultores podiam sobreviver às piores secas desde que não existissem restrições à deslocação ou ao acesso aos melhores solos, e desde que pudessem adquirir alimentos junto de vizinhos quando as colheitas falhassem. No entanto, uma vez que a densidade populacional se aproximasse da capacidade produtiva do desfiladeiro e todos os solos mais férteis estivessem ocupados, seria mais difícil sobreviver até mesmo à mais curta das secas. Em 1250, os agricultores já tinham ocupado toda a terra cultivável. Um quarto de século depois, a grande seca de 1276 a 1299 atingia a região dos Four Corners.

O Laboratório de Pesquisa de Anéis de Árvores da Universidade de Arizona estudou o progresso desta seca desde o seu surgimento no extremo noroeste da região em 1276.([19]) Ao longo da década seguinte, as condições muito secas estenderam-se a todo o Sudoeste e duraram até 1299. A seca manifestou-se numa diminuição drástica da precipitação, evidentemente, mas com marcadas diferenças de norte para sul. Mais de 60 por cento do défice de precipitação ocorreu no noroeste, no sul de Utah e no Colorado, contra apenas 10 por cento no sudeste, no Novo México. Entre 1250 e 1450, o sudeste conheceu uma precipitação de Verão quase invariável, enquanto o Planalto do Colorado no noroeste experimentou chuvas imprevisíveis e secas severas.

Enquanto a vida no sudeste continuava sem interrupções, o noroeste passava por grandes dificuldades. A construção de

O Longo Verão

aldeamentos no norte abrandou de repente, depois cessou. Em 1300, reinava apenas o silêncio nos grandes aldeamentos dos Four Corners. A tradição oral conta como os deuses tinham falhado, e os chefes tribais de confiança caído em descrédito; o mundo deixara de ser seguro. As pessoas dispersaram-se, a maioria juntando-se a comunidades distantes noutros lugares. Mais uma vez, a antiga tradição do deslocamento entrou em acção.

No entanto, a sua debandada não foi a busca desnorteada de comida vista em muitas fomes. Em vez de se aventurarem sem rumo pelo campo, as pessoas no noroeste recorreram à intricada rede de relações sociais e amizades que ligavam as comunidades, algumas tão distantes que prosperavam em ambientes de precipitação muito diferentes. Quando as grandes secas atingiram o noroeste, os habitantes dos grandes aldeamentos valeram-se do seu último recurso: invocar as obrigações das suas redes sociais e dispersar.[20]

A quase mil anos de distância, não temos meio de reconstruir o complexo conjunto de migrações e acontecimentos. Sabemos a partir das escavações em Sand Canyon Pueblo que muitas famílias deixaram ficar os objectos grandes e difíceis de transportar, como as mós – o que nos sugere que além de terem planeado longas viagens, esperavam encontrar ajuda quando chegassem ao destino. Para onde foram? As únicas pistas provêm de estudos da distribuição de vasos de barro pintado. A arqueóloga Alison Rautman desenvolveu um minucioso modelo de redes sociais no extremo leste do mundo *pueblo*, utilizando antigos estilos de olaria e modernos dados climatéricos.[21] Ela usou as distribuições de diferentes vasos para mostrar como as comunidades desenvolviam relações de troca regulares com aldeias situadas em zonas climáticas completamente diferentes. Noutro estudo, John Roney mostrou como os estilos de olaria do século XIII, do norte de San Juan ao Vale do Rio Grande a sul-sudeste perto de Socorro, exibiam semelhanças notáveis.[22] Se nos guiarmos por estes estudos, então os habitantes dos aldeamentos do noroeste deslocaram-se em direcção ao sudeste para a bacia hidrográfica do rio Little Colorado, as montanhas Mogollon e o vale do Rio Grande. Rautman utilizou dados de anéis de árvores para mostrar que estas zonas sofreram poucas alterações climáticas durante os séculos difíceis em que o noroeste foi assolado por violentas secas.

As Grandes Secas

As comunidades que recebiam imigrantes tinham de ser flexíveis o suficiente para se lhes poder distribuir terras e água, assim como importantes cargos sociais. Os recém-chegados vinham para comunidades tidas como lugares onde tudo era feito correctamente, onde os deuses eram venerados como deve ser, onde as pessoas se encontravam a salvo de guerras e bruxarias. Os séculos posteriores a 1300 assistiram a um extraordinário florescimento de novas doutrinas religiosas, como os famosos cultos *kachina*, com origens em crenças muito mais antigas. Muitas resultaram sem dúvida da integração dos recém-chegados nas comunidades existentes.

A vaga de abandonos ocorreu ao longo de mais de um século. Mas o *pueblo ancestral* passou a salvo as condições secas como um pequeno barco flutuando sobre ondas gigantescas. Nunca procuraram refazer a sua sociedade e transformá-la numa embarcação maior e mais complexa. Não surgiram inovações tecnológicas nem novas colheitas. Ao contrário dos chumache, o *pueblo ancestral* continuou a viver como sempre tinha vivido. Novas crenças religiosas, adaptadas a novas instituições sociais, tiveram aparentemente pouco efeito sobre as antigas rotas comerciais e a antiga mobilidade. Nas palavras de um ancião *tewa*: «Eles começaram a vir e a deslocar-se e depois assentaram e levantaram-se de novo e depois começaram outra vez a deslocar-se».[23]

12

Ruínas Magníficas
1 d.C. a 1200

> Em todos os seus domínios, Coniraya Viracocha [...] o Criador de
> todas as coisas [...] por ordem sua, fez que os socalcos e campos se
> formassem nas encostas íngremes das ravinas, e que muros de suporte
> se erguessem para apoiá-los. Fez também correr os canais de irrigação.
>
> Lenda inca, em Garcilaso de la Vega, *Comentarios reales*

Como os antigos egípcios, os maias encantam irresistivel-
mente tanto o arqueólogo como o leigo. Esse encanto sente-se entre
as vastas ruínas da Praça Grande em Tikal, onde a floresta tropical
abraça as pirâmides. Da última vez que lá estive, um nevoeiro
cinzento imiscuía-se nas árvores e envolvia os templos altos com
gavinhas delicadas. O relvado da praça, meticulosamente cortado,
estava ainda molhado naquele tranquilo início de manhã, liso e
impecavelmente limpo. O silêncio da floresta pairava como um
manto cinzento sobre uma cidade outrora animada. Ali grandes
senhores haviam derramado o seu sangue em sumptuosas cerimónias públicas, entrando no Além em transe dramático. Ali se
haviam reunido grandes multidões, exércitos apetrechados para o
combate a meio do incenso fortemente perfumado que subia em

O Longo Verão

espiral de altares fumegantes. Lembrei-me das palavras de John Lloyd Stephens, viajante do século XIX, quando contemplava as ruínas de outra cidade maia, Copán: «No Egipto, os esqueletos colossais de templos gigantescos erguem-se em areais secos na plena nudez da sua desolação; mas aqui uma floresta imensa envolve as ruínas, escondendo-as da vista, realçando a impressão e dando uma força e quase delírio ao interesse.... E não apresentarei neste momento quaisquer suposições com respeito ao povo que as construiu; ou à época ou processo pelo qual elas se despovoaram para se transformarem em desolação e ruína; ou à possibilidade de terem sucumbido à guerra, à fome ou à peste».([1]) Várias gerações de arqueólogos têm reflectido sobre a queda súbita da civilização maia.

Até há bem pouco tempo, surpreendentemente, os antigos maias eram uma civilização misteriosa e pouco compreendida, cujos líderes eram pacíficos sacerdotes-astrónomos preocupados com a medição do tempo e o trajecto dos corpos celestes. O nosso conhecimento dos maias era como o dos egiptólogos do século XIX, incapazes de ler as inscrições hieroglíficas nas paredes dos templos. A triunfante decifração da escrita maia nos anos 80 do século XX alterou completamente as nossas percepções. As inscrições maias tratam de facto de acontecimentos astronómicos e calendários, mas também narram grandes acontecimentos, o domínio e morte de grandes senhores, complicadas genealogias reais e a ascensão e queda de dinastias.([2]) Sabemos hoje que a antiga civilização maia era um mosaico de cidades-estados concorrentes obcecadas com a genealogia, intrigas diplomáticas e conquista militar. Tikal foi uma dessas cidades, adquirindo grande importância no século I a.C. Em 219 d.C., o Senhor Xac-Moch-Xoc fundou uma brilhante dinastia reinante em Tikal. O nono governante, Grande Garra de Jaguar, conquistou o seu vizinho rival, Uaxactún. Um comércio judicioso e casamentos diplomáticos alargaram ainda mais os domínios de Tikal. No ano 500, a cidade já controlava um território de aproximadamente 2500 quilómetros quadrados e os destinos de cerca de 360 000 pessoas. Era um reino muito grande para os maias, mas minúsculo quando comparado ao antigo Egipto ou ao império assírio.([3])

Em 600 d.C., as planícies maias sustentavam um labirinto de reinos cujos senhores pareciam obcecados com a guerra e uma

Ruínas Magníficas

Sítios maias referidos no capítulo 12

religião militarista. Durante os três séculos seguintes, a balança do poder militar e político oscilou entre diferentes cidades-estados, de Caracol para Tikal, depois para Dos Pilos, e novamente para Tikal. Os governantes excepcionalmente capazes conseguiam unir várias cidades conquistadas num único estado, que se desmoronava quando o seu fundador morria ou o senhor era derrotado em combate. O que unia a sociedade maia era a instituição da realeza. Os reis maias tinham as suas vidas registadas como história nos edifícios públicos dos centros das cidades. Os nobres, abaixo dos reis na hierarquia social, definiam as suas vidas em consonância com os grandes senhores que os governavam. Milhares de plebeus existiam apenas para servir a nobreza e sustentavam toda a superestrutura do estado. Os reis maias eram governantes-xamãs que intercediam junto das poderosas forças do sobrenatural em elaboradas cerimónias públicas onde apareciam em transe perante o povo. A sua ligação aos antepassados reais assegurava – ou antes, *era* – a continuidade da existência humana. Uma ideologia envolvente e um implícito e poderoso contrato social uniam os nobres e os plebeus ao rei e forneciam a base racional para a construção de cidades e centros cerimoniais que eram recriações simbólicas do mundo mítico.(⁴)

Durante mais de dez séculos, da época anterior a Cristo ao ano 900 d.C., os maias prosperaram nas planícies da América Central. Depois, abruptamente, as suas cidades-Estado desapareceram. Copán, Palenke, Tikal e outras grandes cidades desmoronaram-se. As suas populações extinguiram-se ou dispersaram-se por pequenas aldeias espalhadas ao longo de uma paisagem intensamente cultivada. A civilização maia continuou a prosperar em Iucatán, no norte, até à chegada dos espanhóis no início do século XVI, mas as grandes cidades do sul desapareceram na floresta. Só muito mais tarde seriam reveladas a um mundo espantado por John Lloyd Stephens.

Porque terminou a civilização maia de um modo tão abrupto? Por que é que no espaço de algumas gerações a população de Tikal diminuiu de 25 000 para cerca de um terço desse número? Muitos factores contribuíram para a queda, mas novas investigações climatológicas sugerem que a seca foi uma das principais responsáveis.

Os antigos maias cultivaram a península Petén-Iucatán, uma vasta plataforma calcária levantada do oceano que define a orla sul do Golfo do México. O calcário poroso torna-se mais plano à medida que viajamos das planícies mais irregulares do sul em direcção ao norte para Iucatán, e assemelha-se exactamente a um monótono tapete verde quando visto do ar. Esta aparente uniformidade é uma ilusão. A densa cobertura de árvores esconde uma

Ruínas Magníficas

espantosa variedade de habitats locais, todos eles um desafio especial para os agricultores maias.

O território dos maias era constituído por um ambiente implacável, com poucos solos férteis excepto em algumas zonas de Petén e ao longo dos vales dos rios maiores.([5]) Os agricultores maias conheciam bem a fragilidade do seu ambiente. A limpeza das florestas expunha o solo às chuvas pesadas e persistentes e à intensa luz do sol tropical. A superfície depressa se tornava dura como o tijolo, impossibilitando o cultivo da área desbravada. Cultivar campos tão difíceis, desbravando e queimando as florestas, e depois plantando, exigia experiência e muita paciência. Um contraste mais flagrante com a Europa da Idade da Pedra ou o Vale do Nilo é difícil imaginar.

Os agricultores maias viviam com constantes perturbações ambientais – anos de seca e más colheitas, ou chuvas torrenciais e erosão do solo, seguidas de meses de tempo seco durante o decisivo período de crescimento antes de as tempestades voltarem para destruir a colheita. No entanto, a sua sociedade não só sobreviveu mas também prosperou durante um milénio e meio, construindo grandes cidades e organizando cidades-estados governadas por poderosos chefes militares. A civilização maia durou mais tempo do que a civilização suméria na Mesopotâmia, o Egipto do Império Antigo ou o estado Harappa do Vale do Indo no que é hoje o Paquistão.

Como os outros agricultores dos trópicos americanos, os maias utilizavam a agricultura de desmatamento e queimada para cultivar milho e feijões. Todos os Outonos, derrubavam um pedaço de floresta em terras com boa drenagem, depois queimavam a madeira e a vegetação rasteira. À medida que o fogo acalmava, a cinza e o carvão caíam no solo. Os agricultores e as suas famílias misturavam esse fertilizante natural na terra, depois plantavam as suas colheitas para coincidir com as primeiras chuvas. Estas clareiras cultivadas, chamadas *milpa*, mantinham-se férteis durante apenas dois anos. O agricultor seguia então para novo terreno e começava tudo de novo, deixando a primeira clareira de pousio durante quatro a sete anos. Durante muitos séculos, os maias foram agricultores de aldeia, com os seus povoados espalhados por uma manta de retalhos de clareiras

O Longo Verão

novas e terras em pousio, e rodeados de uma floresta densa que os separava dos vizinhos.

A agricultura de desmatamento e queimada funcionava muito bem quando a população camponesa era pequena. Mas as colheitas nunca eram suficientes para sustentar grandes povoamentos, e as reservas de excedentes de cereais não podiam alimentar mais do que meia dúzia de não-agricultores, como os fabricantes de machados de pedra. Não obstante, até alguns séculos antes de Cristo, este simples sistema de cultivo foi o sustento de uma sociedade aldeã cada vez mais complexa. Esta agricultura de subsistência era bastante flexível quando confrontada com pressões climatéricas, pois a floresta oferecia inúmeras plantas comestíveis a que as pessoas podiam recorrer nos anos de escassez.

Depois de 400 a.C., os primeiros grandes centros de rituais surgiram nas planícies. Entre 150 e 50 a.C., a cidade de El Mirador cresceu até cobrir 16 quilómetros quadrados de terreno baixo e acidentado, sujeito a inundações parciais durante a época das chuvas. El Mirador era um labirinto de pirâmides e praças, com mais de 200 imponentes estruturas, incluindo calçadas, templos e palácios reais. A cidade ficava numa depressão, onde a água podia ser aprisionada para consumo posterior durante a estação seca. Por esta altura, os maias já estavam também a construir reservatórios para armazenamento de água. Esta gestão cuidadosa reflectia uma sociedade consciente da necessidade de se precaver contra os anos de seca. A estratégia parece ter funcionado, pois a civilização maia prosperou e transformou-se rapidamente num complexo mosaico de cidades-estados.

O período clássico da civilização maia, entre 200 d.C. e 800, assistiu a novas adaptações ao difícil ambiente das planícies. Muitas comunidades residiam então nos cumes de outeiros e serranias, para que as pedreiras na base, usadas para construir pirâmides, templos e outras estruturas, se transformassem em reservatórios cercados de taludes e praças artificiais que permitiam o escoamento das águas para o seu interior. Com brilhante engenho, os arquitectos maias construíram canais que, por gravidade, transportavam as águas dos reservatórios centrais para os tanques e sistemas de irrigação nas redondezas.[6]

Estes elaborados sistemas de gestão de águas desenvolveram--se ao longo de muitos séculos, devido à necessidade de armazenar

Ruínas Magníficas

água numa terra sem inundações fluviais sazonais – nem rios com caudais significativos – como as que abasteciam os esquemas de irrigação dos egípcios e dos sumérios. Os maias desenvolveram o que o arqueólogo Vernon Scarborough chamou «microbacias-hidrográficas», para compensar insuficiências de precipitação. No entanto, estes sistemas tinham sérias limitações. Inevitavelmente, só podiam servir pequenas áreas. A chuva enchia os reservatórios e os tanques, mas variava bastante de ano para ano, tornando impossíveis as descargas cuidadosamente controladas típicas do sistema de irrigação da Mesopotâmia. A gestão da água e a irrigação nas planícies exigiam a topografia correcta, uma gestão de mão-de-obra bastante flexível e muito ensaio e erro.

Ao longo dos séculos, a agricultura maia desenvolveu lentamente uma infra-estrutura altamente elaborada que se tornou cada vez mais produtiva com o tempo. Era tudo lento e deliberado, assente num contexto social e político que se adaptava às realidades de um frágil ambiente tropical. Os maias foram bem sucedidos porque passaram muitos séculos aprendendo a cultivar aquele meio ambiente. Trabalhavam bem dentro de limitações ambientais que ficaram a conhecer após muito esforço, mantinham as suas aldeias dispersas e desenvolveram um grau de interdependência que reflectia a distribuição irregular de solos e recursos alimentares no seu território. Desde que este sistema funcionasse bem, eles encontravam-se relativamente livres do *stress* climático. Não foi com certeza uma coincidência que a civilização maia se tenha desenvolvido como um mosaico de pequenas cidades-estados, todas centrados em diferentes «microbacias-hidrográficas», que lhes proporcionaram durante muitos séculos flexibilidade e resistência a eventos climáticos de curta duração.

À medida que a população aumentava, sobretudo nos arredores das cidades, os maias iam alargando o âmbito da sua agricultura. Já no século I d.C., começaram a drenar e a canalizar os pântanos, transformando terras até então impossíveis de cultivar em redes de campos elevados sobre terrenos baixos e inundados sazonalmente ao lado dos rios. Estes campos assemelhavam-se às conhecidas hortas dos pântanos usadas séculos mais tarde pelos astecas das terras altas do México para alimentar a sua grande capital, Tenochtitlán. Com o contínuo aumento da população, os maias começaram a construir socalcos nas encostas íngremes para reter os sedimentos que deslizavam em cascata pelos montes durante as fortes tempestades.

Calcula-se que em 800 d.C., imediatamente antes do colapso da sua civilização, entre oito e dez milhões de maias vivessem nas planícies, números espantosamente elevados para um meio tropical com pouca capacidade produtiva natural. Patrick Culbert, da Universidade de Arizona, mostrou que a densidade populacional nas planícies do sul chegou a atingir as duas centenas por quilómetro quadrado, numa área tão vasta que as pessoas não podiam adaptar-se aos maus tempos deslocando-se para zonas não desmatadas a alguma distância.([7]) Os agricultores alimentavam não só as suas famílias mas também uma população urbana que crescia rapidamente, incluindo a classe cada vez maior de nobres improdutivos. À medida que as populações urbanas aumentavam e os senhores ambiciosos exigiam cada vez mais dos agricultores, os maias esgotavam as suas terras e ultrapassavam o limite crítico da vulnerabilidade às secas que fizera parte do seu mundo desde o princípio. O pêndulo da civilização maia passou os limites do ambiente e transportou-a para um domínio incerto de desastre potencial.

Até há bem pouco tempo, as teorias da seca eram ignoradas, em grande parte porque as provas climatológicas eram praticamente inexistentes. Hoje, os lagos da planície e um núcleo pelágico do Mar das Antilhas dão-nos um testemunho impressionante do poder da seca para derrubar civilizações.

Os núcleos dos lagos são como os extraídos do leito do mar, apenas muito mais pequenos. Se a lama e o lodo se acumulam lenta e uniformemente no fundo, sem inundações súbitas ou erosão, o registo climático que nos oferecem pode ser extremamente preciso.

O climatologista David Hodell e seus colegas recolheram sedimentos no lago salgado de Chichancanab no Iucatán em busca

Ruínas Magníficas

de dados climáticos.([8]) O seu primeiro núcleo, extraído em 1993, media as alterações da razão oxigénio-isótopo no carbonato de conchas preservado no sedimento inferior ao longo de muitos séculos. Isso e a razão oxigénio-gesso no lodo fino permitiram aos cientistas reconstruir alterações passadas na razão entre evaporação e precipitação. Presumiram que os períodos de clima mais seco se reflectiam numa proporção mais elevada de gesso para calcite, e o inverso em ciclos mais húmidos. O primeiro núcleo produziu uma sequência de alterações climáticas ao longo dos últimos nove mil anos com uma precisão de cerca de vinte anos. Hodell regressou depois ao lago, extraiu mais dois núcleos lado a lado numa das zonas mais profundas, e obteve uma sequência de alta resolução para os últimos dois mil anos. Desta vez, ele foi capaz de usar a datação por radiocarbomo-EMA em sementes, fragmentos de madeira e outros minúsculos detritos terrestres preservados no núcleo. Os níveis elevados de gesso indicando as secas puderam então ser datados com precisão.

Hodell descobriu que três grandes secas atingiram o Iucatán num período de 2.000 anos. A primeira ocorreu entre 475 e 250 a.C., quando a civilização maia ainda se encontrava em formação. A segunda durou de 125 a.C. a 210 d.C., coincidindo com o apogeu de El Mirador, a maior das primeiras cidades maias. Hodell acredita que o abandono de El Mirador por volta de 150 d.C. possa ter resultado, pelo menos em parte, da seca contínua. Curiosamente, um núcleo do lago Satpeten, na Guatemala, nas planícies do sul, regista uma seca entre 130 a.C. e 180 d.C., contemporânea do abandono generalizado dos maiores povoamentos maias. Mas a seca mais severa, que se deu entre 750 d.C. e 1025, coincide com a grande queda da civilização maia nas planícies do sul.

Se encaixarmos a história da civilização maia neste contexto de secas periódicas, descobrimos coincidências impressionantes. O primeiro dos três ciclos de seca assinalados por Hodell ocorreu enquanto a agricultura maia proporcionava ainda flexibilidade suficiente para fazer face a anos mais secos. O segundo ciclo abateu-se sobre os maias no momento em que surgia nas planícies o primeiro florescimento de cidades e civilização. Cidades como El Mirador situavam-se em zonas baixas, onde a água podia ser

O Longo Verão

aprisionada e armazenada. No início, o sistema funcionou, mas depressa a cidade se tornou demasiado grande, ultrapassando o limiar da vulnerabilidade. Perante o desastre ambiental, os senhores de El Mirador perderam a sua credibilidade espiritual e o povo dispersou-se – havia ainda espaço suficiente para o fazer.

Quando terminou a seca, recomeçou o desenvolvimento, e a civilização maia entrou numa trajectória espantosa de rápida expansão. Quando a maior das secas atingiu as planícies, praticamente toda a terra arável estava sob cultivo, e a agricultura maia encontrava-se muito perto do limiar da crise, em que mesmo uma ligeira queda da produção podia levar a grandes dificuldades. Durante quase três séculos, a seca intensa fez baixar os lençóis freáticos, produziu chuva insuficiente e assolou uma economia agrícola já com dificuldade em satisfazer as exigências crescentes da nobreza.

Os núcleos dos lagos analisados por Hodell forneceram as primeiras provas convincentes da ocorrência de secas no tempo da antiga civilização maia. Recentemente, um notável núcleo pelágico da Bacia do Carioco ao largo da Venezuela, no sudeste do Mar das Antilhas, forneceu-nos a prova conclusiva.[9] Os 5,5 metros superiores do núcleo de 170 metros do Carioco abarcam os últimos 14 000 anos, com uma taxa de sedimentação de cerca de 30 centímetros por cada milénio. A definição da sedimentação do Carioco era tão precisa que um *scanner* de fluorescência por raios X podia ler medidas de concentrações de titânio a espaços de dois milímetros, representando intervalos de apenas quatro anos. As concentrações de titânio reflectem a quantidade de sedimento terrestre que corre para a Bacia do Carioco, fornecendo-nos assim uma sequência de variações dos caudais dos rios e da precipitação ao longo do tempo. As concentrações elevadas denunciam precipitação, as menores, condições mais secas. Uma vez que as condições secas no norte da América do Sul são provocadas sobretudo por eventos OSEN, as variações de titânio são uma representação exacta não só de secas mas também de El Niños.

Durante o Verão, quando cai a maior parte da chuva, a Zona de Convergência Intertropical encontra-se mais a norte, sobre o Iucatán. Durante os meses secos do Inverno, a ZCIT desloca-se para o sul das planícies maias. Isso significa que o território dos maias se encontra na mesma região climática que a Bacia do Carioco, próxima da posição mais setentrional do movimento sazonal da ZCIT. Assim, o núcleo do Carioco, com a sua extraordinária definição, fornece-nos um retrato muito mais nítido da seca maia do que as perfurações dos lagos.

A sequência do Carioco revela uma série de secas plurianuais sobrepostas num período de modo geral seco. Isso pode explicar por que razão a queda dos maias foi um processo lento, com repercussões que variaram de zona para zona. Gerald Haug e os seus colegas identificaram quatro grandes secas; em 760 d.C., 810, 860 e 910, aproximadamente (a última durando apenas seis anos), a intervalos de 40 a 47 anos, o que coincide com um intervalo de 50 anos calculado a partir dos núcleos dos lagos.

A queda dos maias incidiu primeiro sobre as planícies do centro e do sul, zonas onde o acesso aos lençóis de água era limitado e os agricultores dependiam fortemente das chuvas. A região de Iucatán a norte defendeu-se melhor, porque aí os furos, conhecidos por *cenotes*, forneciam a água subterrânea.

O arqueólogo Richardson Benedict Gill recorreu a intervalos de frio intenso em anéis de árvores suecos e às últimas datas inscritas em estelas de cidades abandonadas para sugerir uma queda tripartida que começou em 810 d.C. e afectou cidades como Palenque e Iaxchilán.([10]) Em 860, outra seca derrubou as grandes cidades de Caracol e Copán. Finalmente, em 890-910, Tikal, Uaxactún e outros grandes centros sucumbiram. Foram certamente tempos traumáticos para a cidade de Tikal, onde o arqueólogo Peter Harrison descobriu restos humanos numa pilha de lixo de cozinha de uma casa da época que mostravam sinais de queimaduras e mastigação que só podiam resultar de uma situação de canibalismo de sobrevivência, em que as pessoas desesperadas nada tinham para comer senão umas às outras. A teoria de Gill foi controversa, até o núcleo do Carioco produzir uma coincidência surpreendentemente precisa com as suas inscrições e dados de anéis de árvores.

As causas principais da queda dos maias, por conseguinte, foram pelo menos três grandes secas que trouxeram a fome e mudanças sociais catastróficas. Nas cidades, os grandes senhores perderam o poder de chamar a chuva; talvez tenham eclodido

O Longo Verão

tumultos. A arqueologia mostra-nos que as populações dessas cidades ou pereceram ou se dispersaram por pequenos aldeamentos. Os infelizes maias tinham presumido demasiado de si mesmos, e a sua civilização desmoronou-se.

Muito mais a sul, outro deslumbrante estado conhecia a mesma sorte.

❧

«Perto dos edifícios há uma colina construída pelas mãos dos homens, sobre grandes fundações de pedra», escreveu o conquistador espanhol Cieza de Léon, depois de uma curta visita a uma gloriosa ruína perto da margem sul do lago Titicaca, na Bolívia. «O que me espanta são algumas grandes portas de pedra, algumas talhadas de uma única rocha».([11]) Segundo a lenda local, a cidade chamava-se Taypi Kala, «A Pedra no Centro». Os arqueólogos conhecem-na pelo nome de Tihunaco, em tempos um estado de mais de 50.000 pessoas que prosperou durante o primeiro milénio d.C.

Tihunaco fica a uns 15 quilómetros a leste do lago Titicaca, num sítio estratégico junto à margem de um rio ocupado inicialmente por camponeses por volta de 400 a.C.([12]) A aldeia primitiva depressa se transformou numa próspera vila, e depois numa cidade. Em 650 d.C., os visitantes teriam ficado maravilhados com uma cidade de palácios, praças e templos de cores vivas cintilando com baixos-relevos cobertos de ouro. Tihunaco era uma obra-prima de arquitectura, assinalada por muitas portas e grandes edifícios de pedra. Uma enorme plataforma artificial conhecida por Akapana, com flancos de 200 metros e uma altura de 15 metros, dominava a cidade. No auge de Tihunaco, a Akapana era uma plataforma disposta em terraços com enormes muros de suporte de arenito e andesite e com degraus. No topo da plataforma havia um pátio rebaixado cercado de edifícios de pedra. Durante a estação das chuvas, a água jorrava do pátio para os terraços, acabando por cair em cascata e com grande estrondo para um grande fosso. O arqueólogo Alan Kolata, da Universi-

Ruínas Magníficas

Tihunaco e vizinhanças

dade de Chicago, passou muitos anos a estudar Tihunaco e os territórios em volta. Ele acredita que o recinto cerimonial era uma ilha simbólica, como a sagrada Ilha do Sol no lago Titicaca, durante muito tempo um santuário venerado pelos povos que viviam nas margens do lago. Como as praças e pirâmides dos maias, a Akapana servia de cenário para sofisticadas cerimónias públicas, onde os líderes de Tihunaco apareciam com os seus adornos de ouro, trajados, segundo as esculturas, de deuses com elaborados toucados, ou de condores ou pumas.

O sacrifício humano desempenhava um importante papel na vida cerimonial da cidade, presumivelmente para aplacar a toda-

O Longo Verão

poderosa divindade solar e assegurar a continuidade da vida humana. Uma representação desta divindade é o famoso «Deus da Porta», na Porta do Sol, que ainda se mantém. O deus enverga um toucado representando o sol, com dezanove raios salientes que terminam em círculos e cabeças de puma. É acompanhado por três filas de funcionários alados com cabeças humanas ou de ave, transportando os seus próprios bastões e insígnias. A iconografia e crenças religiosas de Tihunaco são para nós um livro fechado, mas existem poucas dúvidas de que a luz do sol e a água desempenhavam um papel importante na vida cerimonial. A cidade dependia da abundância de ambas.

Tihunaco prosperou durante cerca de 600 anos sobre o altiplano do sul do Peru e noroeste da Bolívia. O planalto ergue-se entre 3800 e 4200 metros acima do nível do mar e é um lugar de fortes contrastes sazonais. Os especialistas agrícolas sempre consideraram a zona imprópria para qualquer tipo de agricultura. No entanto, os agricultores de Tihunaco produziram grandes excedentes de comida durante muitos séculos. A complexa paisagem social de Tihunaco tornou-se o centro de um poderoso estado, talhado em parte pela conquista e em parte pela colonização, e sempre mantendo um domínio apertado sobre as actividades comerciais com outras sociedades nas terras altas ou na costa do Pacífico. No contexto dos Andes, Tihunaco foi um reino de longa duração. Mas por volta de 1100 d.C., a sua agricultura tornou-se uma vítima espectacular do Período Quente Medieval.

O reino estava centrado nas bacias hidrográficas de Tihunaco e Catari perto do lago Titicaca. Estas bacias situam-se na zona intermédia entre o altiplano e as terras mais altas, com um solo permanentemente alagadiço e sujeito a inundações durante a estação das chuvas, entre Dezembro e Março. O nível das águas do lago Titicaca sobe e desce todos os anos, dependendo a dimensão da mudança das variações de precipitação, presumivelmente mais elevada durante as ocorrências OSEN. Foi nestas bacias que o povo de Tihunaco desenvolveu uma complexa infra-estrutura agrícola baseada em campos elevados. Estes campos foram tão bem sucedidos que sustentaram densas populações durante mais de cinco séculos.

Ruínas Magníficas

Os abundantes víveres de Tihunaco sustentavam artesãos e sacerdotes, comerciantes e soldados, e os grupos de camponeses que trabalhavam nos templos e outras obras públicas. Uma cidade tão complexa parece um milagre num meio frio e ventoso com uma precipitação altamente imprevisível e a uma altitude onde apenas plantas resistentes ao frio podem ser cultivadas. O povo consumia sobretudo batatas e dois tubérculos indígenas, oca e *ullaco*. O milho era um luxo para a elite. A população em crescimento necessitava de enormes quantidades de comida todos os anos.

O engenhoso sistema de campos elevados tirava partido de terrenos baixos e lençóis de água mais altos para produzir várias colheitas por ano.(^{13}) No ar fino da montanha, as temperaturas nocturnas podiam descer abaixo do ponto de congelação mesmo no Verão, mas a água subterrânea funcionava como uma base de calor, aquecendo e preservando as raízes das plantas. Além disso, a dragagem de plantas aquáticas indígenas dos canais fornecia um adubo verde que produzia nutrientes e calor. Nas noites frias, uma fina camada de nevoeiro formava-se sobre os campos ao longo das terras baixas. Quando o sol dispersava o manto branco, as frescas e verdes batateiras apareciam intactas, enquanto apenas a alguns quilómetros de distância, as plantas atacadas pela geada murchavam nos campos das encostas.

Os próprios campos eram exemplos sofisticados de engenharia agrícola. Em primeiro lugar, os agricultores assentavam uma camada compacta de seixos redondos como base. Esta era selada com uma camada de argila dura para impedir a água ligeiramente salina do lago Titicaca de chegar às raízes das plantas. O barro também retinha um nível constante de água doce das nascentes próximas e ribeiros sazonais. Em seguida, os trabalhadores incorporavam camadas de cascalho e areia cuidadosamente seleccionados, depois húmus, rico em lodo dos canais circundantes. Os agricultores renovavam constantemente os campos com solo orgânico e argila, fertilizando-os com desperdícios humanos.

A população de Tihunaco, sempre a crescer, pavimentou literalmente a sua paisagem com esses campos. Por exemplo, levantamentos arqueológicos no rio Catari revelaram 214 sítios, 48 pertencentes à época áurea de Tihunaco. Uma importante

O Longo Verão

capital secundária chamada Lukurmata atingiu proporções enormes, cobrindo 145 hectares, com habitações e outras estruturas espalhadas ao longo de terraços fluviais sobre a Pampa Koani. Entre os recintos centrais da cidade e as encostas íngremes das montanhas por trás, os habitantes construíram uma faixa em forma de crescente de campos elevados. As nascentes nas encostas forneciam água doce através de uma ravina para os terrenos mais baixos onde se encontravam os campos elevados. Os engenheiros agrícolas ladearam a ravina com grandes blocos de pedra, criando uma espécie de aqueduto para transportar água para os campos. Apenas 6,5 hectares da área de Lukurmata eram ocupados pela agricultura, terra manifestamente insuficiente para alimentar toda a gente que lá vivia.[14]

Grande parte dos víveres da cidade chegava de numerosos sítios mais pequenos espalhados pelas redondezas numa paisagem quase contínua e humanamente construída de produção agrícola, com muitas fontes independentes de água subterrânea e canais de irrigação. A construção deste enorme complexo agrícola implicava criar e manter esquemas de irrigação descontínuos com campos elevados, cada um com a sua fonte de água e sistema de canais.

Noutros lugares do vale de Tihunaco, os campos elevados consistiam em bolsas dispersas e muitas vezes autónomas, directamente associadas ao que Kolata chama «importantes povoamentos humanos». Na Bacia do Rio Catari, por outro lado, todo o sistema de campos elevados era desenvolvido como uma unidade única, projectada e executada com grande cuidado e recurso a mão-de-obra recrutada provavelmente de centros urbanos secundários, pequenas vilas e numerosas aldeias. A Bacia do Rio Catari era uma paisagem dedicada quase exclusivamente à produção agrícola, talvez sob o domínio directo do estado de Tihunaco, e separada dos principais centros administrativos e populacionais. Este padrão de povoamento sugere um estado altamente estruturado, até mesmo burocrático, sob um forte domínio central.

Os campos elevados eram uma solução brilhante e produtiva para os problemas de subsistência de Tihunaco, com a vantagem de a sua manutenção poder ser deixada nas mãos das comunidades locais. O seu êxito dependia de um lençol de água elevado e de

Ruínas Magníficas

uma boa quantidade de nascentes e ribeiros. Desde que a densidade populacional permanecesse relativamente baixa e a precipitação a um nível médio, havia alimentos suficientes para toda a gente. Mas à medida que os líderes da cidade se tornavam mais ambiciosos e o estado cada vez maior, aumentava a necessidade de colheitas elevadas. A escala da actividade agrícola expandiu-se inexoravelmente. A dada altura, Tihunaco transpôs o limiar crítico da vulnerabilidade às secas de longa duração – uma ocorrência climática que ultrapassava a compreensão de agricultores com memórias extremamente curtas.

Núcleos extraídos do leito do lago Titicaca revelam uma sequência climática com o potencial destruidor de uma tragédia grega. Entre 5700 a 1500 a.C., o altiplano foi extremamente seco, com o Titicaca 50 metros abaixo dos níveis actuais. Durante esses longos séculos de seca intensa, as comunidades agrícolas locais nunca atingiram um número significativo. A maioria consistia em aldeias amontoadas nas margens do lago, e mesmo aí a escassez de água tornava a agricultura difícil e a residência inevitavelmente temporária. Muitas pessoas viviam em aldeamentos pequenos e dispersos, sustentando-se com a criação de alpacas. Outros grupos percorriam longas distâncias todos os anos, como nos dizem os seus artefactos, descendo do planalto para a húmida floresta do Amazonas ou até mesmo para os desertos da costa chilena e peruana. Nenhuma aldeia na região antes de 1500 a.C. durava mais de uma década.

Por volta de 1500 a.C., a precipitação aumentou consideravelmente. O lago subiu mais de 20 metros no espaço de dois ou quatro séculos. Quase imediatamente, aldeias agrícolas sedentárias surgiram nas suas margens. Com mais chuva, os riscos de cultivar o planalto diminuíram um pouco. Os agricultores amanharam campos secos, dependendo inteiramente da precipitação sazonal e com colheitas proporcionalmente baixas. Começaram também a fazer experiências com o cultivo em campos elevados.

O nível do lago passou a variar significativamente de década para década, mas nunca voltou às condições muito áridas de épocas passadas. Os núcleos revelam pequenos intervalos em que os níveis do lago estiveram mais baixos, assim como longos períodos em que os sedimentos finos dos ribeiros chegavam ao

O Longo Verão

leito do lago. Durante mil anos, o altiplano sustentou agricultores e pastores, mas à medida que os seus números e sofisticação aumentavam, o cultivo em campos elevados começava a dominar a economia agrícola. Depois de 600 d.C., grandes sistemas de campos elevados espalharam-se pelas terras alagadiças, e entre os séculos VIII e IX já cobriam uma área de aproximadamente 190 quilómetros quadrados. Levantamentos intensivos de um segmento de 150 quilómetros quadrados da Bacia do Rio Catari revelaram que 80 por cento da terra se encontrava sob cultivo durante aqueles dois séculos. Esta expansão coincidiu com vários séculos de níveis do lago muito mais altos, em resultado de uma precipitação mais elevada. Entre 350 d.C. e 500, o lago Titicaca esteve mais alto do que actualmente; e esteve mais ou menos ao mesmo nível dos tempos modernos entre 800 e 900.

Análises de núcleos de gelo confirmam a mensagem dos sedimentos das profundezas do Titicaca. A calota glaciar de Quelccaya encontra-se a uma grande altitude nos Andes, cerca de 200 quilómetros a norte do lago.[15] Um núcleo de gelo muito nítido extraído da calota regista dois períodos mais húmidos: 610-650 e 760-1040. Houve três períodos secos: 540-610, 650-760 e 1040-1450. O último, que coincide em parte com o Período Quente Medieval, durou quatro séculos e foi marcado por uma acumulação de gelo extraordinariamente baixa nos Andes.

Este período seco encontra-se também bem registado nos núcleos do lago. Por volta de 1100, as finas camadas orgânicas produzidas por uma boa precipitação cessam abruptamente. Em terra, os sistemas de campos elevados da Bacia do Catari desapareceram quase por completo em meio século. Então, campos semelhantes só prosperavam onde existisse água subterrânea muito alta.

Se no mesmo mapa traçarmos a cronologia, estabelecida por datação por radiocarbono, de resíduos dos campos elevados, flutuações do nível de água do lago Titicaca e acumulação de neve no Quelccaya, verificaremos uma impressionante convergência. A acumulação de neve no alto dos Andes diminuiu marcadamente após cerca de 1040. O ciclo de seca atingiu o ponto máximo por volta de 1300 e persistiu com menos intensidade até cerca de 1450. Os núcleos do lago Titicaca mostram um hiato completo de

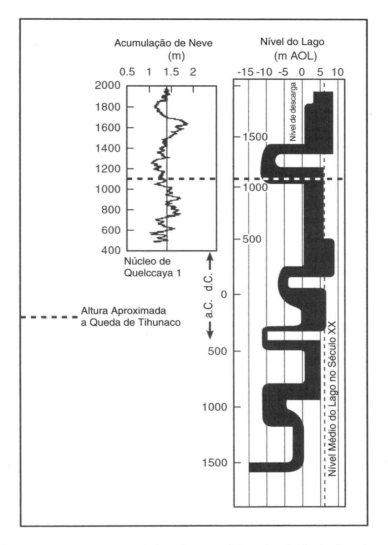

Níveis do Lago Titicaca correlacionados aos núcleos de gelo do Andes e datação por radiocarbono. *Cortesia do Museum of New Mexico, Albuquerque*

sedimentação orgânica em quase todas as amostras, indicando um abaixamento do nível do lago de entre 12 a 17 metros. O lago Wiñaymarka, a bacia mais pequena do lago Titicaca, parece ter evaporado completamente. A datação por radiocarbono calibrada

O Longo Verão

situa a diminuição do lago entre 1030 d.C. e 1280, precisamente dentro do período de baixa acumulação de neve nos Andes. Ambos os indicadores climáticos apontam para uma seca longa e severa, com uma diminuição de talvez 10 a 15% da precipitação relativamente à média actual. As provas dos campos elevados são igualmente flagrantes: eles foram simplesmente abandonados.

O argumento é convincente: uma seca prolongada começou com uma diminuição de 10 a 15% da precipitação anual, não apenas num ano mas durante muito mais tempo. A precipitação reduzida depressa levou a menores descargas das nascentes, e por fim a um abaixamento da camada freática – e os lençóis não voltaram a encher. Como explica Alan Kolata: «A falta de água tornou as complexas funções biológicas e físicas dos campos elevados simplesmente impossíveis».[16] As condições muito mais secas empurraram Tihunaco para a beira do desespero e depois derrubaram-no.

Na área do Rio Catari, o padrão de povoamento alterou-se por completo depois de 1150. A sociedade altamente organizada e hierárquica do passado desapareceu. As pessoas passaram a viver sobretudo nas pampas, até então praticamente inabitadas, a maioria em pequenos aldeamentos com menos de um hectare. As razões para a dispersão em comunidades muito mais pequenas estão dramática, súbita e directamente relacionadas com a seca de três séculos. A precipitação não voltou aos níveis pré-1100 antes dos meados do século xv. Nessa altura, as pessoas já se encontravam a viver no império inca. Os agricultores nunca mais cultivaram campos elevados nas terras alagadiças da beira do lago. Em vez disso, mudaram para uma agricultura de socalcos, irrigação e rega da chuva, nas encostas das montanhas circundantes, técnicas usadas pelos incas com excelentes resultados mas claramente incapazes de sustentar uma grande população.

A capacidade do estado de Tihunaco se adaptar à grande seca foi limitada culturalmente por séculos de um rápido crescimento populacional sustentado pela produtividade extraordinária dos campos elevados. A economia de Tihunaco dependia exclusivamente desse sistema agrícola, que por sua vez dependia de água em abundância. Quando a água escasseou, todo o sistema se desmoronou.

Ruínas Magníficas

A passagem de Tihunaco pelo limiar da vulnerabilidade foi brutalmente directa, se bem que a sua queda resultasse da acção combinada de alterações climáticas, derrocada agrícola e a inflexibilidade de um sistema político e religioso baseado numa tecnologia altamente vulnerável. Lembramo-nos imediatamente dos hititas, que dependiam de cereais importados de muito longe. Eles aplacaram os deuses com templos e generosas oferendas, mas a sua civilização desmoronou-se com uma rapidez surpreendente quando os seus alimentos, muitos cultivados em áreas de chuvas incertas, se tornaram demasiado escassos para sustentar uma cidade complexa. No caso de Tihunaco, a grande seca abalou a credibilidade dos líderes do estado e dos seus deuses. Na seca medieval eles depararam-se com um desastre climático à medida da sua vulnerabilidade.

Um século após a sua queda, restavam apenas memórias distantes da grandeza da cidade. A mitologia real inca aludiria mais tarde ao grande deus do sol, a divindade suprema Viracocha, que descera a Tihunaco para criar o mundo a partir do barro macio do lago. A antiga cidade talvez se tenha excedido e fracassado, mas reclama uma espantosa legitimidade na história mítica dos Andes.

EPÍLOGO

1200 aos Tempos Modernos

A história da humanidade tem-se desenrolado num mundo de mudanças constantes, por vezes lentas, outras rápidas, e com a natureza das mais longas sempre ofuscada pelos desvios maiores que distinguiram os anos individuais. O ambiente continuará a mudar, em parte devido a actividades humanas, com as suas consequências intencionais e involuntárias, e em parte devido a causas naturais. Não há nisto seguramente qualquer razão para pensar que, a longo prazo, seja possível manter ou fazer subir os nossos níveis de vida.

HUBERT LAMB, *Climate, History, and the Modern World*, 1982

Dies irae, dies illa, solvet saeclum in favilla... Este dia, este dia de ira reduzirá o mundo a cinzas... As cadências do *Requiem* de Mozart ecoaram para o céu na cúpula da catedral de São Paulo e depois dispersaram-se. O concerto foi sublime, a acústica perfeita. Quando saíamos em fila da catedral para a azáfama das ruas de Londres, uma trovoada ressoou pelo céu quente de Verão, atraindo a nossa atenção para as nuvens negras acumuladas no horizonte ocidental. A minha companheira fez uma observação sobre aquela lembrança oportuna da ira de Deus.

A ideia de uma ira divina caprichosa e implacável tem moldado o comportamento humano desde antes dos primórdios da civiliza-

O Longo Verão

ção. Os cânticos dos xamãs tribais nas cavernas da Idade do Gelo intercediam junto das forças do sobrenatural. Os venerandos antepassados velavam pelas terras e colheitas das famílias de Jericó e Çätäl Höyük. Reis divinos serviam de agentes terrenos aos deuses de Ur. Os senhores da Tikal dos maias e de Tihunaco à beira do lago Titicaca usavam os seus poderes sobrenaturais para comunicar com o desconhecido. Antes da era da climatologia e dos registos científicos, as mudanças climáticas ocorridas no breve período de tempo da memória humana eram consideradas obra dos deuses. O único recurso humano era a propiciação através da oração, do sacrifício e da construção de templos.

Sete semanas após a Páscoa de 1315 d.C., vastos lençóis de chuva estenderam-se sobre uma Europa encharcada, transformando os campos acabados de lavrar em pântanos e lagos. O dilúvio prolongou-se por Junho e Julho, e depois por Agosto e Setembro. O feno jazia prostrado nos campos; o trigo e a cevada apodreciam à espera da ceifa. O autor anónimo da *Crónica de Malmesbury* interrogava-se se a vingança divina se abatera sobre a terra: «Assim é a ira do Senhor ateada contra o seu povo, e Ele levantou-lhe a mão e castigou-o».([1]) A maioria das muito unidas comunidades agrícolas aguentou a escassez de 1315, esperando uma melhor colheita no ano seguinte. Mas chuvas fortes na Primavera de 1316 perturbaram as sementeiras. Violentas tempestades fustigaram o Canal da Mancha e o Mar do Norte; os rebanhos e as manadas mirraram, as colheitas falharam, os preços subiram, e as pessoas contemplaram de novo a ira de Deus. Quando a fúria das chuvas acalmou em 1321, mais de um milhão e meio de pessoas, aldeãs e citadinas, tinham morrido de fome e de epidemias associadas à fome. Gilles de Muisit, abade de Saint--Martin de Tournai, na Bélgica actual, escreveu: «Homens e mulheres de entre os poderosos, medianos e humildes, velhos e novos, ricos e pobres, pereciam todos os dias em números tais que o ar se apestava com o fedor».([2]) As pessoas em todo o lado

Epílogo

perdiam a esperança. As corporações e as ordens religiosas calcorreavam as ruas, com as suas gentes desnudadas, transportando os corpos de santos e outras relíquias sagradas. Após várias gerações de bem, acreditavam que a vingança divina viera para castigar uma Europa dividida pela guerra e conflitos mesquinhos.

As grandes chuvas de 1315 assinalaram o início do que os climatologistas chamam a Pequena Idade do Gelo, um período de seis séculos de constantes alterações climáticas que pode, ou não, ainda estar a decorrer.([3]) A própria expressão é enganadora, se bem que tenham ocorrido de facto Invernos frios e memoráveis quando o Mar Báltico congelou, os mercados de Inverno decorriam durante meses sobre um Tamisa gelado e os glaciares avançaram para invadir aldeias nos Alpes. A nova climatologia diz-nos que a Pequena Idade do Gelo foi um ziguezague de alterações climáticas, poucas prolongando-se por mais de um quarto de século. Muitos cientistas acreditam que estas alterações terminaram por volta de 1860, quando se iniciou a actual tendência para o aquecimento.

O *stress* climático, quando não provoca a derrocada total, funciona muitas vezes como um incentivo à reorganização social e à inovação tecnológica. No século XIV, a Europa era um continente rural com apenas uma rudimentar infra-estrutura de estradas, portos e engenhos locais. Reis e rainhas governavam Estados e cidades cheios de gente assombrada pela ameaça constante da escassez de alimentos. Nove em cada dez trabalhadores dedicavam-se à produção de géneros alimentícios, e, não obstante, o continente inteiro vivia apenas de ano para ano. No entanto, as exigências da Pequena Idade do Gelo contribuíram para desencadear uma revolução, que teve início durante os séculos XV e XVI nos Países Baixos e alastrou à Inglaterra cem anos depois. Muitos proprietários rurais ingleses adoptaram a nova agricultura, e quintas maiores e demarcadas começaram a mudar a paisagem. Culturas novas, como nabos e trevos, forneciam aos rebanhos e às pessoas um seguro contra a fome do Inverno. No início da Revolução Industrial, em finais do século XVIII, a Grã-Bretanha, a Flandres e a Holanda eram já auto-suficientes em cereais e gado. Uma nova grandeza de produção agrícola, associada a uma infra-estrutura cada vez mais eficaz, sustentava cidades florescentes e

O Longo Verão

populações rurais e urbanas em crescimento. Na Europa ocidental, apenas a França tinha ainda uma agricultura atrasada, numa época em que um clima cada vez mais instável tornava frequentes as más colheitas. Como aconteceu ao longo do Holocénico, a fome crescente levava à agitação social e à perda de legitimidade dos governantes. Neste caso, o caos social juntou-se ao esclarecimento filosófico para produzir a Revolução Francesa, que por sua vez influenciou o ideal americano da democracia e a ascensão dos Estados Unidos como potência económica e industrial.

As alterações climáticas da Pequena Idade do Gelo continuaram até à década de 40 do século XIX. A cataclísmica erupção do Monte Tambora no sudeste asiático em 1815 trouxe o famoso «ano sem Verão» de 1816. As décadas de 20 e 30 tiveram Primaveras e Verões mais quentes, com 1826 a registar o Verão mais quente entre 1676 e 1976. O Agosto de 1829 foi excepcionalmente frio e húmido. Inundações derrubaram pontes, arruinaram as colheitas e alteraram os cursos dos rios. No mesmo ano, o lago Constance na Suíça congelou completamente pela primeira vez desde 1740; só voltaria a acontecer no frio excepcional de 1963. O Inverno de 1837/8 foi tão rigoroso na Escandinávia que o gelo ligou o sul da Noruega ao porto de Skagen no norte da Dinamarca e estendeu-se a perder de vista para o oeste. Os mesmos desvios imprevisíveis prolongaram-se pela década de 40, com vários Invernos muito frios e Verões frescos. Mas depois de 1850 o clima aqueceu lenta e quase ininterruptamente, continuando até aos nossos dias. Graças a modernos instrumentos e a amplas bases de dados informáticas, sabemos que as temperaturas médias do planeta subiram entre 0,4 e 0,8º C desde 1860, e 0,2 e 0,3º C desde 1900 em algumas partes do globo. As temperaturas de Verão são agora iguais às leituras médias do Período Quente Medieval. Muitas pessoas acreditam que esta realidade é uma consequência de combustíveis fósseis e outros poluentes humanos, e não parte das revoluções naturais das alterações climáticas. Talvez tenham razão. Por exemplo, em simulações climáticas por computador, o aquecimento da temperatura terrestre que resultou de conhecidas alterações da radiação solar entre 1600 e o presente equivale apenas a 0,45º C. Menos de 0,25º C pode ser atribuído ao período entre 1900 e 1990, em que as temperaturas subiram 0,6° C. As alterações da radiação solar parecem ser responsáveis por menos de metade do aquecimento no século XX, bastante menos do que em séculos anteriores.

Em última análise, a causa do aquecimento é apenas um debate secundário. Vivemos no casulo da economia mundial, aparentemente esquecidos de ocorrências climáticas que podem matar milhares, numa época de explosão demográfica e em que as cidades são a forma dominante de povoamento humano. Com a Revolução Industrial, demos um passo gigantesco para uma era em que nos encontramos assustadoramente expostos a potenciais cataclismos, com a agravante de aparentemente sermos capazes de aquecer o planeta e aumentar a probabilidade de eventos climáticos extremos. Actualmente, mais de 200 milhões de pessoas vivem em terras pouco ou nada produtivas no nordeste do Brasil, no Sael sariano, Etiópia e muitas partes da Ásia. A desflorestação, ao ritmo aproximado da superfície do Arizona por ano, ameaça desverdecer a terra. Milhões de pessoas vivem em prédios altos, em habitações suburbanas ou bairros de lata em torno de cidades fortemente industrializadas e extremamente vulneráveis aos assaltos de tempestades e ciclones. Ao contrário dos Cro-Magnons, dos chumache, ou mesmo dos maias, nós não temos a alternativa de nos deslocarmos para outro lugar. Actualmente, as terras vizinhas estão cheias de vizinhos.

Que aconteceria, por exemplo, se a capa de gelo da Gronelândia libertasse toda a sua água para o Atlântico Norte e vedasse a Corrente do Golfo, como aconteceu durante a Dryas Jovem? Seria a Europa mergulhada em condições quase-árcticas no espaço de uma geração ou menos? Para onde iriam os actuais habitantes da Escandinávia, Alemanha, França, Holanda, Polónia, estados bálticos e Rússia? Do que se alimentariam? Há cientistas que acreditam na possibilidade de uma semelhante alteração climática.

O optimismo leva-nos a supor que nos adaptaremos a este mundo novo e mais vulnerável. O ser humano tem de facto uma capacidade impressionante de se adaptar a novas circunstâncias ambientais. No entanto, o optimismo esmorece em face da realidade demográfica. Dos seis mil milhões de pessoas que hoje habitam o planeta, centenas de milhões ainda subsistem de colheita em colheita, de chuva em chuva, como os agricultores da Idade da Pedra e da Idade do Bronze na Europa de há cinco mil anos. A fome é um perigo remoto na Europa e na América do Norte, com a sua agricultura à escala industrial e elaboradas infra-estruturas para fazer circular os alimentos por longas distâncias. Os agricultores de subsistência e os habitantes das cidades nos outros continentes, porém, vivem ainda sob a constante ameaça da fome.

Todos os anos, a comunicação social divulga histórias de fome e inundações, de milhares de pessoas perecendo em silêncio no nordeste de Africa ou no Bangladesh, enquanto o resto do mundo permanece indiferente. No Ocidente próspero e aparentemente invulnerável, os números são difíceis de assimilar. Tornar-se-ão ainda mais incompreensíveis se as temperaturas terrestres subirem acima dos níveis actuais, se os mares inundarem os litorais densamente povoados e forçarem milhões de pessoas a instalar-se no interior, ou se secas muito mais severas atingirem o Sael e outras zonas menos húmidas do planeta. Só podemos imaginar a mortandade numa época futura em que as mudanças climatéricas possam ser mais rápidas, mais extremas e completamente imprevisíveis por causa da interferência humana na atmosfera. Os milhões que morreram na fome da batata na Irlanda dos anos 40 do século XIX, ou as dezenas de milhões que morreram vítimas das monções na Índia no final do mesmo século, parecerão insignificantes.

O clima ajudou a moldar civilizações, mas não com benignidade. Os caprichos imprevisíveis do Holocénico agitaram as sociedades humanas e obrigaram-nas a adaptar-se ou a perecer. Este livro passou em revista exemplos de adaptações bem sucedidas, como a mudança para a agricultura durante a Dryas

Epílogo

Jovem no sudoeste da Ásia por volta de 10000 a.C., e da queda de Estados como o de Tihunaco, ambas em épocas de secas. As quedas surgiam muitas vezes como uma surpresa completa para governantes e elites que acreditavam na infalibilidade dos reis e adoptavam ideologias de governo inflexíveis.

Não existem razões para supor que já escapámos a esse processo de formação. A agricultura é hoje menos visível – o número de pessoas a cultivar alimentos caiu de 90% da mão-de--obra na Europa há quinhentos anos para menos de 3% nos Estados Unidos actualmente – mas ainda precisamos de comer. E agora a nossa vulnerabilidade estende-se muito além de apenas produzir alimentos: os nossos litorais sobrepovoados com arra-nha-céus e prédios de apartamentos, os nossos sistemas de comunicações e transportes, os nossos mundos abstractos de finanças, ensino e divertimento, encontram-se sujeitos ao clima do planeta de formas tanto manifestas como obscuras. Como muitas civilizações anteriores, recuámos apenas na escala, aceitando a vulnerabilidade aos desastres enormes e raros em troca de uma maior capacidade de lidar com perturbações mais pequenas e comuns como secas de curta duração e anos de precipitação excepcionalmente elevada.

Mas se nos transformámos num superpetroleiro entre socie-dades humanas, é um gigante estranhamente desatento. Apenas uma ínfima parte das pessoas a bordo está ocupada a cuidar dos motores. O resto está a comprar ou a vender mercadorias entre si, entretendo-se ou estudando o céu ou a hidrodinâmica do casco. As que se encontram no convés não têm mapas nem boletins meteorológicos, e nem sequer estão convencidas de que precisam deles; na verdade, as mais poderosas concordam com uma teoria que diz que as tempestades não existem, ou se existirem, as suas consequências serão inteiramente benignas, e as ondas crescentes e os albatrozes em fuga só podem ser encarados como um sinal da graça divina. Poucos dos que exercem o poder acreditam que as nuvens negras no horizonte tenham alguma coisa a ver com o seu destino, ou se preocupam com o facto de existirem barcos salva--vidas apenas para um em cada dez passageiros. E ninguém se atreve a segredar ao ouvido do timoneiro que ele pode tentar rodar o leme.

Notas

CAPÍTULO 1: O LIMIAR DA VULNERABILIDADE

(¹) Leonard Woolley descreveu Ur em vários livros populares. O seu *Ur of the Chaldees: A Record of Seven Years of Excavation* (1929; Nova Iorque: Norton, 1965), é um bom relato para o grande público. Samuel Kramer, *The Sumerians* (Chicago: University of Chicago Press, 1963) é uma excelente descrição popular da civilização suméria.

(²) Woolley, *Ur of the Chaldees*, p. 14.

(³) A arqueologia da Mesopotâmia é resumida por Susan Pollock, *Ancient Mesopotamia* (Cambridge: Cambridge University Press, 2000).

(⁴) Jay McCorriston e Frank Hole, «The Ecology of Seasonal Stress and the Origins of Agriculture in the Near East», *American Anthropologist* 93 (1991): 46-69.

(⁵) Harvey Weiss, «Beyond the Younger Dryas: Collapse as Adaptation to Abrupt Climate Change in Ancient West Asia and the Eastern Mediterranean», in Garth Bawdon e Richard Martin Reycraft, eds., *Environmental Disaster and the Archaeology of Human Response* (Albuquerque: Maxwell Museum of Anthropology, 2000), pp. 63-74.

(⁶) Este trecho baseia-se em *The Control of Nature* (Nova Iorque: Farrar, Straus, Giraux, 1989) de John A. McPhee, um elegante relato dos esforços para controlar as águas do Mississipi (*Big Muddy*).

(⁷) *Ibid.*, p. 5.

(⁸) John M. Barry, *The Great Mississippi Flood of 1927 and How It Changes America* (Nova Iorque: Simon and Schuster, 1997).

CAPÍTULO 2: A ORQUESTRA DA ÚLTIMA IDADE DO GELO

(¹) Ted Goebel, «The "microblade adaptation" and recolonization of Siberia during the later Upper Pleistocene», in *Thinking Small: Global Perspectives on Microlithization*, ed. R. G. Elston e S. L. Kuhn, pp. 117-131 (Arlington: American Anthropological Association, 2002).

O Longo Verão

(²) David Lewis-Williams, com *The Mind in the Cave: Consciousness and the Origins of Art* (Londres e Nova Iorque: Thames and Hudson, 2002), oferece uma útil descrição geral. Ver também Paul Bahn e Jean Vertut, *Images of the Ice Age* (Nova Iorque: Viking, 1988).

(3) O ambiente da Última Idade do Gelo na Europa é descrito em vários livros da especialidade. Os Cro-Magnons, os habitantes da Última Idade do Gelo da Europa central e ocidental, há cerca de 45 000 a 15 000 anos, receberam o nome do abrigo de rocha Cro-Magnon perto de Les Eyzies no sudoeste da França. Os trabalhadores que escavavam uma secção para uma via-férrea em 1868 encontraram uma série de restos mortais da Última Idade do Gelo na caverna. Assim o sítio forneceu um nome genérico para os primeiros homens modernos da Europa. Clive Gamble, *The Palaeolithic Societies of Europe* (Cambridge: Cambridge University Press, 1999), oferece um guia excelente para os Cro-Magnons e a sua complexa arqueologia.

(⁴) John Hoffecker, em *Desolate Landscapes* (New Brunswick, NJ: Rutgers University Press, 2002), oferece uma descrição geral dos ambientes da Última Idade do Gelo na Eurásia, também relevante para este caso.

(⁵) Richard Klein, *The Human Career*, 2.ª ed. (Chicago: University of Chicago Press, 1999). Ver também Christopher B. Stringer e R. McKie, *African Exodus* (Nova Iorque: Henry Holt, 1996) e Richard Klein e Blake Edgar, *The Dawn of Human Culture* (Nova Iorque: John Wiley, 2002).

(⁶) Existem muitos relatos populares sobre os Neandertais. O mais conhecido é de Christopher Stringer e Clive Gamble, *In Search of the Neanderthals* (Londres e Nova Iorque: Thames and Hudson, 1993).

(⁷) Lewis-Williams, *Mind in the Cave*, oferece uma descrição.

(⁸) Ver Lewis-Williams, *Mind in the Cave*, para um relato da controvérsia dos xamãs, com referências. Trata-se de uma questão muito debatida na literatura.

(⁹) Relatos úteis sobre paleoclimatologia e alterações climáticas pós-Idade do Gelo incluem: Raymond S. Bradley, *Paleoclimatology: Reconstructing Climates of the Quaternary*, 2.ª ed. (Nova Iorque: Academic Press, 1999), e Neil Roberts, *The Holocene: An Environmental History* 2.ª ed. (Oxford: Blackwell, 1998).

(¹⁰) Richard Alley, *The Two Mile Time Machine* (Princeton, NJ: Princeton University Press, 2000).

(¹¹) J. R. Petit *et al.*, «Climate and atmospheric history of the past 420,000 years from Vostok ice core, Antarctica», *Nature* 399 (1999): 429-436.

(¹²) O termo «Holocénio» deriva da palavra grega *holos*, que significa «recente», e refere-se convencionalmente aos dez milénios desde o final da Idade do Gelo. A fronteira técnica entre o que é chamado a Última Glaciação e o Holocénio é assinalada em diagramas de pólen antigo e por uma fenda em algumas capas de gelo escandinavas, de interesse apenas para os especialistas mais arcanos. Para os leigos, o Holocénio significa duas palavras: aquecimento global.

(¹³) Hoffecker, *Desolate Landscapes*, capítulo 2, oferece uma excelente descrição.

(¹⁴) Björn Kurtén, *Pleistocene Mammals in Europe* (Chicago: Aldine, 1968), é uma autoridade. Ver também Adrian Lister, Jean Auel e Paul Bahn, *Mammoths* (Nova Iorque: Hungry Minds, 1994).

Notas

(15) A agulha encontra-se bem atestada em sítios arqueológicos ocupados há 25 000 anos, mas é possível que já fosse usada há 30 000 anos (John Hoffecker, relato pessoal).

(16) Um relato interessante do vestuário esquimó encontra-se em Richard K. Nelson, *Hunters of the Northern Ice* (Chicago: University of Chicago Press, 1969), capítulo 7.

(17) Esta secção baseia-se em Hoffecker, *Desolate Landscapes*, capítulo 6.

(18) Habilmente descritas por Olga Soffer, *The Upper Palaeolithic of the Central Russian Plains* (Nova Iorque: Academic Press, 1985). Também Hoffecker, *Desolate Landscapes*, capítulo 6.

(19) Ultimamente tem-se assistido a uma proliferação de investigações arqueológicas no extremo nordeste da Sibéria e a uma concomitante explosão de bibliografia. Por exemplo, ver Ted Goebel, «Pleistocene human colonization of Siberia and peopling of the Americas: An ecological approach», *Evolutionary Anthropology* 8(6) (1999): 208-227. Também John Hoffecker e Scott A. Alias, «Environment and archaeology in Beringia», *Evolutionary Anthropology* 12(1) (2003): 34-49. Agradeço a John Hoffecker a estimulante discussão sobre estes temas.

(20) A datação por espectometria de massa com acelerador e a calibração através de anéis de árvores de datas por radiocarbono encontram-se descritas em todos os manuais básicos de métodos e teorias. Ver, por exemplo, Colin Renfrew e Paul Bahn, *Archaeology*, 3.ª ed. (Londres e Nova Iorque: Thames and Hudson, 2000), e Brian Fagan e Christopher DeCorse, *In the Beginning*, 11.ª ed. (Upper Saddle River, NJ: Prentice Hall, 2004).

(21) O melhor ponto de partida para estas investigações é John Hoffecker e Scott Elias, *op. cit.* (2003).

CAPÍTULO 3: O CONTINENTE VIRGEM

(1) A situação da ligação terrestre de Bering encontra-se bem resumida nos ensaios de David A. Hopkins, ed., *The Paleoecology of Beringia* (Nova Iorque: Academic Press, 1992), embora, evidentemente, tenham surgido recentemente muitos outros ensaios em revistas.

(2) As controvérsias encontram-se resumidas em muita literatura popular, que oferece guias para referências técnicas. Por exemplo: James Adovasio com Jake Page, *The First Americans* (Nova Iorque: Random House, 2002), e Tom Dillehay, *The Settlement of the Americas* (Nova Iorque: Basic Books, 2001).

(3) As provas genéticas e linguísticas são objecto de muito debate. Para a genética, ver Jason A. Eshleman, Ripan S. Malhi e David Glenn Smith, «Mitochondrial DNA studies of Native Americans: Conceptions and misconceptions of the population prehistory of the Americas». *Evolutionary Anthropology* 12(1) (2003): 7-18. Para as línguas, ver Terrence Kaufman e Victor Golla, «Language groupings in the New World: Their reliability and usability in cross-disciplinary studies», in

O Longo Verão

Colin Renfrew, ed., *America Past, America Present: Genes and Languages in the Americas and Beyond* (Cambridge: McDonald Institute for Archaeological Research), pp. 57-67.

[4] Richard Morlan, *Taphonomy and Archaeology in the Upper Pleistocene of the Northern Yukon Territory: A Glimpse into the Peopling of the New World* (Otava: National Museum of Man, 1979), p. 3.

[5] Brian M. Fagan, *The Great Journey* (Londres e Nova Iorque: Thames and Hudson, 1987).

[6] Paul S. Martin e Henry Wright, eds., *Pleistocene Extinctions: Search for a Cause* (New Haven, CT: Yale University Press, 1967). Ver também Paul S. Martin e Richard Klein, eds., *A Pleistocene Revolution* (Tucson: University of Arizona Press, 1974). Prolifera ainda muita bibliografia sobre este assunto espinhoso.

[7] Existem vários relatos etnográficos de antigas caçadas aos coelhos. Ver, por exemplo, Robert F. Heizer, ed., *Handbook of North American Indians, Volume 8: California* (Washington, DC: Smithsonian Institute, 1978).

[8] Hoffecker e Elias, «Environment and archaeology in Beringia».

[9] Nancy H. Bigelow e Mary E. Edwards, «A 14,000-year paleoenvironmental record from Windmill Lake, Central Alaska: Evidence for high frequency climatic and vegetation variation», *Quaternary Science Reviews* 20 (2001): 203--215.

[10] A antiga arqueologia do Alasca: David R. Yesner. «Human dispersal into interior Alaska: Antecedent conditions, mode of colonization, and adaptations», *Quaternary Science Reviews* 20 (2001): 310-327.

[11] Richard Alley, *The Two Mile Time Machine* (Princeton, NJ: Princeton University Press, 2000), p. 126; sobre os eventos de Heinrich, ver pp. 153-155. Também Wallace S. Broecker, «Massive iceberg discharges as triggers for global climatic changes», *Nature* 372 (1993): 421.

[12] Thomas Canby, «The search for the first Americans», *National Geographic Magazine* 156 (1979): 330-363.

[13] Toda a questão do povoamento do litoral das Américas é limitada por falta de provas arqueológicas. Dillehay, *Settlement of the Americas*, pp. 66-71, inclui uma discussão. Para a Pequena Idade do Gelo e os dogres, ver Brian Fagan, *The Little Ice Age* (Nova Iorque: Basic Books, 2001), pp. 74-76.

[14] Provas deste povoamento encontram-se resumidas em Brian Fagan, *People of the Earth*, 11.ª ed. (Upper Saddle River, NJ: Prentice Hall, 2004), capítulo 6.

[15] Richard B. Lee, *The !Kung San* (Cambridge: Cambridge University Press, 1979).

[16] Adovasio, *First Americans*, pp. 146-188, descreve Meadowcroft e as suas controvérsias.

[17] Adovasio, *First Americans*, p. 267.

[18] Thomas Dillehay, *Monte Verde: A Late Pleistocene Settlement in Chile*, 2 vols. (Washington, DC: Smithsonian Institution Press, 1997).

[19] Hoffecker, *Desolate Landscapes*, p. 51.

[20] Para um resumo útil, ver Donald Grayson, «The archaeological record of human impact on animals», *Journal of World Prehistory* 15(1) (2001): 1-68.

Notas

CAPÍTULO 4: A EUROPA DURANTE O GRANDE AQUECIMENTO

([1]) Uma série de artigos de Wallace Broecker é de grande valor. «Chaotic climate», *Scientific American* (Novembro 1995): 62-68, analisa a Grande Esteira Portadora do Oceano; «What drives climatic cycles?», *Scientific American* (Janeiro 1990): 49-56, analisa ligações entre o oceano, a atmosfera e as alterações climáticas da Idade do Gelo. George Philander, *Is the Temperature Rising* (Princeton, NJ: Princeton University Press, 1998), oferece um resumo.

([2]) Jean Lynch-Stieglitz, William B. Currey e Niall Slowey, «Weaker Gulf Stream in the Florida Straits during the last glacial maximum», *Nature* 402 (1999): 644-648.

([3]) Ver referências na nota 1. Também: W. S. Broecker *et al.*, «Routing of meltwater from the Laurentide ice sheet during the Younger Dryas», *Nature* 341 (1989): 318-21. Ver também J. T. Teller *et al.*, «Meltwater and precipitation runoff to the North Atlantic, Arctic, and Gulf of Mexico from the Laurentide ice sheet and adjacent regions during the Younger Dryas», *Paleoceanography* 5 (1990): 897-905.

([4]) Lawrence Guy Strauss, «The archaeology of the Pleistocene-Holocene transition in southwest Europe», in Lawrence Strauss, Berit Eriksen, John M. Erlandson, e David Yesner, eds., *Humans at the end of the Ice Age* (Nova Iorque: Plenum, 1996), pp. 83-100. Ver também Martin Street *et al.*, «Final Paleolithic and Mesolithic research in reunified Germany», *Journal of World Prehistory* 15(4) (2001): 365-453.

([5]) Para uma descrição geral, ver David Lewis-Williams, *The Mind in the Cave: Consciousness and the Origins of Art* (Londres e Nova Iorque: Thames and Hudson, 2002).

([6]) Neil Roberts, *The Holocene: An Environmental History*, 2.ª ed. (Oxford: Blackwell, 1998), capítulos 3 e 4.

([7]) M. C. Burkitt, «A Maglemose harpoon dredged up from the North Sea», *Man* 238(1932): 99.

([8]) Roberts, *The Holocene*, pp. 68ss.

([9]) Para um excelente resumo com estes exemplos, ver Roberts, *The Holocene*, capítulos 2 e 4.

([10]) Michael Williams, *Deforesting the Earth* (Chicago: University of Chicago Press, 2002), defende esta opinião.

([11]) Roberts, *The Holocene*, pp. 81ss, resume.

([12]) Roberts, *The Holocene*, p. 110.

([13]) Berit Valentin Eriksen, «Resource exploitation, subsistence strategies, and adaptiveness in late Pleistocene-early Holocene northwest Europe», in Lawrence Strauss, Berit Eriksen, John M. Erlandson, and David Yesner, eds., *Humans at the End of the Ice Age* (Nova Iorque: Plenum, 1996), pp. 79-100.

([14]) John Speth, *Bison Kills and Bone Counts* (Chicago: University of Chicago Press, 1983), apresenta uma análise fascinante da gordura, produção de carne e caça aos bisontes na América do Norte com grande relevância para esta discussão.

([15]) Uma vasta bibliografia aborda o arco e a flecha. J.-G. Rozey, «The revolution of the bowmen in Europe», in Clive Bonsall, ed., *The Mesolithic in*

O Longo Verão

Europe (Edimburgo: John Donald, 1989), pp. 13-28, oferece um excelente resumo com relevância para este capítulo.

([16]) Saxton T. Pope, *Hunting with the Bow and Arrow* (Berkeley: University of California Press, 1923), é uma obra clássica baseada nas experiências de Pope com Ishi, um índio da Califórnia.

([17]) Um excelente resumo dos sítios Ahrensburg encontra-se em Klaus Breest e Stephan Veil, «Some new thoughts on old data on humans and reindeer in the Ahrensburgian Tunnel Valley in Schleswig-Holstein, Germany», in N. Barton, A. D. Roberts e D. A. Roe, eds., *The Late Glacial in North-west Europe* (Londres: Council for British Archaeology, 1991), pp. 1-6.

([18]) Bodil Bratlund, «A study of hunting lesions containing flint fragments on reindeer bones at Stellmoor, Schleswig-Holstein, Germany», in N. Barton, A. D. Roberts e D. A. Roe, eds., *The Late Glacial in North-west Europe* (Londres: Council for British Archaeology, 1991), pp. 193-207.

CAPÍTULO 5: A SECA DE MIL ANOS

([1]) Ofer Bar-Yosef, «The Impact of late Pleistocene-early Holocene climate changes on humans in Southwest Asia», in Lawrence Guy Straus *et al.*, eds., *Humans at the End of the Ice Age* (Nova Iorque: Plenum Press, 1996), pp. 61-78, constitui um bom resumo.

([2]) Dorothy Garrod é um dos heróis pouco celebrados da arqueologia da Idade da pedra. Foi a primeira mulher no mundo a ser nomeada professora catedrática de arqueologia pré-histórica e, ainda por cima, para a prestigiada Cátedra Disney na Universidade de Cambridge. É sobretudo lembrada pelo seu trabalho no Monte Carmelo em finais da década de 20 e início da década de 30 do século passado, que revelaram os restos mortais Neandertais. Para um excelente relato dos kebarenses e seus sucessores, ver Donald O. Henry, *From Foraging to Agriculture* (Filadélfia: University of Pennsylvania Press, 1989).

([3]) Bar-Yosef, «Impact of late Pleistocene-early Holocene climate changes», p. 75.

([4]) Ofer Bar-Yosef e François R. Valla, eds., *The Natufian Culture in the Levant* (Ann Arber, MI: International Monographs in Prehistory, Archaeological Series 1, 1991).

([5]) Para um resumo elementar sobre bolotas, ver Sarah Mason, «Acornutopia? Determining the role of acorns in past human subsistence», in John Wilkins, David Harvey e Mike Dobson, eds., *Food in Antiquity* (Exeter: University of Exeter Press, 1995), pp. 7-13. Ver também a visão geral em Brian Fagan, *Before California: An Archaeologist Looks at Our Earliest Ancestors* (Walnut Creek, CA: AltaMira Press, 2003), capítulo 6.

([6]) Walter Goldschmidt, «Nomlaki ethnography», *University of California Publications in American Archaeology and Ethnology* 42(4) (1951): 303-433.

([7]) Bar-Yosef e Valla, *Natufian Culture in the Levant*, pp. 27ss.

Notas

(⁸) Andrew M. T. Moore, *Village on the Euphrates: From foraging to Farming at Abu Hureyra* (Nova Iorque: Oxford University Press, 2000). Esta monografia exemplar e os relatórios de especialistas como o botânico Gordon Hillman e outros constituem a base para as descrições de Abu Hureyra neste capítulo.

(⁹) Este relato do Lago Agassiz baseia-se em S. W. Hostetler *et al.*, «Simulated influences of Lake Agassiz on the climate of central north America 11,000 years ago», *Nature* 405 (2000): 334-337.

(¹⁰) W. S. Broecker *et al.*, «Routing of meltwater from the Laurentide ice sheet during the Younger Dryas», *Nature* 341 (1989): 318-21. Ver também J. T. Teller *et al.*, «Meltwater and precipitation runoff to the North Atlantic, Arctic, and Gulf of Mexico from the Laurentide ice sheet and adjacent regions during the Younger Dryas», *Paleoceanography* 5 (1990): 897-905. Para a controvérsia da Antártida, ver Andrew J. Weaver *et al.*, «Meltwater Pulse 1A from Antárctica as a trigger of the Bolling-Allerod Warming», *Science* 299 (2003): 1709-1713.

(¹¹) H. Renssen, «The climate in the Netherlands during the Younger Dryas and Preboreal: Means and extremes obtained with an atmospheric general circulation model», *Netherlands Journal of Geosciences* 80(2) (2001): 19-30. Ver também Dan Hammarlund *et al.*, «Climate and environment during the Younger Dryas (GS-1) as reflected by composite stale isotope records of lacustrine carbonates at Torreberga, southern Sweden», *Journal of Quarternary Sciences* 14(1) (1999): 17-28.

(¹²) Esta secção baseia-se em Moore, capítulo 12.

(¹³) J. R. Harlan, «A wild wheat harvest in Turkey», *Archaeology* 19(3) (1967): 197-201.

(¹⁴) M. R. Heun *et al.*, «Site of einkorn wheat domestication identified by DNA fingerprinting», *Science* 278 (1997): 1312-14.

(¹⁵) Gordon Hillman e M. S. Davis, «Measured domestication rates in wild wheats and barley under primitive conditions, and their archaeological implications», *Journal of World Prehistory* 4(2) (1990): 157-222.

(¹⁶) Theya Molleson, «The eloquent bones of Abu Hureyra», *Scientific American* 217(2) (1994): 70-75.

CAPÍTULO 6: O CATACLISMO

(¹) R. J. Braidwood e L. S. Braidwood, eds., *Prehistoric Archaeology Along the Zagros Flanks* (Chicago: University of Chicago Press, 1983), capítulo 1.

(²) Melinda A. Zeder *et al.*, *Documenting Domestication: New Genetic and Archaeological Paradigms* (Washington, DC: Smithsonian Institution Press, 2002).

(³) Kathleen Kenyon, *Excavation at Jericho, Vol. 3.* (Jerusalém: British School of Archaeology, 1981). Ver também Henry, *op. cit.* (1989).

(⁴) Assunto abordado com mais pormenor em Brian Fagan, *From Black Land to Fifth Sun* (Reading, MA: Helix Books, 1998), pp. 81-83.

(⁵) Existe hoje muita literatura sobre a obsidiana. A primeira publicação sobre o assunto foi de Colin Renfrew, J. F. Dixon e J. R. Cann, «Obsidian and Early

O Longo Verão

Cultural Contact in the Near East», *Proceedings of the Prehistoric Society* 32 (1966): 1-29. Ver também a abordagem em Fagan, *From Black Land to Fifth Sun*, capítulo 7.

([6]) James Mellaart, *Çatal Hüyük* (Nova Iorque: McGraw Hill, 1967); Ian Hodder, *On the Surface: Çatalhöyük 1993-95* (Cambridge, England: McDonald Institute for Archaeological Research, 1996). A grafia para o sítio na referência de Hodder é a mais comum actualmente.

([7]) Hostetler *et al.*, «Simulated influences of Lake Agassiz on the climate of central north America 11,000 years ago», *Nature* 405 (2000): 334-337.

([8]) A descrição do lago Euxino e do resultante cataclismo baseia-se em William Ryan e Walter Pitman, *Noah's Flood: The New Scientific Discoveries About the Event That Changed History* (Nova Iorque: Simon & Schuster, 1999).

([9]) Alisdair Whittle, «The First Farmers», in Barry Cunliffe, ed., *Prehistoric Europe: An Illustrated History* (Oxford: Oxford University Press, 1994), pp. 136--168.

([10]) Whittle, «First Farmers».

([11]) Esta descrição baseia-se em Ryan e Pitman, *Noah's Flood*, capítulo 8.

([12]) Whittle, «First Farmers». Ver também Andrew Sherratt, *Economy and Society in Prehistoric Europe: Changing Perspectives* (Princeton, NJ: Princeton University Press, 1997), capítulo 11.

([13]) Whittle, «First Farmers». Também, Sherratt, *Economy and Society in Prehistoric Europe*, pp. 339ss.

([14]) Uma descrição lírica encontra-se em Simon Schama, *Landscape and Memory* (Nova Iorque: Knopf, 1995), p. 115.

([15]) Para as consequências do fogo ver Michael Williams, *Deforesting the Earth* (Chicago: University of Chicago Press, 2002), e Stephen J. Pyne, *Vestal Fire: An Environmental History Told Through Fire, of Europe and Europe's Encounter with the World* (Seattle: University of Washington Press, 1997).

([16]) Whittle, «First Farmers», inclui um resumo da bibliografia.

([17]) Para esta investigação, ver R. Alexander Bentley, Chikhi Lounes e T. Douglas Price, «The Neolithic transition in Europe: Comparing broad scale genetic and local scale isotopic evidence», *Antiquity* 77(295) (2003): 112-117. Também T. Douglas Price *et al.*, «Prehistoric human migration in the *Linearbankeramik* of Central Europe», *Antiquity* 75(289) (2001): 593-603.

([18]) Williams, «First Farmers», inclui uma análise definitiva.

([19]) Williams, «First Farmers».

([20]) Sherratt, *Economy and Society in Prehistoric Europe*, capítulo 13.

([21]) Caroline Malone, *Avebury* (Londres: English Heritage, 1989), é a melhor exposição popular. Ver também Alisdair Whittle, «The Neolithic of the Avebury area: Sequence, environment, settlement, and monuments», *Oxford Journal of Archaeology* 12(1) (1993): 29-53.

([22]) Stuart Piggott, *The West Kennet Long Barrow Excavations 1955-6* (Londres: Her Majesty's Stationary Office, 1963).

Notas

CAPÍTULO 7: SECAS E CIDADES

(1) A bibliografia sobre a Mesopotâmia é numerosa. Charles K. Maisels, *The Near East: Archaeology in the «Cradle of Civilization»* (Londres: Routledge, 1993). Ver também do mesmo autor, *The Emergence of Civilization* (Londres: Routledge, 1999).

(2) Nicholas Postgate, *Early Mesopotamia: Economy and Society at the Dawn of History* (Londres: Kegan Paul, 1993).

(3) Leonard Woolley escreveu imenso sobre Ur. A sua obra *Excavations at Ur* (Nova Iorque: Scribners, 1930) é bastante popular. Ver também Brian Fagan, *Return to Babylon* (Boston: Little Brown, 1979), para o contexto histórico geral.

(4) Samuel Kramer, *The Sumerians* (Chicago: University of Chicago Press, 1963), continua a ser a melhor fonte popular sobre a literatura suméria. Citação da p. 56.

(5) Harvey Weiss, «Beyond the Younger Dryas: Collapse as adaptation to abrupt climate change in ancient west Asia and the eastern Mediterranean», in Garth Bawdon e Richard Martin Reycraft, eds., *Environmental Disaster and the Archaeology of Human Response* (Albuquerque: Maxwell Museum of Anthropology, 2000), pp. 63-74.

(6) Weiss, «Beyond the Younger Dryas».

(7) Weiss, «Beyond the Younger Dryas».

(8) Identificado pela primeira vez por Leonard Woolley. Ver Susan Pollock, *Ancient Mesopotamia: The Eden That Never Was* (Cambridge: Cambridge University Press, 1999), capítulo 3.

(9) Frank Hole, «Environmental instabilities and urban origins», in Gil Stein e M. S. Rothman, eds., *Chiefdoms and Early States in the Near East: The Organizational Dynamics of Complexity* (Madison, WI: Prehistory Press, 1994), pp. 121-143. Ver também McCorriston e Hole, *op. cit.* 1991.

(10) Joy McCorriston e Frank Hole, «The Ecology of Seasonal Stress and the Origins of Agriculture in the Near East», *American Anthropologist* 93(1991): 46-69.

(11) Mike Davis, *Late Victorian Holocausts* (Nova Iorque: Verso, 2001), parte 1, oferece uma análise da fome vitoriana notável e verdadeiramente assustadora nas suas implicações para os nossos tempos.

(12) McCorriston e Hole, «Ecology of Seasonal Stress», p. 51.

(13) McCorriston e Hole, «Ecology of Seasonal Stress», p. 52.

(14) Hole, «Environmental instabilities».

(15) Pollock, *Ancient Mesopotamia*. Para um bom resumo da religião suméria, ver Kramer, *The Sumerians*, capítulo 5.

(16) Kramer, *The Sumarians*, p. 77.

(17) Kramer, *The Sumerians*, p. 78.

(18) Robert McC. Adams, *Heartland of Cities* (Chicago: University of Chicago Press, 1981).

(19) Esta disputa foi descrita por J. S. Cooper, *Reconstructing History from Ancient Inscriptions: The Lagash-Umma Border Dispute* (Malibu, CA: Undena Publications, 1983).

O Longo Verão

([20]) Guillermo Algaze, «The Uruk expansion», *Current Anthropology* 30(5) (1989): 571-608.

([21]) Fagan, *Return to Babylon*, capítulos 9 e 10.

([22]) Referências fundamentais sobre os acadianos são Mario Liverani, ed., *Akkad: the First World Empire* (Pádua: Sargon, 1993). Ver também Hans J. Nissen, «Settlement patterns and material culture of the Akkadian period: Continuity and discontinuity», in Mario Liverani, ed., *Akkad: The First World Empire* (Pádua: Sargon, 1993), pp. 91-106. Também Piotr Steinkeller, «Early political development in Mesopotomia and the origins of the Sargonic empire», in Leverani, ed., *Akkad*, pp. 107-130.

([23]) Esta secção baseia-se em Harvey Weiss e Marie-Agnès Courty, «The genesis and collapse of the Akkadian empire: The accidental refraction of historical law», in Mario Liverani, ed., *Akkad: The First World Empire* (Pádua: Sargon, 1993), pp. 131-156. Também em Weiss, «Beyond the Younger Dryas». Ver também Harvey Weiss *et al.*, «The genesis and collapse of third millennium north Mesopotamian civilization», *Science* 261 (1993): 995-1004.

([24]) Resumido por Barbara Bell, «The Dark Ages in ancient history, I. The first Dark Age in Egypt», *American Journal of Archaeology* 75 (1971): 1-26.

CAPÍTULO 8: DÁDIVAS DO DESERTO

([1]) Neil Roberts, *The Holocene: An Environmental History*, 2.ª ed. (Oxford: Blackwell, 1998), pp. 115-120.

([2]) A ideia de uma bomba sariana vem de Neil Roberts, «Pleistocene environments in time and space», in Robert Foley, ed., *Community Ecology and Human Adaptation in the Pleistocene* (Londres: Academic Press, 1984), pp. 25-53.

([3]) Andrew R. Smith, *Pastoralism in Africa* (Londres: Hurst, 1992).

([4]) Roberts, *The Holocene*, p. 116.

([5]) Existem inúmeras descrições das pinturas rupestres do Sara. Um resumo recente e admirável é de Alfred Muzzolini, «Saharan Africa», in David Whitley, ed., *Handbook of Rock Art Research* (Walnut Creek, CA: AltaMira Press), pp. 605-636. Uma ampla bibliografia acompanha o artigo.

([6]) Fred Wendorf, Romauld Schild e Angela Close, *Loaves and Fishes: The Prehistory of Wadi Kubbaniya* (Dallas: Southern Methodist University Press, 1986), descreve em resumo este importante sítio.

([7]) J. Desmond Clark, «A Re-examination of the evidence for agricultural origins in the Nile Valley», *Proceedings of the Prehistoric Society* 37([2]) (1971): 34-79.

([8]) Rudolph Kuper, ed., *Forschungen zur Umweltgeschichte der Ostsahara* (Colónia: Heinrich Barth Intitut, 1989).

([9]) Stephan Kröpelan, «Untersuchungen zum Sedimentationsmilieu von Playas im Gilf Kebir (Südwest Ägypten),» in Kruger, ed., *Forschungen*, pp. 183-306; Katharina Neumann, «Vegetationsgeschichte der Ostsahara im Holozän Holkzkohlen aus prähistorischen Fundstellen», in Kuper, ed., *Forschungen*, pp. 13-182. Também: Compton J. Tucker, Harold E. Dregne e Wilbur W. Newcomb,

Notas

«Expansion and contraction of the Sahara Desert from 1980 to 1990», *Science* 253(1991): 299-301; Wim Van Neer e Hans-Peter Uerpmann, «Palaeoecological significance of the Holocene faunal remains of the B.O.S. missions», in Kuper, ed., *Forschungen*, pp. 307-341.

[10] Smith, *Pastoralism in Africa*, (1992).

[11] Descritos em Kuper, *Forschungen*.

[12] *War Commentaries of Julius Caesar*, trad. Rex Warner (Nova Iorque: New American Library, 1963), p. 222.

[13] Investigações citadas em Smith, *Pastoralism in Africa*, capítulo 7.

[14] Smith, *Pastoralism in Africa*, capítulo 7.

[15] Fred Wendorf *et al.*, *Cattle Keepers of the Eastern Sahara: The Neolithic of Bir Kiseiba* (Dallas: Southern Methodist University Press, 1984).

[16] Um bom resumo das provas da domesticação do Sara encontra-se em Fiona Marshall e Elizabeth Hildebrand, «Cattle before crops: The beginnings of food production in Africa», *Journal of World Prehistory* 16(2) (2002): 99-143. Ver também os ensaios em Fekri Hassan, ed., *Droughts, Food, and Culture* (Nova Iorque: Plenum/Kluwer, 2002); Karim Sadr, «Ancient pastoralists in the Sudan and in South Africa», *Tides of the Desert: Contributions to the Archaeological and Environmental History of Africa in Honour of Rudolph Kuper*, ed. Jennerstrasse 8 (Colónia: Heinrich-Barth-Institut, 2002), pp. 471-484.

[17] Marshall e Hildebrand, «Cattle before crops».

[18] Marshall e Hildebrand, «Cattle before crops».

[19] As culturas pré-dinásticas do Egipto têm sido descritas por muitos autores. Fekri Hassan, «The Pre-Dynastic of Egypt», *Journal of World Prehistory* 2(2) (1988): 135-186, é um excelente ponto de partida.

[20] Um relato da cultura badariana realçando, polemicamente, as suas actividades pastorícias encontra-se em Toby Wilkinson, *Genesis of the Pharaohs* (Londres e Nova Iorque: Thames and Hudson, 2003).

[21] Wilkinson, *Genesis of the Pharaohs*, apresenta esta datação e os argumentos controversos que se seguem.

[22] Descritas por Barry Kemp, *Ancient Egypt: The Anatomy of a Civilization* (Londres: Routledge, 1989), provavelmente a melhor análise do antigo Egipto alguma vez escrita.

[23] Descritos por Hassan, «The Pre-Dynastic of Egypt».

[24] William Willcocks, *Sixty Years in the East* (Londres: Blackwell, 1935).

[25] Analisado por Kemp, *Ancient Egypt*. Também Michael A. Hoffman *et al.*, *The Pre-dynastic of Hierakonopolis* (Cairo: Egyptian Studies Association, 1982).

CAPÍTULO 9: A DANÇA DE AR E OCEANO

[1] A história do El Niño é descrita em César N. Caviedes, *El Niño in History: Storming Through the Ages* (Gainesville: University Press of Florida, 2001). Ver também Brian Fagan, *Floods, Famines, and Emperors: El Niño and the Collapse of Civilizations* (Nova Iorque: Basic Books, 1999).

O Longo Verão

(²) George Philander, *Is the Temperature Rising?* (Princeton, NJ: Princeton University Press, 1998).

(³) Michael Glantz, *Currents of Change: Impacts of El Niño and La Niña on Climate and Society*, 2.ª ed. (Cambridge: Cambridge University Press, 2001), é uma óptima fonte básica sobre os eventos ENSO.

(⁴) Jay S. Fein e Pamela L., Stephens, eds., *Monsoons* (Nova Iorque: John Wiley, 1987), é um bom ponto de partida para este tema.

(⁵) Mike Davis, *Late Victorian Holocausts* (Nova Iorque: Verso, 2001).

(⁶) Barry Kemp, *Ancient Egypt: The Anatomy of a Civilization* (Londres: Routledge, 1989), p. 43, onde se encontra um admirável ensaio sobre a realeza egípcia.

(⁷) Fekri Hassan, «Nile floods and political disorder in early Egypt», in H. Nüzhet Dalfes, George Kulka e Harvey Weiss, eds., *Third Millennium B.C. Climate Change and Old World Collapse* (Berlim: Springer-Verlag, 1994), pp. 1-24.

(⁸) Esta secção baseia-se em Barbara Bell, «The Dark Ages in ancient history, I. The first Dark Age in Egypt», *American Journal of Archaeology* 75 (1971): 1-26; e em «Climate and history of Egypt: The Middle Kingdom», *American Journal of Archaeology* 79 (1975): 223-269, da mesma autora.

(⁹) Bell, «Dark Ages in ancient history», onde se encontram as referências das citações.

(¹⁰) *The Admonitions of Ipuwer* (Papyrus Leiden 334) encontram-se publicadas em Miriam Lichtheim, *Ancient Egyptian Literature: A Book of Readings*, 3 vols. (Berkeley: University of California Press, 1973-1980).

(¹¹) Harvey Weiss, «Beyond the Younger Dryas: Collapse as adaptation to abrupt climate change in ancient west Asia and the eastern Mediterranean», in Garth Bawdon e Richard Martin Reycraft, eds., *Environmental Disaster and the Archaeology of Human Response* (Albuquerque: Maxwell Museum of Anthropology, 2000), pp. 63-74.

(¹²) O naufrágio de Uluburun encontra-se descrito em muitos artigos. Para um relato popular, ver Brian Fagan, *Time Detectives* (Nova Iorque: Simon & Schuster, 1995), capítulo 9.

(¹³) Cartas de Amarna: Raymond Cohen e Raymond Westbrook, eds., *Amarna Diplomacy: The Beginnings of International Relations* (Baltimore: Johns Hopkins University Press, 2000), p. 112.

(¹⁴) Trevor Bryce, *The Kingdom of the Hittites* (Oxford: Clarendon Press, 1998), oferece uma excelente descrição geral da civilização hitita. Ver também O. R. Gurney, *The Hittites* (Londres e Nova Iorque: Thames and Hudson, 1990).

(¹⁵) Rhys Carpenter, *Discontinuity in Greek Civilization* (Cambridge: Cambridge University Press, 1966).

(¹⁶) Reid A. Bryson, Hubert H. Lamb e D. L. Donley, «Drought and the decline of Mycenae», *Antiquity* 467 (1974): 46-50.

(¹⁷) Barry Weiss, «The decline of Bronze Age civilization as a possible response to climatic change», *Climatic Change* 4(2) (1982): 173-198.

(¹⁸) Robert Fagles, *op cit.* Livro 18 (1990), p. 485.

Notas

(^{19}) William Taylour, *The Mycenaeans*, 2.ª ed. (Londres e Nova Iorque: Thames and Hudson, 1990), oferece uma boa descrição geral sobre a civilização micénica.

(^{20}) Tucídides, *History of the Peloponnesian War*, trad. Charles Foster Smith (Cambridge, MA: Harvard University Press, 1935), p. 3.

(^{21}) Michael C. Astour, «New evidence on the last days of Ugarit», *American Journal of Archaeology* 69 (1965): 253-258.

(^{22}) Brian Fagan, *Egypt of the Pharaohs* (Washington, DC: National Geographic Society, 2000), pp. 249-252.

CAPÍTULO 10: CELTAS E ROMANOS

(^{1}) Amiano Marcelino (330-395 d.C.) foi o último grande historiador do império romano. Citação de *Ammianus Marcellinus*, trad. John C. Rolfe (Cambridge, MA: Harvard University Press, 1958-63), vol. 3, p. 111.

(^{2}) Carole E. Crumley e William H. Marquandt, eds., *Regional Dynamics: Burgundian Landscapes in Historical Perspective* (San Diego: Academic Press, 1987). O capítulo de Crumley, «Celtic Settlement Before the Conquest: The Dialectics of Landscape and Power», pp. 237-264, é importante para esta secção.

(^{3}) Anthony Harding, «Reformation in Barbarian Europe, 1300-60 B.C.», in Barry Cunliffe, ed., *Prehistoric Europe: An Illustrated History* (Oxford: Oxford University Press, 1994), pp. 304-335.

(^{4}) Bent Aaby, «Cyclical climatic variations in climate over the past 5500 years reflected in raised bogs», *Nature* 263 (1976): 281-284.

(^{5}) Citado em Sigurdur Thoraninsson, *The Eruption of Hekla, 1947-1948* (Reiquejavique: H. F. Leiftur, 1967), p. 6.

(^{6}) Para o Helka, ver Zelle Zeilinga de Boer e Donald Theodore Sanders, *Volcanoes in Human History: The Far-reaching Effects of Major Eruptions* (Princeton, NJ: Princeton University Press, 2002), capítulo 5.

(^{7}) As observações climatéricas de Franklin são o tema do seu ensaio «Meteorological imaginations and conjectures», incluído em John Bigelow, ed., *The Complete Works of Benjamin Franklin* (Nova Iorque: G. P. Putman, 1888), p. 488.

(^{8}) A erupção do monte Tambora é descrita em Brian Fagan, *The Little Ice Age* (Nova Iorque: Basic Books, 2001), capítulo 10.

(^{9}) Jane Dunn, *Moon in Eclipse: A Life of Mary Shelley* (Londres: Weidenfeld and Nicholson, 1978), p. 271.

(^{10}) Johann Huizinga, *The Autumn of the Middle Ages* (Chicago: University of Chicago Press), pp. 1-2 [trad. portuguesa: *O Declínio da Idade Média*, Lisboa, Ulisseia, 1996].

(^{11}) Uma descrição algo ultrapassada do Homem do Gelo aparece em Konrad Spindler, *The Man in the Ice* (Nova Iorque: Crown, 1994). Revelações posteriores encontram-se em obras da especialidade.

(^{12}) Andrew Fleming, «The prehistoric landscape of Dartmoor. Part 1: South Dartmoor», *Proceedings of the Prehistoric Society* 44 (1978): 97-123. Também, do

O Longo Verão

mesmo autor, «The prehistoric landscape of Dartmoor. Part 2: North and East Dartmoor», *Proceedings of the Prehistoric Society* 49 (1983): 195-242. Abordado também por Neil Roberts, *The Holocene: An Environmental History*, 2.ª ed. (Oxford: Blackwell, 1998), pp. 198-199.

([13]) Abordado por Bas van Geel *et al.*, «The role of solar forcing upon climate change», *Quaternary Science Review* 18 (1999): 331-338. O Mínimo de Maunder é abordado em Fagan, *The Little Ice Age*, pp. 120-123.

([14]) Bas van Geel e Bjorn E. Berglund, «A causal link between a climatic deterioration around 850 cal BC and a subsequent rise in human population density in NW-Europe?», *Terra Nostra* 7 (2000): 126-130.

([15]) Caius Julius Caesar, *Seven Commentaries on the Gallic War*, trad. Carolyn Hammond (Nova Iorque: Oxford University Press), Comentário 5:2 [trad. portuguesa: *A Guerra das Gálias*, Lisboa, Sílabo, 2004]. Roberts, *The Holocene*, p. 201.

([16]) Barry Cunliffe, *The Ancient Celts* (Londres: Penguin Books, 1999), é o relato clássico da vida celta e incluiu um vasto guia bibliográfico.

([17]) Um resumo sobre Biskupin encontra-se em Peter S. Wells, *Farms, Villages and Cities: Commerce and Urban Origins in Late Prehistoric Europe* (Ithaca, NY: Cornell University Press, 1984), capítulo 5.

([18]) Timothy Taylor, 1994. «Thracians, Scythians, and Sacians, 800 B.C. to A.D. 300», in Cunliffe, ed., *Prehistoric Europe*, pp. 373-410.

([19]) Possidónio (*c.* 135-*c.* 51 a.C.) foi um filósofo estóico, cientista e historiador que viajou pelo sul da Gália na década de 90 do século I a.C. Citações de Cunliffe, *Ancient Celts*, pp. 105-106.

([20]) Esta secção baseia-se em Cunliffe, *Ancient Celts*, capítulos 3 e 4. Tito Lívio, *História de Roma (Ab Urbe Condita)*, livro 5:34, citado em Cunliffe, *Ancient Celts*, pp. 68-9. Ver também a fonte principal sobre as migrações, H. D. Rankin, *Celts and the Classic World* (Portland, OR: Aeropagitica Press, 1987).

([21]) Um trecho bem conhecido da *Geografia* de Estrabão, livro 4(4):2. Citado em Cunliffe, *Ancient Celts*, p. 93.

([22]) Crumley, «Celtic Settlement Before the Conquest».

([23]) As deslocações das zonas são descritas em Crumley, «Celtic Settlement Before the Conquest». Para informações sobre as mudanças na agricultura, ver Helena Hamerow, *Early Medieval Settlements: The Archaeology of Rural Communities in North-West Europe 400-900* (Oxford: Oxford University Press, 2002), capítulo 5.

([24]) Resumido por Peter Wells, *The Barbarians Speak* (Princeton, NJ: Princeton University Press, 1999), capítulo 5.

([25]) Crumley, «Celtic Settlements Before the Conquest».

([26]) Hamerow, *Early Medieval Settlements*, capítulo 5.

([27]) Esta secção baseia-se em várias fontes, sintetizadas por David Keys, *Catastrophe* (Londres: Century Books, 1999).

([28]) Procopius, *History of the Wars*, trad. H. B. Dewing (Cambridge, MA: Harvard University Press, 1914), livro IV, xiv, 36, 39-42.

Notas

(²⁹) Uma interpretação polémica do clima na Antiguidade aparece em M. G. L. Baillie, *Exodus to Arthur: Catastrophic Encounters with Comets* (Londres: Batsford, 1999). Esta secção baseia-se em Keys, *Catastrophe*, Parte IX.

(³⁰) Sobre os ávaros, ver Keys, *Catastrophe*, Parte III.

(³¹) Citado em Keys, *Catastrophe*, p. 49.

(³²) Her Majesty's Stationary Office, *A Meteorological Chronology Up to 1450*, citada em Keys, *Catastrophe*, p. 114.

(³³) R. White e P. Barker, *Wroxeter: The Life and Death of a Roman City* (Stroud, Inglaterra: Tempus, 1998).

CAPÍTULO 11: AS GRANDES SECAS

(¹) Norman Davies, *Europe: A History* (Nova Iorque: Oxford University Press, 1996), p. 356.

(²) Douglas J. Kennett e James P. Kennett, «Competitive and cooperative responses to climatic instability in coastal southern California», *American Antiquity* 65 (2000): 379-95.

(³) Outro importante resumo dos efeitos do Período Quente Medieval sobre a costa do sul da Califórnia: L. Mark Raab e Daniel O. Larson, «Medieval climatic anomaly and punctuated cultural evolution in coastal southern California», *American Antiquity* 62 (1997): 319-36.

(⁴) Citado de Rose Marie Beebe e Robert M. Senkewicz, eds., *Lands of Promise and Despair: Chronicles of Early California, 1535-1846* (Berkeley, CA: Heyday Books, 2002), p. 33.

(⁵) Harold E. Bolton, ed., *Fray Juan Crespi: Missionary Explorer on the Pacific Coast 1769-1774* (Berkeley, CA: University of California Press, 1927), p. 37.

(⁶) Um resumo da cultura chumache encontra-se em Brian Fagan, *Before California: An Archaeologist Looks at Our Earliest Ancestors* (Walnut Creek, CA: AltaMira Press, 2003), capítulo 14.

(⁷) Uma complexa literatura sobre as bolotas da Califórnia encontra-se resumida em Fagan, *Before California*, capítulo 6.

(⁸) Esta secção baseia-se em Jeanne Arnold, ed., *Origins of a Pacific Coast Chiefdom* (Salt Lake City, UT: University of Utah Press, 2001), capítulo 14.

(⁹) Esta secção baseia-se em Patricia M. Lambert e Phillip L. Walker, «Physical anthropological evidence for the evolution of social complexity in coastal southern California», *American Antiquity* 65 (1991): 963-73, e Patricia M. Lambert, «Health in prehistoric populations of the Santa Barbara Channel Islands», *American Antiquity* 68 (1993): 509-22.

(¹⁰) Phillip L. Walker, «Cranial injuries as evidence of violence in prehistoric California», *American Journal of Physical Anthropology* 80 (1989): 51-61.

(¹¹) Arnold, *Origins of a Pacific Coast Chiefdom*, capítulo 14, inclui uma abordagem alargada.

O Longo Verão

([12]) A arqueologia do Sudoeste e do *Pueblo Ancestral* encontra-se bem resumida por Linda Cordell, *Prehistory of the Southwest*, 2.ª ed. (Nova Iorque: Academic Press, 1997). Ver também Stephen Plog, *Ancient Peoples of the American Southwest* (Londres e Nova Iorque: Thames and Hudson, 1997).

([13]) Travis Hudson e Frank Underhay, *Crystals in the Sky* (Banning, CA: Malki Museum Press, 1978).

([14]) Citado de Tesse Naranjo, «Thoughts on migration by Santa Clara Pueblo», *Journal of Anthropological Archaeology* 14 (1995): 249-250.

([15]) Cordell, *Prehistory of the Southwest*, capítulo 8ss.

([16]) A arqueologia de Chaco Canyon encontra-se divulgada e publicada em muitos livros e revistas. Gwin Vivian e Bruce Hilper, *The Chaco Handbook* (Salt Lake City, UT: University of Utah Press, 2002), resume todos os aspectos do desfiladeiro e inclui bibliografia mais especializada.

([17]) Carla van West, «Agricultural potential and carrying capacity in southwestern Colorado, A.D. 901-1300», in Michael A. Adler, ed., *The Prehistoric Pueblo World, A.D. 1150-1350* (Tucson, AZ: University of Arizona Press, 1996), pp. 214--227.

([18]) Mais uma vez, existe uma literatura abundante sobre o *Pueblo Ancestral*. Com relevância para este capítulo, ver o ensaio de Jeffrey Dean, «A model of Anasazi behavioral adaptations», in George Gumerman, ed. *The Anasazi in a Changing Environment* (Cambridge: Cambridge University Press, 1988), pp. 25--44. Ver também Jeffrey S. Dean e Garey S. Funkhauser, «Dendroclimatic reconstructions for the southern Colorado Plateau», in W. J. Waugh, ed., *Climate Change in the Four Corners and Adjacent Regions* (Grand Junction, CO: Mesa State College, 1994), pp. 85-104.

([19]) Linda Cordell, «Aftermath of chaos in the Pueblo Southwest», in Garth Bawdon e Richard Martin Reycraft, eds., *Environmental Disaster and the Archaeology of Human Response* (Albuquerque: Maxwell Museum of Anthropology, 2000), pp. 179-193.

([20]) Cordell, «Aftermath», e *Prehistory of the Southwest*, capítulo 11.

([21]) A. E. Rautman, «Resource variability, risk, and the structures of social networks: An example from the prehistoric Southwest», *American Antiquity* 58 (1993): 403-424.

([22]) John R. Roney, «Mesa Verde manifestations south of the San Juan River», *Journal of Anthropological Archaeology* 14 (1995): 170-183.

([23]) Naranjo, «Thoughts on migration by Santa Clara Pueblo», p. 250.

CAPÍTULO 12: RUÍNAS MAGNÍFICAS

([1]) John Lloyd Stephens, *Incidents of Travel in Central America, Chiapas and Yucatan* (Nova Iorque: Harpers, 1841), pp. 175-176.

([2]) Michael Coe, *Breaking the Maya Code* (Londres e Nova Iorque: Thames and Hudson, 1992), oferece um excelente relato da decifração.

Notas

(³) Existem inúmeras obras sobre a civilização maia. A mais divulgada é Michael Coe, *The Mayas*, 6.ª ed. (Londres e Nova Iorque: Thames and Hudson, 1999).

(⁴) Linda Schele e David Freidel, *A Forest of Kings* (Nova Iorque: William Morrow, 1990), é uma viagem através do mundo maia, revelado após a decifração, muito citada, se bem que por vezes controversa. Linda Schele, David Freidel e Joy Parker, *Maya Cosmos* (Nova Iorque: William Morrow, 1993) é uma sequela sobre a perspectiva cósmica dos maias.

(⁵) Scott Fedick, ed., *The Managed Mosaic* (Salt Lake City, UT: University of Utah Press, 1996) é a fonte deste resumo.

(⁶) Vernon L. Scarborough, «Resilience, resource use, and socioeconomic organization: A Mesoamerican pathway», in Garth Bawdon e Richard Martin Reycraft, eds., *Environmental Disaster and the Archaeology of Human Response* (Albuquerque: Maxwell Museum of Anthropology, 2000), pp. 195-212.

(⁷) David Webster, *The Fall of the Ancient Maya* (Londres e Nova Iorque: Thames and Hudson, 2002) é um excelente relato actualizado. Também T. Patrick Culbert, «The collapse of classic Maya civilization», in Norman Yoffee e George Cowgill, eds., *The Collapse of Ancient States and Civilizations* (Tucson: University of Arizona Press, 1988), pp. 212-234. Ver também a edição revista, do mesmo autor, *The Classic Maya Collapse* (Albuquerque: University of New Mexico Press, 1973).

(⁸) David A. Hodell, Jason H. Curtis e Mark Brenner, «Possible role of climate in the collapse of classic Maya civilization», *Nature* 375 (1995): 341-347. Ver também David A. Hodell *et al.*, «Solar forcing of drought frequency in the Maya lowlands», *Science* 292 (2001): 1367-1370.

(⁹) Gerald Haug *et al.*, «Climate and the collapse of Maya civilization», *Science* 299 (2003): 1731-1735. Agradeço a Geral Haug a estimulante discussão sobre estas descobertas.

(¹⁰) Richard Benedict Gill, *The Great Maya Drought: Water, Life, and Death* (Albuquerque: University of New Mexico Press, 2000), é uma mina de informações.

(¹¹) Pedro Cieza de León (1518-1554) é uma fonte importante sobre a conquista do Peru e sobre a região dos Andes à época da chegada dos espanhóis. A citação é retirada da sua obra: *Discovery and Conquest of Peru: Chronicles of the New World Encounter*, trad. Alexandra Parma Cook e David Noble Cook (Durham: University of North Carolina Press, 1998), p. 125.

(¹²) Alan Kolata, *Tihunaco* (Oxford: Blackwell, 1993) é um resumo útil sobre a cidade e o estado.

(¹³) Esta secção baseia-se em Alan Kolata, «The agricultural foundations of the Tihunaco estate: A view from the heartland», *American Antiquity* 51(4) (1986): 748-62. Ver também Alan Kolata e Charles Ortloff, «Thermal analysis of Tihunaco raised fields systems in the Lake Titicaca Basin of Bolivia», *Journal of Archaelogical Science* 16(3) (1989): 233-63.

(¹⁴) Ver Alan Kolata, «Environmental thresholds and the 'natural history' of an Andean civilization», in Bawdon e Reycraft, *Environmental Disaster*, pp. 163-178.

O Longo Verão

([15]) L. Thompson *et al.*, «A 1,500-year tropical ice core record of climate: Potential relations to man in the Andes», *Science* 234 (1986): 361-364.

([16]) Kolata, «Environmental thresholds», p. 173.

EPÍLOGO

([1]) Isaías 5:25.

([2]) Citado em William Chester Jordan, *The Great Famine* (Princeton, NJ: Princeton University Press, 1996), p. 147. O livro de Jordan é um estudo magnífico desta catástrofe. Ver também Henri Lemaître, ed., *Chronique et Annales de Gilles le Muisit, Abbé de Saint-Martin de Tournai (1272-1352)* (Paris: Ancon, 1912).

([3]) A Pequena Idade do Gelo é descrita para um público leigo em Fagan, *The Little Ice Age* (Nova Iorque: Basic Books, 2001).

Agradecimentos

O Longo Verão desenvolveu-se a partir de dois livros anteriores sobre as alterações climatéricas no passado. Em *Floods, Famines, and Emperors* examinei os efeitos dos El Niños e fenómenos afins sobre as sociedades antigas. Em *The Little Ice Age* descrevi o clima inconstante e em mudança permanente do período entre 1300 e 1860, dos tempos medievais na Europa à Revolução Industrial. O presente volume descreve um cenário climático muito mais longo, da Última Idade do Gelo ao final do Período Quente Medieval. Trata-se, em muitos aspectos, de uma sequência dos livros anteriores e implicou complexas entrevistas, assim como pesquisas – em laboratórios e bibliotecas, e no terreno – de um conjunto desconcertante de assuntos, incluindo núcleos do mar alto, propriedades das flechas, enguias dinamarquesas, bolotas, iconografia maia e escritos assírios sobre a seca.

Inevitavelmente, um livro que abarca tantos assuntos depende dos conhecimentos de muitos estudiosos, demasiados para lhes agradecer individualmente. Uma das alegrias de escrever uma obra como esta é a possibilidade de aprender com as pessoas, muitas delas fora do nosso ramo. A minha correspondência por *e-mail* tornou-se por vezes deliciosamente esotérica, e agradeço aos muitos colegas e amigos que me indicaram o caminho ciberespacial para os especialistas certos. Devo um agradecimento especial a Richard Alley, David Anderson, David Brown, William Calvin, Barry Cunliffe, Jeffrey Dean, Karen Greer, Donn Grenda, Gerald Haug, John Hoffecker, Doug Kennett, Sturt Manning, George Michaels, Andrew Moore, Patrick Nunn, Neil Roberts, Alison Rautman, Andrew Robinson,

O Longo Verão

Peter Rowly-Conwy, Yvonne Salis, Chris Scarre e Stuart Smith. Se me esqueci de algum nome, as minhas desculpas e o meu sincero agradecimento pela ajuda.

Apenas os que já tiveram o privilégio de trabalhar com um revisor atencioso e conhecedor percebem o quanto Bill Frucht da Basic Books contribuiu para este livro. A sua caneta é perspicaz, os seus conhecimentos e encorajamento de valor inestimável. Estimo a nossa amizade e associação de longa data mais do que posso dizer. O mesmo se aplica a Shelley Lowenkopf, que esteve do meu lado durante toda a gestação do *Longo Verão*. O seu entusiasmo é ilimitado, os seus conhecimentos preciosos, o seu companheirismo e amizade muito prezados. A minha agente, Susan Rabiner, tem sido um grande apoio desde o início. Agradeço também ao pessoal da produção na Perseus, que transformaram os meus arabescos num belo livro.

Finalmente, os meus agradecimentos e amor para Lesley e Ana, que já toleram a minha escrita há muitos anos, e ao gato Copernicus, sempre a atrapalhar. Não admira que eles (gato e humanos) *nunca* leiam os meus livros!

O financiamento para algumas viagens relacionadas com este livro veio dos Fundos Académicos do Senado da Universidade da Califórnia, Santa Barbara.

BRIAN FAGAN

Índice Remissivo

abrigos rochosos, 39, 42, 47, 48, 114, 115
  Cro-Magnons, 48, 104, 318
  Meadowcroft, 83
Abu Hureyra, 36, 119-121, 126, 127, 130, 131, 323
  cultivo de cereais, 127
  economia agrícola, 135
  novo povoamento, 131
  seca de 11000 a.C., 122, 125
Adams, Robert, 180
adoração dos antepassados, 140, 147, 152, 162, 163
Agassiz, gelo derretido de, 122-124
  Corrente do Golfo, 132
agricultores de 'Ubaid, 173-178, 182
  deslocações, 183
  trabalho comunitário, 13-19, 36
agricultura
  Abu Hureyra, 127, 130, 140
  Anatólia, 146
  Çatal Höyük, 143
cultura de cerâmica linear, 153, 156-161
água doce
  Corrente do Golfo, 124
de glaciares, 96
  lagos de, Sara, 43, 194, 195, 197
  jorro de, Atlântico, 75, 144
  jorro de, Lago Agassiz, 122-124, 132

Ahrensburg, 108, 322
  caça à rena, 109-110
  vale glaciar, 108
Alasca
  grande aquecimento, 70, 71
  ligação terrestre de Bering, 52, 56, 62
  movimento dos glaciares, 73
  núcleos de sedimento, 71, 74
  Paleo-índios no, 79, 80
  primeiros colonos da América do Norte no, 64, 68
albedo, 50
alimentação
  escassez, Celtas, 250
  mudanças na dieta dos kebarenses, 115
  mudanças na dieta na Europa durante o grande aquecimento, 101-102
Américas
  capa de gelo laurentídea no leste canadiano, 74
  florescimento da civilização maia na América Central, 289
  Período Quente Medieval, 268-269
  primeiros colonos da América do Norte, 68, 70
  primeiros colonos da América do Sul, 83-84

O Longo Verão

Anatólia, 29, 112, 125, 136, 146, 172, 175, 179, 183, 184, 228-234
  Çatal Höyük, 141, 144, 146
  comércio de obsidiana, 141, 142, 146
animais
  da região de estepe/tundra, 43, 44
  domesticação, 136-138, 201-203
  extinção, 84-86, 98-100, 194
Anomalia Climática Medieval. *Ver* Período Quente Medieval
aquecimento global
  clima do Holocénio, 49-50
  gases de estufa, 50
  Idade do Gelo, 48-50
  os primeiros americanos e o, 68-70
  reflexão solar, 50
arco e flechas
  aperfeiçoamento do, 105, 108, 154, 201
  desenvolvimento europeu do, 105, 106
Ásia. *Ver* sudoeste asiático
Atlântico. *Ver também* Corrente do Golfo
  circulação do oceano, 62, 125, 148, 167
  jorro de água doce, 253-254
  núcleos sedimentares no Atlântico Norte, 74
  sistema de transportadora, 92
  circulação do oceano e, 92-93
efeitos das temperaturas à superfície do mar na atmosfera, 50
auroques, 47, 95, 100, 104, 112, 127, 200
  domesticação, 200-202
  Sara, 199-201
Avebury, Inglaterra, 162, 163

badarianos. *Ver também* Vale do Nilo
  gado, 204-207
  gravuras rupestres, 204-205
Baía de Hudson, 74, 75, 92, 93

Berínguia, 56
  grande aquecimento, 71, 86
  ponte para a América, 56, 61, 62, 71
  Sibéria, 61, 62
Bluefish, Cavernas de, Alasca, 71, 73
Bratlund, Bodil, 109
Breasted, Henry, 127
Broecker, Wallace, 74, 93
Bryson, Reid, 230, 232
búfalo selvagem, Sara, 195, 200, 201
Butzer, Karl, 225

caçadores
  de renas, 109-110
  do Sara, 194-196
  interacções caçador-agricultor, 155-156
Califórnia, 274-278. *Ver também* Índios Chumache
campos elevados, 302-306
Canadá, 32, 66, 73, 74, 77, 85, 93, 122, 125, 144
Canal de Santa Bárbara, Califórnia, 269, 270, 272, 278
capa de gelo laurentídea
  Canadá, leste do, 69
  circulação oceânica, 92
  colapso, 144
  eventos de Heinrich, 69-71
  Mini-Idade do Gelo, 145
  teoria do corredor sem gelo, 70-72
carbono-14, 77
Carpenter, Rhys, 230-232, 234
Çatal Höyük, 141-144
Celtas, 239-258
cheias
  Lago Euxino, 148- 152
  Vale do Nilo, 196, 204
Cidades, sumérias
cidades-Estado, 179, 182
crescimento de Uruk, 179
rivalidades, 181

Índice Remissivo

circulação oceânica, 89-93, 124, 148
civilização Maia, 287-398
civilização suméria, 181-184. *Ver também* Mesopotâmia
Clima. *Ver também* vulnerabilidade ambiental
catástrofe, Império Romano, 261-263
ciclos de longo prazo, 164-165
clima do Holocénico, 50-52, 86-87
Eventos de Heinrich na Idade do Gelo, 73-75
flutuações reflectidas na estepe/tundra, 52-54
Hekla, 244
Idade do gelo, 47-49
instabilidade na Mesopotâmia, 175-179
Pequena Idade do Gelo, 309-313
potencial para mudanças futuras, 312-315
Última Idade do Gelo, 46-50
clima do Holocénico, 51-52, 86-89
Colonização. *Ver também* migração
Mesopotâmia, 182
teoria marítima da, 80
Comércio
expansão do comércio na civilização suméria, 182
Uruk e o, 175-180
Comunidades. *Ver também* comunidades caçadoras-recolectoras
Lago Euxino, 147
monumentos fúnebres e, 161
natufenses, 115
Pueblo Ancestral, 281
comunidades caçadoras-recolectoras
América do Norte, primeiros colonos, 63-66
índios chumache, 270-272
paleo-índios, 71
povo de Clovis, 68
região do Lago Baical, 56
Corrente do Golfo
água doce glaciar, 73-74

aquecimento, 124
circulação do oceano, 90-93
gelo derretido de Agassiz, 123
crenças religiosas
Mesopotâmia, 174
Tihuanaco, 300
Crescente Fértil, 121,127, 129, 136, 168
Cro-Magnons, 37-47, 92-109
Crumley, Carole, 241, 330
Dansgaard-Oeschger, oscilações de, 74-76
datação por carbono
carbono-14, 248
Lago Titicaca, 305
Mar Negro, 149
datação por radiocarbono, 149, 305
descoberta de Folsom, 64, 65
Deserto Oriental, 204-209. *Ver também* Egipto
Dikov, Nikolai, 57, 58
dióxido de carbono, como gás de estufa, 50-51
Diuktai, Caverna de, 57
documentação de anéis de árvore
Califórnia, 270
Pueblo Ancestral, 283
Donley, Don, 230, 232
downwelling, Mar de Labrador, 75, 91-93, 124, 125, 273
Dryas Mais Jovem
duração da, 76
efeito de arrefecimento, 123-124
fim da, 135-136
efeito de arrefecimento, evento da Dryas Mais Jovem, 123-124
Egipto, 204-211, 220-224, 235-237. *Ver também*
El Niño. *Ver* OSEN
escavações
Monte Carmelo, 113-114
navio de Uluburun, 226
espelta, domesticada, 127-129

O Longo Verão

Europa
efeito das mudanças ecótonas na, 242
gado vacum, 247
monumentos fúnebres na Inglaterra, 162
Período Quente Medieval, 264
erupções vulcânicas, 245, 261
Hekla (Islândia), 244, 246, 247, 262
Monte Tambora, 186, 245, 262, 312
Ur, 29
estepe/tundra
animais, 43, 51
área geográfica da, 43
árvores, 96-97
Cro-Magnons, 39-41
desaparecimento, 97
flutuações climáticas, 55-56
homo sapiens sapiens, 53-54
mamutes, 53
nordeste siberiano, 56-60
Europa, grande aquecimento
alterações na dieta, 101-102
alterações na vegetação, 93-95
documentação climática, 95-96
extinção animal, 97-98
vida espiritual, 143
Eventos de Heinrich. *Ver também* documentação climática; núcleos sedimentares
circulação oceânica, 92, 123
Heinrich 1, 74
núcleos sedimentares, 73-75

Flomborn, povoações da Cultura de Cerâmica Linear, 156
Frey, Don, 227

gado vacum, 189-214, 247-248
Garrod, Dorothy, 113, 115, 322
gases de estufa, 13, 16, 49-51

glaciar cordilheirano, 73-80
glaciares, 73-80

Harlan, Jack, 128
Hasan Dag, 142
Heinrich, Hartmut, 73-75
Hildebrand, Elisabeth, 202
Hillman, Gordon, 119, 120, 126, 129, 323
Hititas, 226-235
Hodell, David, 294-296
Hoffecker, John, 55, 58, 319
Hole, Frank, 178
homo sapiens sapiens, 43
informação, 44
origens, 44

Idade do Bronze
Celtas, 247
Hititas, 228-229
navio de Uluburn, 227-228
Idade do Gelo. *Ver também* Última Idade do Gelo; Mini-Idade do Gelo
aquecimento global, 49-51
Cro-Magnons, 38
flutuações climáticas, 47-50
Mar de Labrador, 91
mudanças ambientais, 96-97
Sudoeste Asiático, 113-114
ideologia
egípcia, 207, 211
suméria, 179, 183, 188
Império Acadiano, 183-188
Império Romano, 258-264
índios chumache, 269-278
irrigação
Mesopotâmia, 171
Uruk, 178
Vale do Nilo, 210

Jericó, 36, 139, 140, 142, 310

Karacadag, Montanhas, 128

Índice Remissivo

Karanovo (Bulgária), 148
kebarenses, 113-116
Kennett, Douglas, 269, 270, 275
Kennett, James, 269, 270, 275
Klein, Richard, 44
Kuper, Rudolph, 197

Lago Agassiz
    Corrente do Golfo, 122-124
    Dryas Mais Jovem, 145
    jorro de água doce, 123
Lago Baical, Sibéria, 56
Lago Euxino, 144-154
Lago Titicaca, 300-305. *Ver também*
    Tihuanaco
Lago Uchki, Sibéria, 57-58
Lago Windmill, Alasca, 71
Lambert, Patricia, 276
Laugerie Haute, abrigo rochoso de, 47,
    104
Levante
    ataques do Povo do Mar, 230
    navio de Uluburn, 226-229
Lukumata, 301-302
Lynch-Stieglitz, Jean, 92

Madsen, David, 84
mamutes, 37, 38, 42, 48, 52, 53, 55,
    60, 65, 66, 82, 85, 95, 98, 99
Marshall, Fiona, 202
Martin, Paul, 65
Mar de Labrador. *Ver também* Corrente
    do Golfo
    downwelling, 74, 91-92
    Idade do Gelo, 91
Mar de Marmara, 146, 149, 151
Mar Negro, 55, 147, 149-151, 164
Mediterrâneo, vulnerabilidade ambiental do, 225
Mellaart, James, 142, 143
Mesopotâmia, 167-188
metano, como gás de estufa, 49
Micenas, 227, 229, 231, 233, 234

migração
    céltica, 254-256
    paleo-índios, 77-80
    primeiros colonos da América do
    Norte, 63-86
    teoria de Madsen, 31-33
    teoria marítima da colonização, 80-
    -81
Mini Idade do Gelo, 144-148, 200. *Ver*
    também capa de gelo laurentídea
Mloszewski, Michael, 200
monções, 28, 171, 175, 176, 193,
    194, 210, 216-218, 220, 221,
    236, 314
montanhas
    Monte Carmelo, 113, 322
    Montanhas Karacadag, 128
    Monte Tambora, 186, 245, 262,
    312
    Montanhas Verkhoianski, 56-58,
    69
Monte Verde, povo de, 36, 84
monumentos fúnebres
    Tesetice-Kyovice, Morávia, 161
    West Kennet, 163
Moore, Andrew, 119
Motchanov, Iuri, 57-58
mudanças alimentares, Europa, 101-
    -102
mudanças ecótonas
    carbono 14, 248
    celtas, 248-252
    efeito na Europa, 242
    Período Quente Medieval, 264
mudanças no ecossistema, 85-86. *Ver*
    também clima
mudanças de velocidade, na circulação
    oceânica, 91-93
mudanças na vegetação, grande aquecimento, 95-96
mundo sobrenatural, Cro-Magnons,
    38, 41, 45, 46

O Longo Verão

natufenses, 114-118. *Ver também* sudoeste asiático
Neandertais, 44, 45, 53
Nekhen
   reis egípcios, 211
   paleta de Narmer, 207, 208
Niaux, Caverna de, 36, 37, 95
Nova Orleães, Luisiana, 31, 33, 34
Novos Mundos, clima do Holocénio, 86-87
núcleos de gelo da Gronelândia. *Ver também* documentação climática
   documentação climática, 49-50
   Hekla, 246
núcleos sedimentares, 71-75. *Ver também* documentação climática

Oceano Pacífico, 48, 71, 91
oceanos
   Ártico, 71
   Atlântico, 39, 51, 75, 91, 93, 154, 190, 236, 262
   Índico, 28, 91, 171, 193, 221, 222
   Pacífico, 216-217
oeste americano. *Ver* América, oeste da
oleaginosas, 46, 47, 66, 87, 100-103, 114, 116-120, 126-128, 131, 140, 147, 158
origens, do *Homo sapiens sapiens*, 44
OSEN, 215-236

paleo-índios, 72-86
paleta de Narmer, Vale do Nilo, 207, 208
palinologia, 96
parâmetros orbitais, 49, 50, 171
Pequena Idade do Gelo, 309-312
   padrão cíclico da, 76
Período Quente Medieval
   alterações do ecótono, 264
   Américas, 268-270
   Califórnia, 270
   Europa, 264
   Tihuanaco, 300
pesquisa arqueológica
   arcos e flechas, 109-110

na Sibéria, 57
petróglifos, Deserto Oriental, 209
Philander, George, 216
Pitman, Walter, 149, 151
Planície de Habur
   Mesopotâmia, 29, 30, 172, 184
   seca na, 2200 a.C., 29, 186
   Tell Leilan, 184, 185, 188
Planície Húngara, 147, 153
potenciamento térmico, circulação oceânica, 91
povo de Clovis, 64- 68
   antepassados, 83
Povo do Mar, ataques do
   Hititas, 235
   Levante, 230
povo nómada
   Mesopotâmia, 171-172
   Sibéria, 59-60
precipitação
   Mesopotâmia, 171
   Sara, 192-193, 209-210
   zona da pradaria do Sael, 197
Pueblo Ancestral, 278-286
Pulak, Çemal, 227

radiação solar, 49, 171, 175, 245, 249, 312, 313
Rautman, Alison, 284
realeza divina, Egipto, 211
reflexão solar, 51. *Ver também* aquecimento global
renas
   caça à, 109-110
   Cro-Magnons e as, 37
Rio Catari, 301. *Ver também* Tihuanaco
   campos elevados, 302
   padrão de povoamento, 301, 304, 306
Rollefson, Gary, 140
Rust, Alfred, 109
Ryan, William, 149, 151

Sael, zona de pradaria do, 191
   precipitação, 193, 194

Índice Remissivo

terreno de vegetação rasteira/savana, 197, 198, 203
Sara, 43, 44, 55, 71, 190-195, 197-211, 217, 221, 230
Sargão, reinado de, 183, 184, 222
Schwetzingen, povoações da Cultura de Cerâmica Linear, 156
Seca
  ciclos na Califórnia, 270
  civilização maia, 294-296
  índios chumache, 276-278
  Mini-Idade do Gelo, 145
  Pueblo Ancestral, 283-284
  Sara, 195, 221
  Tell Leilan, 186
  Tihuanaco, 304
Seca, 11000 a.C., 122-124
Seca, 2200 a.C., 186-187
Seca, 1200 a.C., 230-236
sementes, 14, 97, 100, 102, 112, 114, 116, 119, 120, 126-129, 135, 158, 185, 191, 295
Sibéria, 56-60
Smith, Andrew, 201
Sudoeste asiático, 113-124

Tassili n'Ajjer
  formas de vida, 191
  Sara, 191, 195
Tell Leilan, 183-187
teoria da colonização marítima, 80-81
teoria do corredor sem gelo, 76-78
Teotihuacan, México, 31
Tikal, civilização Maia, 287-290, 297, 310
Tihuanaco, 298-306. *Ver também* Lago Titicaca
túmulos, 162, 163, 170, 178, 206, 210, 236
tundra. *Ver* estepe

Última Idade do Gelo
  Cro-Magnons, 37-42
  flutuações climáticas, 46-50

Mesopotâmia, 170
Sara, 195
Uluburun, navio de, 226-228
UMG (último máximo glaciar), 50. *Ver também* documentação climática)
Umma-Mesopotâmia, 181, 183
Ur, 25-31, 34, 168-170, 179, 180, 183, 187
  vulnerabilidade ambiental, 30, 31
Uruk
  canais de irrigação, 178
  contactos comerciais, 175-182
  crescimento da cidade, 179

Vale do Dniepre, 55-56
Vale do Jordão, 140
Vale do Nilo, 191-193, 204-211
vegetais
  grande aquecimento, 101-102
  natufenses, 115-116
  oleaginosas e sementes, 117-118
Velhos Mundos, clima do Holocénio, 86-87
vida espiritual
  adoração dos antepassados, 140
  Çatal Höyük, 143
  crenças religiosas na Mesopotâmia, 174
  crenças religiosas, Tihuanaco, 300
von Post, Lennart, 96
Vostok, núcleos de gelo de, 12, 49, 51

Walker, Phillip, 276
Weiss, Harvey, 184-186
Weiss, Barry, 232
Wilkinson, Toby, 189, 206, 207
Willcocks, William, 210
Woolley, Leonard, 25-27, 169, 180

ZCIT. *Ver* Zona de Convergência Inter-tropical (ZCIT)
Zona de Convergência Intertropical (ZCIT) 193, 194, 296, 297

Índice

Prefácio	11
Nota do Autor	19
1 O Limiar da Vulnerabilidade	23
PARTE I: BOMBAS E ESTEIRAS TRANSPORTADORAS	35
2 A Orquestra da Última Idade do Gelo, 18000 a 13500 a.C.	37
3 O Continente Virgem, 15000 a 11000 a.C.	61
4 A Europa durante o Grande Aquecimento, 15000 a 11000 a.C.	89
5 A Seca de Mil Anos, 11000 a 10000 a.C.	111
PARTE II: OS SÉCULOS DE VERÃO	133
6 O Cataclismo, 10000 a 4000 a.C.	135
7 Secas e Cidades, 6200 a 1900 a.C.	167
8 Dádivas do Deserto, 6000 a 3100 a.C.	189

O Longo Verão

PARTE III: A DISTÂNCIA DA BOA À MÁ FORTUNA 213

9 A Dança de Ar e Oceano,
2200 a 1200 a.C. 215

10 Celtas e Romanos,
1200 a.C. a 900 d.C. 239

11 As Grandes Secas,
1 d.C. a 1200 267

12 Ruínas Magníficas,
1 d.C. a 1200 287

Epílogo,
1200 aos Tempos Modernos 309

Notas 317

Agradecimentos 335

Índice Remissivo 337